国家出版基金项目
NATIONAL PUBLICATION FOUNDATION

中国大宗淡水鱼
种质资源保护与利用丛书

总主编
桂建芳　戈贤平

草鱼种质资源

保护与利用

主编·周小秋　李胜杰

上海科学技术出版社

图书在版编目（CIP）数据

草鱼种质资源保护与利用 / 周小秋，李胜杰主编
. -- 上海 ：上海科学技术出版社，2023.12
（中国大宗淡水鱼种质资源保护与利用丛书 / 桂建
芳，戈贤平总主编）
ISBN 978-7-5478-6300-8

Ⅰ．①草… Ⅱ．①周… ②李… Ⅲ．①草鱼—种质资
源—研究—中国 Ⅳ．①S965.112.2

中国国家版本馆CIP数据核字(2023)第158701号

草鱼种质资源保护与利用

周小秋　李胜杰　主编

上海世纪出版(集团)有限公司
上 海 科 学 技 术 出 版 社　出版、发行
（上海市闵行区号景路 159 弄 A 座 9F－10F）
邮政编码 201101　www.sstp.cn
上海雅昌艺术印刷有限公司印刷
开本 787×1092　1/16　印张 14
字数 300 千字
2023 年 12 月第 1 版　2023 年 12 月第 1 次印刷
ISBN 978－7－5478－6300－8/S·270
定价：120.00 元

内容提要

草鱼在我国养殖历史悠久、分布较广,且年产量长期位居养殖鱼类之首,在我国渔业中占有极其重要的地位。一直以来,草鱼以其投入成本低、管理难度小、养殖成活率高、消费市场稳定而备受生产者青睐。

本书为草鱼种质资源保护与利用的综合性专著。重点介绍草鱼的种质资源研究进展,包括草鱼形态学特征、资源分布、种质遗传多样性、重要功能基因,近年来遗传改良研究成果、种质资源保护面临的问题与保护策略,以及草鱼新品种(系)选育的关键技术、选育技术路线、新品种(系)特性及其养殖性能分析等。另外,对草鱼的人工繁殖、苗种培育与成鱼养殖、营养与饲料、病害防治、贮运流通与加工技术也进行了系统总结。

本书适合高等院校和科研院所水产养殖、遗传学和水生生物学等相关专业的师生使用,也可为广大水产科技工作者、渔业管理人员和水产养殖从业者提供参考。

草鱼种质资源保护与利用

编委会

主编

周小秋　李胜杰

副主编

刘乐丹

编写人员

（以姓氏笔画为序）

石存斌　白俊杰　冯　琳　朱　涛　杜金星　吴　培

沙小梅　张德锋　姜　鹏　姜维丹　涂宗财　雷彩霞

樊佳佳

序

大宗淡水鱼是中国也是世界上最早的水产养殖对象。早在公元前460年左右写成的世界上最早的养鱼文献——《养鱼经》就详细描述了鲤的养殖技术。水产养殖是我国农耕文化的重要组成部分,也被证明是世界上最有效的动物源食品生产方式,而大宗淡水鱼在我国养殖鱼类产量中占有绝对优势。大宗淡水鱼包括青鱼、草鱼、鲢、鳙、鲤、鲫、鲂(鳊)七个种类,2022年养殖产量占全国淡水养殖总产量的61.6%,发展大宗淡水鱼绿色高效养殖能确保我国水产品可持续供应,对保障粮食安全、满足城乡居民消费发挥着非常重要的作用。大宗淡水鱼养殖还是节粮型渔业和环境友好型渔业的典范,鲢、鳙等对改善水域生态环境发挥着不可替代的作用。但是,由于长期的养殖,大宗淡水鱼存在种质退化、良种缺乏、种质资源保护与利用不够等问题。

2021年7月召开的中央全面深化改革委员会第二十次会议审议通过了《种业振兴行动方案》,强调把种源安全提升到关系国家安全的战略高度,集中力量破难题、补短板、强优势、控风险,实现种业科技自立自强、种源自主可控。

大宗淡水鱼不仅是我国重要的经济鱼类,也是我国最为重要的水产种质资源之一。为充分了解我国大宗淡水鱼种质状况特别是鱼类远缘杂交技术、草鱼优良种质的示范推广、团头鲂肌间刺性状遗传选育研究、鲤等种质资源鉴定与评价等相关种质资源工作,国家大宗淡水鱼产业技术体系首席科学家戈贤平研究员组织编写了《中国大宗淡水鱼种质资源保护与利用丛书》。

本丛书从种质资源的保护和利用入手,整理、凝练了体系近年来在种质资源保护方

面的研究进展,尤其是系统总结了大宗淡水鱼的种质资源及近年来研发的如合方鲫、建
鲤 2 号等数十个水产养殖新品种资源,汇集了体系在种质资源保护、开发、养殖新品种研
发、养殖新技术等方面的最新成果,对体系在新品种培育方面的研究和成果推广利用进
行了系统的总结,同时对病害防控、饲料营养研究及加工技术也进行了展示。在写作方
式上,本丛书也不同于以往的传统书籍,强调了技术的前沿性和系统性,将最新的研究成
果贯穿始终。

  本丛书具有系统性、权威性、科学性、指导性和可操作性等特点,是对中国大宗淡水
鱼目前种质资源与养殖状况的全面总结,也是对未来大宗淡水鱼发展的导向,还可以为
开展水生生物种质资源开发利用、生态环境保护与修复及渔业的可持续发展工作提供科
技支撑,为种业振兴行动增添助力。

中国科学院院士

中国科学院水生生物研究所研究员

2023 年 10 月 28 日于武汉水果湖

前　言

　　我国大宗淡水鱼主要包括青鱼、草鱼、鲢、鳙、鲤、鲫、团头鲂。这七大品种是我国主要的水产养殖鱼类，也是淡水养殖产量的主体，其养殖产量占内陆水产养殖产量较大比重，产业地位十分重要。据统计，2021年全国淡水养殖总产量3 183.27万吨，其中大宗淡水鱼总产量达1 986.50万吨、占总产量62.40%。湖北、江苏、湖南、广东、江西、安徽、四川、山东、广西、河南、辽宁、浙江是我国大宗淡水鱼养殖的主产省份，养殖历史悠久，且技术先进。

　　我国大宗淡水鱼产业地位十分重要，主要体现为"两保四促"。

　　两保：一是保护了水域生态环境。大宗淡水鱼多采用多品种混养的综合生态养殖模式，通过搭配鲢、鳙等以浮游生物为食的鱼类，可有效消耗水体中过剩的藻类和氮、磷等营养元素，千岛湖、查干湖等大湖渔业通过开展以渔净水、以渔养水，水体水质显著改善，生态保护和产业发展相得益彰。二是保障了优质蛋白供给。大宗淡水鱼是我国食品安全的重要组成部分，也是主要的动物蛋白来源之一，为国民提供了优质、价廉、充足的蛋白质，为保障我国粮食安全、满足城乡市场水产品有效供给起到了关键作用，对提高国民的营养水平、增强国民身体素质做出了重要贡献。

　　四促：一是促进了乡村渔村振兴。大宗淡水鱼养殖业是农村经济的重要产业和农民增收的重要增长点，在调整农业产业结构、扩大农村就业、增加农民收入、带动相关产业发展等方面都发挥了重要的作用，有效助力乡村振兴的实施。二是促进了渔业高质量发展。进一步完善了良种、良法、良饵为核心的大宗淡水鱼模式化生产系统。三是促进了渔业精准扶贫。充分发挥大宗淡水鱼的资源优势，以研发推广"稻渔综合种养"等先进技术为抓手，在特困连片区域开展精准扶贫工作，为贫困地区渔民增收、脱贫摘帽做出了重要贡献。四是促进了渔业转型升级。

改革开放以来，我国确立了"以养为主"的渔业发展方针，培育出了建鲤、异育银鲫、团头鲂"浦江1号"等一批新品种，促进了水产养殖向良种化方向发展，再加上配合饲料、渔业机械的广泛应用，使我国大宗淡水鱼养殖业取得显著成绩。2008年农业部和财政部联合启动设立国家大宗淡水鱼类产业技术体系（以下简称体系），其研发中心依托单位为中国水产科学研究院淡水渔业研究中心。体系在大宗淡水鱼优良新品种培育、扩繁及示范推广方面取得了显著成效。通过群体选育、家系选育、雌核发育、杂交选育和分子标记辅助等育种技术，培育出了异育银鲫"中科5号"、福瑞鲤、长丰鲢、团头鲂"华海1号"等数十个通过国家审定的水产养殖新品种，并培育了草鱼等新品系，这些良种已在中国大部分地区进行了推广养殖，并且构建了完善、配套的新品种苗种大规模人工扩繁技术体系。此外，体系还突破了大宗淡水鱼主要病害防控的技术瓶颈，开展主要病害流行病学调查与防控，建立病害远程诊断系统。在养殖环境方面，这些年体系开发了池塘养殖环境调控技术，研发了很多新的养殖模式，比如建立池塘循环水养殖模式；创制数字化信息设备，建立区域化科学健康养殖技术体系。

当前我国大宗淡水鱼产业发展虽然取得了一定成绩，但还存在健康养殖技术有待完善、鱼病防治技术有待提高、良种缺乏等制约大宗淡水鱼产业持续健康发展等问题。

2021年7月召开的中央全面深化改革委员会第二十次会议，审议通过了《种业振兴行动方案》，强调把种源安全提升到关系国家安全的战略高度，集中力量破难题、补短板、强优势、控风险，实现种业科技自立自强、种源自主可控。

中央下发种业振兴行动方案。这是继 1962 年出台加强种子工作的决定后,再次对种业发展做出重要部署。该行动方案明确了实现种业科技自立自强、种源自主可控的总目标,提出了种业振兴的指导思想、基本原则、重点任务和保障措施等一揽子安排,为打好种业翻身仗、推动我国由种业大国向种业强国迈进提供了路线图、任务书。此次方案强调要大力推进种业创新攻关,国家将启动种源关键核心技术攻关,实施生物育种重大项目,有序推进产业化应用;各地要组建一批育种攻关联合体,推进科企合作,加快突破一批重大新品种。

由于大宗淡水鱼不仅是我国重要的经济鱼类,还是我国重要的水产种质资源。目前,国内还没有系统介绍大宗淡水鱼种质资源保护与利用方面的专著。为此,体系专家学者经与上海科学技术出版社共同策划,拟基于草鱼优良种质的示范推广、团头鲂肌间刺性状遗传选育研究、鲤等种质资源鉴定与评价等相关科研项目成果,以学术专著的形式,系统总结近些年我国大宗淡水鱼的种质资源与养殖状况。依托国家大宗淡水鱼产业技术体系,组织专家撰写了"中国大宗淡水鱼种质资源保护与利用丛书",包括《青鱼种质资源保护与利用》《草鱼种质资源保护与利用》《鲢种质资源保护与利用》《鳙种质资源保护与利用》《鲤种质资源保护与利用》《鲫种质资源保护与利用》《团头鲂种质资源保护与利用》7 个分册。

本套丛书从种质资源的保护和利用入手,提炼、集成了体系近年来在种质资源保护方面的研究进展,对体系在新品种培育方面的研究成果推广利用进行系统总结,同时对养殖技术、病害防控、饲料营养及加工技术也进行了展示。在写作方式上,本套丛书更加强调技术的前沿性和系统性,将最新的研究成果贯穿始终。

本套丛书可供广大水产科研人员、教学人员学习使用,也适用于从事水产养殖的技术人员、管理人员和专业户参考。衷心希望丛书的出版,能引领未来我国大宗淡水鱼发展导向,为开展水生生物种质资源开发利用、生态保护与修复及渔业的可持续发展等提供科技支撑,为种业振兴行动增添助力。

中国水产科学研究院淡水渔业研究中心党委书记

国家大宗淡水鱼产业技术体系首席科学家 戈贤平

2023 年 5 月

目　录

草鱼种质资源研究进展

草鱼(*Ctenopharyngodon idellus*)俗称草鲩,隶属脊椎动物门(Vertebrata)、硬骨鱼纲(Osteichthys)、鲤形目(Cypriniformes)、鲤科(Cyprinidae)、雅罗鱼亚科(Leuciscinae)、草鱼属(*Ctenopharyngodon Steindachner*,1866)(勾维民,2009)。草鱼是目前世界上养殖产量最高的淡水鱼类,根据联合国粮食与农业组织(FAO)2018年的统计数据,草鱼全球养殖产量高达570万吨。草鱼在中国是大宗淡水养殖经济鱼类,年产量长期位居养殖鱼类之首,与青鱼、鲢和鳙一起被称为"四大家鱼"。2021年,我国草鱼养殖产量超500万吨,占淡水鱼类养殖总产量的21.5%(中国渔业年鉴,2021),在我国渔业发展中占有极其重要的地位。

我国草鱼养殖分布较广,一直以来,草鱼以养殖成本投入少、管理难度小、养殖成活率高、消费市场稳定而备受生产者青睐,并据此形成了一条从育种、饲料、加工、消费为一体的完整产业链。草鱼性成熟时间一般为4~5年,育种周期长,养殖产业中还未有经人工选育改良的养殖新品种。在苗种生产过程中,普遍将从江河中捕捞的野生草鱼鱼苗培育成亲鱼来进行繁殖,多数繁殖场不注重亲本留种规程,有些繁殖场为了生产方便和追求经济效益而选择性成熟早、个体小的商品草鱼作为亲本,导致近亲繁殖和种质退化,主要表现为生长速度慢、病害发生率高和养殖成活率低等,因此,培育适合产业需求的草鱼养殖新品种迫在眉睫。

草鱼种质资源是其遗传育种的生命物质基础,也是实现种质创新和推动生物产业发展的重要基础。草鱼种质资源研究的主要内容包括草鱼种质资源的系统收集和种质资源保存技术研发;通过表型和分子水平开展草鱼种质资源的鉴定和评价,进而筛选优异种质资源;开展重要经济性状的遗传解析,挖掘关键功能基因和分子标记,研发育种技术并创制性状优良的草鱼新品种等。

草鱼种质资源概况

1.1.1 · 草鱼形态学特征

形态学特征是指生物肉眼可见的特定外部特征。通过对鱼类外部形态性状进行测量,可使其变成数量化的指标。利用形态学的表型特征研究生物的遗传变异是最古老和传统的方法,也是早期经典遗传学研究的内容。该方法通过大量的生物学测定来实现,取样和技术上都容易、可行(王琛等,2009),是鱼类分类学研究中的常用方法。

传统的鱼类形态学特征主要分为质量性状和数量性状两类。质量性状主要指身体的形状、体色、食性等,数量性状又可分为可量性状和可数性状。按照《内陆水域渔业自然资源手册》(张觉明和何志辉,1991)和《鱼类比较解剖》(孟庆闻等,1987)的方法,以鱼体左侧为基准(袁乐洋,2005),可量性状包括体长(从鱼体吻端至尾鳍末端的水平长度)、体高(鱼体背缘至腹缘间的最大垂直距离)、头高(头部的最大高度)、头长(从鱼体吻端到鳃盖后缘的水平长度)、头宽(头部的最大宽度)、吻长(从吻端至眼眶前缘间的水平长度)、眼径(与鱼体纵轴平行的眼眶内径水平长度)、眼间距(与鱼体主轴垂直的两眼间的距离)、鼻孔间距(两鼻孔之间的最小直线长度)、尾柄长(臀鳍基底至最后尾椎间的水平距离)和尾柄高(尾柄部最低高度)等(图1-1)。可数性状包括侧线鳞数、侧线上鳞、侧线下鳞和鳍式等。鳍式包括背鳍鳍式、胸鳍鳍式、腹鳍鳍式、臀鳍鳍式和尾鳍鳍式,分别用大写字母 D、P、V、A、O 表示,而鳍式中涉及的鳍条(末端分枝或不分枝,本身柔软,一般具有多条)和鳍棘(鳍条演化而来,不分枝,

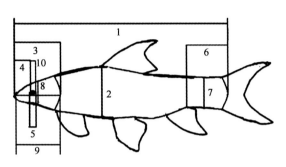

图 1-1 · 草鱼可量形态学特征测量示意

图中 1~10 分别为体长、体高、头长、吻长、眼径、尾柄长、尾柄高、头高、头宽、眼间距

本身坚硬)则分别用阿拉伯数字和大写的罗马数字表示,如 D. XII,I-13 表示第一背鳍由鳍棘组成、XII 枚,第二背鳍为 I 棘、13 枚鳍条(孟庆闻等,1989)。

传统的形态学特征主要是将鱼类水平或垂直方向的形态学特征进行量化,难以全面地对鱼类整体形态进行测量。几何形态学是鱼类形态学特征的新兴衡量方式,反映了鱼体的空间形态特征。定位鱼胴体的某一个点为起始坐标点,沿着轮廓线进行坐标点的数字化,收集能够反映鱼类特征形态结构区域的二维和三维坐标点,构建几何栅栏图用于鱼类的分类鉴定(图1-2)(徐田振,2018)。

在草鱼质量性状方面,体色呈茶黄色,腹部呈灰白色,体侧鳞片边缘呈灰黑色,胸鳍、腹鳍呈灰黄色,其他鳍浅色,鳞中大、圆形。体呈纺锤形或长形,侧扁或稍侧扁,腹部较圆、无腹棱。头宽中等大,前部略平扁。口由上下颌骨组成,可以自由伸缩,口端位,口裂宽,口宽大于口长,不具牙齿。吻短钝,吻长稍大于眼径。眼中大,位于头侧的前半部;眼间

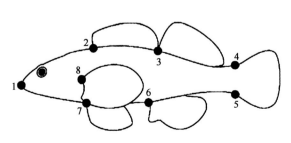

图 1-2 · 鱼类几何形态坐标点

宽,稍凸。背鳍无硬刺,位于腹鳍的上方。臀鳍位于背鳍的后下方,鳍条末端不伸达尾鳍基部。胸鳍短,末端钝,鳍条末端至腹鳍起点的距离大于胸鳍长的1/2。尾鳍浅分叉,上下叶约等长。鳔2室,前室粗短,后室长于前室,末端尖形。

在草鱼可量性状方面,体长为体高的3.4~4.0倍、为头长的3.6~4.3倍、为尾柄长的7.3~9.5倍、为尾柄高的6.8~8.8倍;头长为吻长的3.0~4.1倍、为眼径的5.3~7.9倍、为眼间距的1.7~1.9倍、为尾柄长的1.8~2.5倍、为尾柄高的1.7~2.4倍;尾柄长为尾柄高的0.8~1.1倍。

在草鱼可数性状方面,背鳍Ⅲ-7;臀鳍Ⅲ-8~9;胸鳍Ⅰ-16~18;腹鳍Ⅱ-8。侧线鳞38~44;背鳍前鳞14~16;围尾柄鳞14~18。第一鳃弓外侧鳃耙14~18。下咽齿2行,2-4(5)~5(4)-2。脊椎骨4+40~42。

鱼类的形态学特征呈现出"共同"和"多样"的双重特性,这是由遗传和生境两方面所导致的。黎卓键等(2011)通过比较广东省西江和东江两个草鱼群体发现,虽然两个群体的侧线鳞数、侧线上鳞、侧线下鳞、鳍式等可数性状没有显著差异,但是两个群体的可量性状,包括体长/体高、鳞径、肥满度等均出现了显著的差异。类似地,在对长江、珠江和黑龙江3个流域的草鱼群体研究发现,同种鱼的不同江河种群间,包括全长/体长、头长/吻长、头长/眼间距等在内的10个形态特征在总体水平上均出现了显著的差异,而侧线鳞总体表现为南方种少于北方种(李思发等,1989)。除生境外,不同生长阶段的草鱼,其形态学特征也不尽相同。研究发现,草鱼体尺和肥满度会随着年龄的增加而呈现下降,直至亲鱼阶段才逐渐趋于稳定;同时,亲鱼阶段草鱼的体重仍然具有较快的生长,而后备亲鱼(2龄以上)阶段草鱼的体高为该阶段的生长强点(丁淑荃等,2005)。

鱼类的形态学特征除用于鱼类分类鉴定外,与鱼类遗传育种也息息相关。可量性状在育种研究过程中广受关注,如体长、体高等可量性状是判断鱼类生长性状的主要指标。目前,通过相关性分析、多元回归分析、通径分析等统计学方法研究鱼类形态性状与体重的相关性已有不少报道。李玺洋等(2012)为研究草鱼各形态性状对体重的影响,测定287尾2龄草鱼全长、体长、头长、体宽、体高、眼间距、肛前距共7个形态性状和体重,采用相关分析、通径分析和多元回归分析方法对草鱼7个形态性状与体重进行相关性分析,剔除对体重影响不显著的头长、体高及与体长存在显著共线性的全长,建立了以体重为依变量,以体宽、眼间距、肛前距和体长为自变量的回归方程,所选形态性状与体重的相关指数$R^2=0.900$,表明所选性状是影响草鱼体重的主要形态性状,其中体宽对体重的直接影响最大,是影响体重的最主要因素。以上研究结果表明,将这4个主要形态性状作为草鱼选育的主要测量指标具有可行性。

1.1.2 · 草鱼种质资源分布

虽然草鱼在中国的养殖历史已逾千年,但以前都是取江河中的天然鱼苗在池塘内养大后食用或出售。直至 1958 年草鱼的人工繁殖技术成功以后,草鱼人工养殖才算真正意义上的开始。目前,草鱼已被引种到国外多个地方进行养殖或放流,但其天然的地理分布尚无专文研究报道。

■ （1）草鱼的古文献记载、化石及天然分布

草鱼最早被称为"鲩",见于《尔雅·释鱼》中。晋代郭璞注"今鲩鱼,似鳟而大",将"鲩"作为"鳟";司马光在《类篇》中将"鲩"作为"鳠";"草鱼"二字最早来源于李时珍《本草纲目》,其称"其性舒缓故曰鲩,曰鳠,俗名草鱼,因其食草也",又称"状类青鱼"。青鱼名青鲩,草鱼色白曰白鲩;在河北,因草鱼身厚亦名厚鱼。在山西、河南、北京、黑龙江、湖北等多地均发现过草鱼化石。目前,草鱼的天然分布区域主要包括黑龙江水系(下游可达瑷珲、齐齐哈尔以及兴凯湖)、黄河流域(下游,上可达汾渭盆地)、淮河流域(下游,上可达岷江及金沙江)、钱塘江平原和珠江平原(在珠江上可达全州、都安及百色等);此外,在我国香港、台湾地区也有过草鱼的记录(刘成汉,1964;李思忠和方芳,1990)。

目前,草鱼是我国养殖产量最大的经济鱼类,分布范围十分广泛。从产量来看,2020年广东省最高,达 89.93 万吨;其次是湖北省和湖南省,产量分别为 87.14 万吨和 63.07万吨。以上 3 个省份草鱼产量总和超过全国草鱼总产量的 43%。草鱼养殖产量最低的 3个省份分别是甘肃省(4 262 吨)、海南省(3 684 吨)和青海省(35 吨)(中国渔业年鉴,2021)。

■ （2）我国草鱼种质资源的分布状况

从草鱼的天然分布以及养殖区域进行综合分析可知,草鱼主要见于我国中部及南部地区。草鱼独特的地理分布显示出其独特的生活习性:① 草鱼是北半球暖温带季风区较大水体的平原型鱼类,不能长期生活于山区坡度大的水域中。② 草鱼更喜在河道急流区进行天然产卵。③ 草鱼产卵对温度有较为严格的限制,要求水温适中。据文献报道,草鱼天然产卵的水温为 26℃上下(尼科里斯基,1965)。④ 草鱼产出的卵在河道中漂流孵化为鱼苗,因此自然产卵场下游河道必须能满足卵漂流孵化的时间要求及鱼苗在缓静水体生长和觅食的条件。⑤ 草鱼是暖温带鱼类,相对更耐高温而不耐低温。

受分布地域的影响,不同江河草鱼群体生长性能差距较大。早期,李思发等(1990)收集了黑龙江、长江和珠江水系的草鱼,并对其平均体长和体重进行了分析,结果表明,

长江群体生长速度较珠江群体更快,而黑龙江群体生长最为缓慢。同样,傅建军等(2009)在养殖条件下对长江、珠江草鱼群体的生长速度进行了测量,研究发现,50 日龄时两个群体的生长差异并不显著,而 170 日龄时珠江群体生长优于长江群体。樊佳佳等(2016)采集了长江水系监利、石首、宁乡及珠江水系清远、佛山、肇庆等地的草鱼群体进行养殖,分别在 4 月龄、8 月龄和 12 月龄时对体长和体重进行分析,结果表明,4 月龄时 6 个群体的生长差异并不显著;8 月龄时体长和体重的差异逐渐拉大;至 12 月龄时,佛山群体的平均体重显著高于其余 5 个群体,而监利群体的平均体长最长。从肥满度来看,珠江群体高于长江群体。

1.1.3 · 草鱼种质遗传多样性

由于草鱼从南到北的广泛分布特性,形成了其复杂的遗传背景和丰富的种质资源。近年来,随着天然水环境的变化和污染,使得自然界草鱼种群数量明显减少。生产中草鱼种质退化现象严重,已影响到草鱼养殖业的正常发展。因此,比较我国不同区域草鱼种质资源的遗传结构,对于草鱼良种选育十分重要。众多学者先后采用形态学、蛋白和分子遗传标记等方法对不同地域的草鱼遗传群体进行遗传结构分析。

李思发等(1986)采用聚丙烯酰胺凝胶电泳测定了长江、珠江和黑龙江草鱼的原种 8 个种群 16 个酶位点的遗传变异,结果表明,不同水系种群之间存在明显的生化遗传差异。长江、珠江、黑龙江草鱼种群的多态位点比例分别为 30%、38% 和 23.1%,平均杂合度分别为 0.124 1、0.096 1 和 0.052 5,南方种群的多态位点比例有比北方群体高的趋势;长江草鱼与珠江草鱼、珠江草鱼与黑龙江草鱼、长江草鱼与黑龙江草鱼的遗传相似度依次为 0.967 9、0.948 3 和 0.932 4,表明长江种群与珠江种群间的遗传差异较小,而黑龙江种群与长江种群、珠江种群间的遗传差异较大。

薛国雄等(1998)采用 RAPD(random amplified polymorphic DNA)方法对长江、珠江、黑龙江三大水系的草鱼产卵场及太湖中捕获的草鱼进行比较,结果表明,长江水系宜昌段的种群和太湖水域种群的遗传距离最小,长江和珠江种群的遗传距离次之,黑龙江种群与其余三者遗传距离均较大。同时研究表明,不同水系的草鱼种群均有其特征性基因图谱,可作为种群鉴定的依据。

张四明等(2002)采用 PCR 技术进行了长江中游草鱼 4 个地理群体的线粒体 DNA(mt DNA)限制性片段长度多态性研究。4 个地理群体包括长江中游的湖北嘉鱼和江西瑞昌两个地理群体,以及长江中游的汉江和湘江两大支流的群体。通过 PCR 技术扩增出 mt DNA ND5 - ND6 基因,选用 10 种限制性内切酶对 PCR 产物进行酶切。但是,该基因在草鱼中没有发现多态现象,只有一种单倍型存在。张德春等(2004)运用 40 个 10 碱基随机引物对长江中游草鱼自然群体和草鱼人工繁殖群体进行了随机扩增多态性分析发现,长江中游自然繁殖草鱼群体个体间的遗传变异度平均值为 0.045 1、Shanonn 表型多样性指数为 10.066 4,草鱼人工繁殖群体个体间的遗传变异度平均值为 0.015 8、Shanonn表型多样性指数为 3.573 2,表明人工繁殖草鱼群体的遗传变异度和 Shanonn 表型多样性指数均明显低于长江自然繁殖群体。

廖小林等(2005)利用已发表的鲤微卫星引物在草鱼中进行 PCR 扩增,结果有 5 对引物(6 个座位)能成功扩增并且有较高多态性,等位基因数在 3~7 个之间。用这 6 个多态性微卫星座位研究了来自长江水系的 4 个草鱼群体的遗传结构,结果显示,每个群体的平均等位基因数在 3.8~4.8 之间、平均观测杂合度在 0.400 0~0.574 1 之间、平均期望杂合度在 0.477 3~0.648 9 之间;遗传距离分析表明,四川群体与洞庭湖群体遗传距离最远,而嘉鱼群体与鄱阳湖群体遗传距离较近;分子变异分析表明,群体内遗传变异与群体间遗传变异分别占总遗传变异的 95.60% 和 4.40%,固定系数为 0.044,表明长江水系草鱼目前的群体分化很微弱。Zhang 等(2004)运用微卫星标记分析江苏境内草鱼野生群体(邗江群体)和两个养殖群体(淡水中心群体和无锡前洲群体)的遗传多样性,结果显示,有效等位基因数、多态信息含量、期望杂合度、平均表观杂合度均以邗江草鱼野生群体最高,分别为 3.900 0、0.506 8、0.693 9、0.700 0;无锡前洲草鱼养殖群体最低,分别为2.200 0、0.179 6、0.523 5、0.528 6;淡水中心草鱼养殖群体各参数均介于两者之间,分别为 3.500 0、0.290 2、0.541 8、0.542 9。以上结果表明,草鱼野生群体遗传多样性更为丰富,而草鱼养殖群体存在杂合度降低、遗传多样性下降的现象。邗江草鱼野生群体与淡水中心草鱼养殖群体和无锡前洲草鱼养殖群体间遗传分化系数分别为 0.219 和 0.246,而两个草鱼养殖群体间遗传分化系数为 0.034,表明草鱼野生群体与养殖群体间分化严重,而养殖群体间分化微弱。

Zhao 等(2011)采用 PCR 技术对长江上游、中游、下游草鱼 4 个地理群体的线粒体DNA(mt DNA)多态性进行研究。4 个地理群体包括长江上游的四川宜宾、重庆巴南和云阳群体,中游的湖北石首和江西瑞昌 2 个地理群体,长江下游的汉江群体。PCR 技术扩增出 ND5、ND6、Cytb 基因 mt DNA 和 D - loop 区段,共检测到 19 种单倍型;单倍型多样性指数为 0.600 0~0.933 3,核苷酸多样性指数均为 0.000 2~0.002 0,表明草鱼的遗传多样性很低;固定系数为 0.020 2,表明长江水系草鱼群体间遗传变异很低。

王解香等(2012)先以草鱼脑、肌肉、肝等组织构建 cDNA 文库,经测序获得 EST 序列760 000 个,再从中筛选微卫星序列共 5 556 个,据此设计 19 对能够扩增出带型清晰且多态性较高谱带的 EST - SSR 引物。随后,在此基础上采用微卫星引物在草鱼中进行 PCR扩增,研究来自长江水系的 3 个群体(石首、监利、长沙)和来自珠江水系的 2 个群体(清远和肇庆)的草鱼遗传结构,结果显示,5 个群体的平均多态信息含量为 0.415 4 ~ 0.460 4,表明这 5 个群体的遗传多样性偏低;平均观测杂合度为 0.415 8 ~ 0.501 3,平均期望杂合度为 0.450 6 ~ 0.502 8,其中长沙群体的平均期望杂合度最高(0.502 8),监利群体的平均观测杂合度(0.415 8)和平均期望杂合度(0.450 6)均最低,表明长沙群体的遗传多样性相对最高,而监利群体的遗传多样性相对最低;群体间的遗传分化系数均小于0.05,表明 5 个群体遗传分化程度很低;遗传距离和遗传相似系数的数据表明,监利群体与清远群体的遗传距离最远,而长沙群体与石首群体的遗传距离最近。同时,UPGMA 聚类结果也显示,长沙群体、监利群体和石首群体聚为一支,而肇庆群体和清远群体聚为一支(王解香,2011)。

通过以上学者对草鱼长江、珠江和黑龙江水系不同群体的遗传多样性分析得出以下结论: ① 长江水系草鱼群体与珠江水系草鱼群体间的遗传差异较小,黑龙江群体与长江群体、珠江群体间的遗传差异较大;② 长江水系不同地域群体的遗传多样性指数分化很低;③ 草鱼野生群体与草鱼养殖群体间分化严重,而草鱼养殖群体间分化微弱。

1.1.4 · 金草鱼养殖群体研究

20 世纪 90 年代,中国引进了一批体色呈金黄色的草鱼(*Ctenopharyngodon idellus*),在养殖生产上俗称金草鱼。为了解金草鱼群体的遗传结构和遗传多样性,利用 15 个微卫星 DNA 标记对金草鱼群体与中国草鱼群体(长江水系的沅江群体、宁乡群体、洪湖群体及珠江水系的西江群体)进行遗传结构和系统进化分析,结果表明,15 个微卫星位点均具有较高的多态性,多态信息含量为 0.763 ~ 0.939,表明金草鱼群体的遗传多样性水平低于中国草鱼群体;遗传分化指数分析显示,金草鱼群体与沅江群体之间的遗传分化属于高度分化,与其他 3 个草鱼群体之间的遗传分化属于中度分化;遗传距离分析显示,金草鱼群体与西江群体的遗传距离最小(0.476 3),与沅江群体的遗传距离最大(0.810 7);基于遗传距离构建的 NJ 系统进化树显示,4 个中国草鱼群体聚为一支,金草鱼群体单独聚为一支。综合以上研究表明,金草鱼群体的遗传多样性低于中国草鱼群体,亲缘关系也较远,推测金草鱼可能是来自国外的一个地方种,而非中国草鱼的变异种(朱冰等,2017a)。

为了评价金草鱼肌肉品质和营养成分,对同塘养殖的金草鱼和草鱼肌肉品质和营养成分进行比较分析及评价,结果显示,金草鱼和草鱼的含肉率分别为70.57%和73.13%、肌肉水分含量分别为 78.60%和78.40%、粗蛋白含量分别为 19.55% 和 19.95%、粗灰分含量分别为 1.80%和1.45%,粗脂肪含量分别为 0.39% 和 0.50%;金草鱼肌肉的冷冻渗出率和蒸煮失重率低于草鱼;贮存损失为 2.64%,显著低于草鱼的 4.87%;金草鱼肌肉系水力大于草鱼,保水性更好;金草鱼与草鱼肌肉中氨基酸组成合理,必需氨基酸含量丰富,分别为 5.45% 和 5.35%,必需氨基酸/总氨基酸分别为 35.16 和 35.21,必需氨基酸指数分别为 58.88 和 56.85;不饱和脂肪酸含量丰富,分别占总脂肪酸的 73.44% 和 70.43%。综合分析表明,金草鱼与草鱼均为高蛋白、低脂肪的食品,具有较高的营养价值;金草鱼肌肉的系水力、必需氨基酸含量和不饱和脂肪酸含量大于草鱼(朱冰等,2017b)。

1.1.5 · 草鱼重要功能基因和信号通路

目前,在我国草鱼养殖产业中还未有经过人工选育且通过国家审定的良种,加之近年来多数草鱼繁殖场对繁殖亲本的操作不规范,通常选择亲缘关系近、体型小、性成熟早的个体进行苗种生产,导致养殖草鱼出现一定程度的种质退化现象,制约养殖产业的健康发展。由于草鱼的性成熟年龄普遍为 4～5 龄,选育周期长,在草鱼良种选育研究中有必要探索相关功能基因,充分利用基因编辑、分子标记辅助育种等现代生物技术来加快草鱼良种选育进度。

■ (1) GH/IGF 轴

鱼类的生长受众多基因调控。生长激素(GH)-胰岛素样生长因子(IGF)生长轴被广泛认为是影响鱼类生长的关键。该生长轴是动物体内下丘脑-垂体-靶器官的一系列激素及其受体所组成的神经内分泌系统,由促生长激素释放激素多肽(GHRH)、生长激素释放因子(GRF)、生长激素(GH)、胰岛素样生长因子(IGF)、胰岛素样生长因子受体(IGFR)等构成。GH/IGF 轴是生长轴的重要组成部分,与动物体的蛋白质、糖类、脂类代谢紧密相关,其主要功能是调节动物生长,反映动物营养与生长状况(姜宁等,2009)。白俊杰等(2001)采用 RT-PCR 方法从草鱼肝脏的总 RNA 中扩增出胰岛素样生长因子-I(IGF-I)基因序列,该基因序列推导其编码的蛋白质序列包括 B、C、A、D 和 E 5 个区域的 117 个氨基酸。草鱼和鲤 IGF-I 成熟肽的核酸序列和氨基酸序列的同源性分别为 93.8% 和 97.1%。E 区域分析结果表明,所克隆的草鱼 IGF-I 序列属于 IGF-IEa-2 亚型。进一步,叶星等(2002)构建草鱼 IGF-I 融合蛋白表达质粒 pGEX-IGF。该质粒转化大肠杆菌 BL21 菌株,可诱导表达出分子量约 34 kD 的特异蛋白,在不同的温度条件下分别产生以可溶性的和包涵体形式为主的特异蛋白。将纯化的融合蛋白为抗原制备兔抗草鱼 IGF-I 的抗血清,凝胶双扩散试验显示抗血清效价为 1∶64,说明表达产物具免疫原性。有相关研究发现,IGF-II 在生物胚胎发育过程起重要调控作用,但出生后及成年期 IGF-II 作用减弱,IGF-I 表达量上升进而发挥主要作用(张雅星,2019),出生后期

IGF-II 与 IGF2R 的结合可导致生长变慢,进而推测 IGF2R 可能是草鱼生长后期的负调控因子(El-Magd 等,2014)。GH 传统的作用机制是垂体产生的 GH 开始作用于靶组织细胞膜受体 GHR,然后刺激 IGF-I 接受下丘脑下部 GHRH 和生长激素释放抑制激素(GHRIH)的双重调节,进而影响机体的生长发育(Butler 等,2001)。利用极大草鱼个体和极小草鱼个体的脑组织进行转录组测序分析研究发现,与极小个体相比,极大个体 GH/IGF 生长轴中 GHRH、GHR 和 GH 基因的表达均显著上调(孙雪,2020)。

▤ (2) PI3K/AKT 信号通路

已有研究指出,PI3K/AKT 信号通路是控制肌肉生长的关键调控通路,其信号通路中的转录因子可以在生长或再生状态的肌细胞中增加肌核,从而生成新的肌纤维(Matsakas 等,2009)。Luo 等(2006)发现,对去负电荷部分肌肉实施电刺激操作后,肌肉还处在萎缩状态下,PI3K/AKT 信号通路的活性被激活,然后该部分肌肉的可塑性得到提高。AKT 可以在肾上腺素的刺激下,激活下游基因 *FoxO3a*、*GSK3β*,阻止 *FoxO1* 进行肌核的转移,从而维持肌肉生长(Baviera 等,2010);下游基因 *GSK3β* 是 AKT 的特别底物,用于调控肌肉肥大,*GSK3β* 还可以通过独立的 mTOR 信号通路调控蛋白质合成、诱导肌肉肥大(Vyas 等,2002)。PI3K/AKT 信号通路受 IGF-I 基因的刺激,通过其下游信号对 *mTOR* 和 *p70S6K* 基因进行激活(Yao 等,2015);mTOR 信号通路中的基因除自身参与生长调控外,还在其他通路中调控生长方面起着枢纽的作用,其中 mTOR 通过与 PHAS-1 连接,进而对 PHAS-1 磷酸化进行干预,从而使蛋白起始因子正常表达(Zhang 等,2000)。因此,对 PHAS-1 磷酸化可以作为增加蛋白质合成量的途径,促进肌肉生长发育(Tang 等,2016)。在快长和慢长个体草鱼的转录组研究中发现,快长草鱼肌肉组织的 PI3K/AKT 及 mTOR 信号通路中,*FoxO1*、*FoxO3a*、*GSK3β*、*mTOR*、*p70S6K*、*PHAS-1* 的表达水平相比慢长组显著上调,说明 PI3K/AKT 信号通路中的基因是影响草鱼生长发育的关键基因(孙雪,2020)。

▤ (3) 草鱼 α-淀粉酶基因

α-淀粉酶(α-amylase,AMY)全称为 1,4-α-D-葡萄糖苷水解酶,作用淀粉时可从分子内部切开 α-1,4 键生成小分子糊精和还原糖,产物末端葡萄糖残基 C1 碳原子为 α 构型。为了从消化酶的角度阐明草鱼对糖代谢的调控机制,通过克隆获得草鱼 α-淀粉酶基因序列,其 ORF 框长 1 539 bp,编码 512 个氨基酸。氨基酸同源性比对发现,草鱼 α-淀粉酶与其他物种的同源性很高,且在关键活性位点处均保守。其中,与斑马鱼 α-淀粉酶氨基酸的同源性最高,为 92%;与人的同源性最低,为 72%。草鱼 α-淀粉酶基因在血液、心脏、肝胰脏、肾脏、肌肉、脑、前肠、中肠、后肠9个组织的定量分析结果显示,在肝胰脏中的表达量最高,在前肠、中肠和后肠能检测到明显的表达,在心脏和肾脏仅能检测到微弱的表达。早期发育定量分析结果显示,从未受精卵到神经胚都没有检测到 α-淀粉酶基因的表达,从器官形成期开始检测到微弱的表达,一直到出膜后48 h表达都很微弱,出膜72 h之后表达量升高较明显。对组织分布和早期发育的定量分析表明,肝胰脏并不是草鱼生成 α-淀粉酶的唯一场所,在肠道中也有 α-淀粉酶的合成;从出膜72 h仔鱼开口摄食之后,α-淀粉酶基因表达量明显增加,推测摄食能够促进 α-淀粉酶基因的表达(唐小红等,2015)。

□(4)草鱼 MyoD 基因

MyoD 基因是生肌调节因子 MRF 家族的主要成员之一,是脊椎动物胚胎期肌肉发育的主导调控基因之一,对骨骼肌的形成和分化起主要作用。用 RACE 技术从草鱼胚胎总RNA 中扩增获得全长为1 597 bp 的草鱼 MyoD 基因 cDNA 全序列,其中开放阅读框为825 bp,共编码275个氨基酸;结构分析表明,该肽链第1~84个氨基酸为草鱼 MyoD 基因的 Basic 区,第98~142个氨基酸为草鱼 MyoD 基因的 HLH 结构域,该序列所编码的肽链没有信号肽;通过对比分析已知的 GeneBank 中其他脊椎动物 MyoD 基因发现,该基因编码的氨基酸肽链随动物由低等向高等进化有加长的趋势,且核苷酸以及推测的氨基酸同源性和动物之间的亲缘关系相一致(王立新等,2005)。进一步构建了草鱼 MyoD 基因的原核表达载体 pBV220-MyoD,其表达产物的相对分子质量为34ku,其表达产物占全菌蛋白的10.8%,表达量较低(王立新等,2006)。草鱼 MyoD 基因的克隆和表达研究为研究其肌肉发育调控的机理以及肉质改良奠定了基础。

□(5)草鱼 Fabp4 基因

脂肪酸结合蛋白[fatty acid binding 4(Fabp4)]属于脂肪酸结合蛋白家族。该家族最基本的功能是结合疏水性的配体(如脂肪酸、胆汁酸等),并将其转移到细胞内的靶点进行后续代谢(Smathers 等,2011)。随着研究的深入,越来越多的报道指出,哺乳动物的Fabp 家族广泛参与包括细胞凋亡、脂解、免疫等在内的多种生物学过程(Yao 等,2015;Huav 等,2019;Tang 等,2016)。Lei 等(2022)克隆获得了草鱼 Fabp4 基因完整编码区序列,该基因全长405 bp,编码135个氨基酸。通过同源比对发现,该基因与其他物种Fabp4 基因具有很高的相似性。其中,与同属鲤科鱼类的鲤相似性最高(89.55%),其次是大西洋鲑(74.44%)、鳜(71.64%)、卵形鲳鲹(70.77%)和斑马鱼(63.44%),表明其功能可能具有物种保守性。草鱼 Fabp4 基因在肝脏、心脏、脾脏等多个组织均有丰富的表达,说明草鱼的 Fabp4 基因可能参与多个生物学过程。功能上,通过基因过表达和抑制发现,Fabp4 基因参与调节草鱼头肾细胞炎症反应,且 ROS 介导了 Fabp4 基因对于炎症基因的影响。草鱼 Fabp4 基因的克隆和功能研究为进一步改善其免疫力提供了理论基础。

1.2

草鱼遗传改良研究

1.2.1 · 群体选育

鱼类群体选育,一般是指先构建选育基础群体,再从繁殖子代中挑选目标性状表现优良的个体作为亲本,经多代选择后,培育出经济性状优势明显且遗传稳定的养殖品种(楼允东,2001)。由于人工催产繁殖模式等因素的限制,草鱼选育改良不宜采用传统的群体选育技术路线。不过,我国科研工作者开展了以不同地理群体或养殖群体为基础的草鱼选育实践研究,我们将其归属于群体选育范畴,以此进行简要介绍。

在广东佛山对来自长江水系的监利、石首、宁乡草鱼群体和来自珠江水系的清远、佛山、肇庆草鱼群体的繁殖后代进行生长对比试验(樊佳佳等,2016),从每个群体随机选择300 尾样品,注射电子芯片标记后同塘养殖,分别在 4 月龄、8 月龄、12 月龄时测量样品的体重和体长性状。结果表明:4 月龄时,6 个群体间体重和体长差异均不显著。8 月龄时,群体间体重和体长差异逐渐增加。12 月龄时,佛山群体平均体重最大(671.59 g),比其他群体平均体重大 1.25%~16.79%;清远群体平均体重最小(82.92 g);监利群体平均体长最长(31.11 cm),比其他群体长 4%~16%;清远群体平均体长最短(26.92 cm),显著短于其他群体。另外,12 月龄时,珠江水系 3 个草鱼群体肥满度为 2.55~3.30,长江水系草鱼群体肥满度为 2.07~2.52,珠江水系草鱼群体肥满度明显高于长江水系。

进一步评估 10 个不同地理来源草鱼群体(佛山群体、肇庆群体、荆州群体 1、荆州群体 2、荆州群体 3、鄂州群体、益阳群体、长沙群体 1、长沙群体 2 和江苏群体)杂交后代的生长性能(樊佳佳等,2015),对该 10 个群体为亲本构建的 15 个杂交组合进行同塘生长对比。对其 4 月龄、7 月龄、8 月龄、10 月龄、12 月龄、15 月龄和 18 月龄的体重进行测量,以 4 月龄体重为协变量,运用协方差对不同杂交组合后代进行生长性能分析,结果显示,在 18 月龄时荆州群体 2(♀)×佛山群体(♂)杂交组合后代平均体重最高,为 1 892.90 g,比其他杂交组合平均体重高 3.51%~32.36%;经多重比较分析显示,荆州群体 2(♀)×

佛山群体(♂)和荆州群体1(♀)×佛山群体(♂)杂交组合后代的体重显著高于其他杂交组合($P<0.05$)。生产上应用这2个具有生长优势的组合生产优质苗种进行推广,可大幅度提高渔民的经济效益。

除此之外,对长江水系、珠江水系、黑龙江水系草鱼进行完全双列杂交,并对获取的草鱼组合进行生长性能对比(缪一恒,2019)。对草鱼9个组合80日龄和170日龄体重与体长进行对比,结果表明,在80日龄阶段,杂交组合普遍较自繁组合体现出生长优势,到170日龄阶段,各组合间生长差异逐步显著。各个组合的2个时间段体重数据均显示,长江(♀)×珠江(♂)>珠江(♀)×长江(♂)>珠江(♀)×黑龙江(♂)>黑龙江(♀)×珠江(♂)>长江(♀)×黑龙江(♂)>黑龙江(♀)×长江(♂)>长江(♀)×长江(♂)>珠江(♀)×珠江(♂)>黑龙江(♀)×黑龙江(♂)。草鱼绝对增长率,在80~170日龄生长区间中,长江(♀)×珠江(♂)组合增长速度最快(AGR=0.166),黑龙江(♀)×黑龙江(♂)组合增长速度最慢(AGR=0.079),其中6个杂交组合普遍增重率比自繁组合高,杂交组合体现较大优势。长江(♀)×珠江(♂)组合的相对增重率在9个组合中最高(RGR=0.035),黑龙江(♀)×黑龙江(♂)与黑龙江(♀)×长江(♂)相对增重率(RGR)均为0.025。以上研究表明,草鱼长江(♀)×珠江(♂)组合为代表的杂交组合体重与生长速度较自繁组合体现明显优势;采用完全双列杂交获得的草鱼9个杂交组合的遗传多样性与遗传分化信息普遍高于自繁组合,可以说明总体的杂交效果较为明显,不同地理来源的草鱼群体杂交育种能够更好体现远缘杂交优势,为草鱼优良品系的选育提供理论依据。

国内科研人员在草鱼抗病选育方面也开展了研究(王金龙,2020),通过攻毒试验筛选得到抗出血病草鱼亲本群体,比较分析草鱼肝脏、脾脏、头肾组织抗出血病的转录组,解析草鱼抗病的遗传机制,为草鱼抗出血病良种选育提供理论基础。

1.2.2 · 家系选育

对于数量性状而言,性状表型值受遗传和环境因素共同影响,而且遗传效应中也只有加性效应部分(育种值)能够稳定遗传给后代。因此,为了提升选择效率和精准度,基于育种值遗传评定为核心的家系选育体系在畜禽和水产动物选育中取得显著进展(王清印等,2013;Schneeberger等,1992;Ponzoni等,2005)。家系育种模式下,留种个体的评价剔除了固定环境效应影响,剖离非加性遗传效应的干扰,以期准确估计个体育种值。不过,育种值无法直接观测,需要利用系谱和表型等信息建立统计分析模型,从而达到对固定效应的估计和对随机遗传效应的预测(张勤,2007)。在育种值估计方法中,最佳线性无偏预测(best linear unbiased prediction,BLUP)法获得的个体育种值具有最佳线性无偏性和较高精确性,目前应用广泛(Mrode,2014;翟虎渠和王建康,2007)。相比常规的群体选育,家系选育是更为精准化的育种手段,但对配套设施及操作技术也提出更多要求。

遗传参数估计是育种值估计的前提条件,也是了解目标性状遗传机制及制定和优化选育路线的重要基础。生长性状遗传参数估计方面,科研人员利用草鱼选育核心种群,采用人工授精方式构建 21 个全同胞家系,并选用动物模型对 16 月龄草鱼生长性状进行遗传参数和育种值估计(姜鹏等,2018),结果显示,草鱼选育种群的生长性状存在丰富变异。采用约束极大似然法估计方差组分,发现草鱼体重、体长和体高性状的遗传力分别为 0.39、0.47 和 0.21,属于中高遗传力;肥满度性状的遗传力为 0.11,属于低遗传力;4个性状的共同环境效应值相近且较小,范围为 0.07~0.17。采用两性状动物模型分析相关性,发现体重、体长和体高性状间表型和遗传相关系数均达到高度正相关($r=0.88$~0.97),而肥满度性状与三者间相关系数接近 0,只与体高性状存在一定遗传正相关($r=$0.43)。结合各性状遗传变异系数和相对遗传进度分析表明,以体重为目标性状可便捷、有效地改良草鱼生长性能。采用最佳线性无偏估计(BLUP)法预测个体育种值,发现 4个性状育种值与表型值的相关系数范围为 0.77~0.93。基于单性状育种值和表型值分别进行个体选择,按 10% 留种率,各性状选留个体相同率为 68.75%~81.82%,秩相关系数范围为 0.19~0.81,两种选择方式显示出较大差异,且差异大小与性状遗传力成反比。同样,Fu 等(2015、2016)在对草鱼 40 日龄、10 月龄和 18 月龄(均重 846.6 g)遗传参数评估中得出相似结果,生长性状的遗传力估计范围为 0.24~0.38。

外在体型也是草鱼优良品种选育所关注的重要经济目标性状。为了探索适用于商品规格草鱼体型性状改良的选育指标,将单一表型性状指标组合成可反映草鱼修长程度的比率指标,然后利用构建的全同胞家系群体开展遗传参数评估,以衡量体型指标的选育潜力(Mrode,2014)。研究发现,观测的 9 个体型性状比率指标均表现出与脏体指数(VSI)良好的关联特征,即草鱼体型越修长、内脏比重越低,也预示屠宰率越高。与传统的肥满度指数相比,有 3 个体型性状指标 S_1(体高/体长)、S_2(体高/尾柄高)和 S_3(体高与尾柄高之差与体长的比值)与 VSI 表现出更强的线性相关($r=0.501$~0.591),且在不同商品规格草鱼观测样本中(1 402.36~1 849.42 g)保持较好的稳定性,其中 S_3 指标在平均体重 1 560.80 g 样本($n=50$)中获得与 VSI 相关的最高峰值($r=0.732$)。遗传参数估计发现,3 个比率指标为中等遗传力($h^2=0.47$、0.20、0.31),说明草鱼体型性状具备遗传改良潜力;与生长性状相比,它们相对预期遗传进度整体偏低(1.44%~4.07% 对7.87%~17.55%);而且与体重的表型和遗传相关为弱正相关($0.13<r_g<0.50$,负向效应),表明以收获体重为单一目标的生长性状改良可能会导致草鱼圆胖体型的缓慢发展。综合比较分析,体型指标 S_3 整体表现出较好的遗传变异及关联特征,可作为草鱼体型性

状选育实践的优先候选指标(Jiang 等,2022)。

1.2.3 · 分子标记辅助选育

近年来,分子标记辅助育种成为一种方兴未艾的新育种方法。它是通过利用与目标性状紧密连锁的分子标记对目标性状进行间接选择的分子育种技术。与常规育种相比,分子育种技术具有快速、准确、不受环境条件干扰等优点,而且可有效克服常规育种过程中形态学标记少、不易直接选择的不足,进而加速育种进程。目前,常见的 DNA 分子标记主要包括限制性内切酶酶切片段长度多态性(RFLP)、随机扩增 DNA 多态性(RAPD)、扩增片段长度多态性(AFLP)、微卫星 DNA、单核苷酸多态性(single nucleotide polymorphism,SNP)等(孙效文,2010)。

EST - SSR 作为已知功能的 I 型微卫星标记,与基因组 SSR 相比,可能具有使无功能的分子标记向可影响基因转录功能的分子标记转化(李偲等,2011)。由于 EST - SSR 来自转录区,如果 EST 标记与生长性状在遗传上连锁,很可能直接影响这一性状。

利用开发的草鱼 EST(expressed sequence tags)数据库,筛选出 18 条 EST - SSR 标记,对草鱼养殖群体进行基因型与生长性状关联分析和群体的遗传多样性分析(王解香等,2012;王解香,2011),结果表明,关联分析得到 6 个微卫星位点与体重、体长和体高显著相关;对差异显著的位点进行不同基因型间与生长性状的多重比较,获得了与体重、体长和体高等生长性状相关的有利基因型。将上述 6 个微卫星位点上的 EST 序列与 GenBank 数据库进行 BLAST 比对,其中有 2 条 EST 序列与已知功能的基因序列高度同源,一条与鲤自然杀伤细胞增强因子(NCEF)同源性水平高达 86%,另一条与草鱼反应元件结合蛋白(CREB)的基因同源性水平达到 80%。

相较于微卫星标记,SNP 标记是由 Lander 提出的新一代分子标记(邹刚刚等,2012)。它是在基因组水平上由单个核苷酸变异所引起的 DNA 序列多态性,包括单碱基的转换、颠换、插入及缺失等形式,其中最少出现的等位基因频率不小于 1%(刘福平和白俊杰,2008)。在生物的基因组 DNA 中,任何碱基均有可能发生突变,因此 SNP 既有可能位于基因的编码序列内,也有可能位于基因的非编码序列上。位于编码区内的 SNP 又可分为 2 种:一种是同义 SNP,即 SNP 所致的编码序列的改变并不影响其所翻译的蛋白质的氨基酸序列,突变碱基与未突变碱基编码的是同一种氨基酸;另一种是非同义 SNP,指碱基序列的变异导致其翻译的蛋白质序列发生了改变,以致可能使蛋白质的功能发生改变。大多数 SNP 位于基因组的非编码区,对编码蛋白质无直接影响,表现同义或沉默突变(孙效文,2010)。

SNP 作为第三代遗传标记所具有的优点主要有:① 数量多且分布广泛。据估计,基因组中大约平均每 1 000 bp 就会出现 1 个 SNP,这样它们在整个基因组的分布就会达到 300 万个。② 富有代表性。某些位于基因内部的 SNP 有可能直接影响蛋白质结构或表达水平,因此它们可能代表疾病遗传机理中的某些作用因素。③ 遗传稳定性。SNP 是基因组中分布最广泛且稳定的点突变,突变率低,与微卫星等重复序列多态标记相比,SNP 具有更高的遗传稳定性,尤其是处于编码区的 SNP。④ 检测快速,易于实现自动化。SNP 通常是 1 种双等位基因的遗传变异,在检测时无须同检测微卫星标记那样对片段的长度做出测量,只需一个"+/-"或"全或无"分析的方式,有利于发展自动化筛选或检测 SNP(Fu 等,2015)。作为新一代的遗传标记技术,SNP 将在生物学、医学、农学、生物进化等众多领域发挥巨大作用。对于草鱼而言,SNP 目前主要应用于草鱼群体遗传多样性、分子标记辅助育种和生物进化等研究领域。

大多数鱼类生长性状与抗病力等经济性状属于数量性状。鱼类的生长性状包括体重、体长、体高、体宽等指标。利用 SNP 标记技术筛选与性状连锁的标记和定位数量性状位点(quantitative trait loci,QTL)目前主要有 3 种思路:QTL 作图法、关联分析方法和候选基因法(Liu,2007)。每种方法有各自的优缺点和适用条件,在对生长相关 SNP 标记的筛选研究上,候选基因法是应用较多的一种方法。候选基因法是把候选目的基因的基因型与表型性状通过使用一般线性模型进行关联分析来验证其数量性状位点标记的方法。基于候选基因法,科研人员已筛选出许多与草鱼生长等数量性状有显著关联的功能标记。

谷胱甘肽硫转移酶(GST)一种广泛存在于生物组织中的小分子水溶性蛋白,具有解毒、抑制脂质过氧化的作用。rho 型谷胱甘肽硫转移酶基因是鱼类所特有的一种 GST 同工酶基因,在微囊藻毒素的解毒过程中有重要作用。科研人员在该基因上筛选到 2 个 SNP 位点,分别位于外显子 1 和外显子 2 上,为 C-T 突变,且属于同义突变。采用 PCR 产物测序法和 PCR-RFLP 法在珠江水系草鱼养殖群体中统计多态位点分布:C+129T 位点 CC 型占 0.69%,TC 型占 8.75%,TT 型占 80.56%;C+192T 位点 CC 型占 25.4%,TC 型占 48.6%,TT 型占 26.1%。利用一般线性模型将 SNP 与草鱼 6 个生长性状进行关联分析,结果表明,C+129T 位点 TT 型个体 6 个生长性状均值比 TC 型高($P>0.05$);C+192T 位点 TT 型个体体重均值高于 TC 型和 CC 型个体。双倍型关联分析表明,D1 型个体的体重均值明显高于 D3 型和 D6 型,因而可以考虑将 GSTR 基因作为影响草鱼体重等生长性状的候选基因,应用于草鱼分子辅助育种(刘小献等,2011)。

载脂蛋白 A-I-1(apoA-I-1)是硬骨鱼类血浆蛋白中高密度脂蛋白(HDL)的重要组成成分,在逆向转运胆固醇过程中具有重要作用。在基因 3′非编码区筛选发现 2 个 SNP 位点。统计试验群体中基因型频率:C792T 位点的 CC 型占 46.53%,CT 型占

50.69%，TT 型占 2.78%；G851A 位点的 GG 型占 77.08%，GA 型占 20.83%，AA 型占 2.08%。采用一般线性模型对 2 个 SNP 位点与草鱼 4 个生长性状进行关联分析，结果表明，C792T 位点 TT 型个体的体重、体长、体高和头长均值高于 CT 型和 CC 型个体的相应生长性状指标值；G851A 位点 GG 型个体的体重、体长、体高和头长均值高于 GA 型和 AA 型个体的相应生长性状指标值，且 GG 型个体的体长和头长均值与 GA 型和 AA 型个体均存在显著差异；将 2 个 SNP 位点不同基因型组合成 6 种双倍型，通过关联分析结果推测，C792T 位点 TT 型为有利基因型，G851A 位点 GG 型为有利基因型、AA 型为不利基因型（刘小献等，2012）。

羧肽酶 A（EC3.4.16）是一类水解蛋白和多肽底物 C 端芳香族氨基酸或脂肪族氨基酸残基的消化酶。采用直接测序法，经过序列比对筛选到 2 个颠换 SNP 位点：C+412A 和 A36C，分别位于 CPA1 基因外显子 5 的 34 bp 处和内含子 3 的 36 bp 处，前者为错义突变。采用 SnaPshot 方法进行检测和分型，在试验养殖群体中 A36C 位点的 AA 基因型占 26.7%，AC 基因型占 52.0%，CC 基因型占 21.3%。C+412A 位点的 AA 基因型占 15.5%，AC 基因型占 40.5%，CC 基因型占 43.9%。关联分析结果显示，A36C 位点不同基因型在体重、眼间距均值上存在显著差异，并且 AA 基因型和 CC 基因型在体重、体长、体宽和眼间距上存在显著差异，AA 基因型各项指标均值显著高于 CC 基因型；C+412A 位点 CC 基因型的 6 个生长性状均值都高于 AA 基因型。由两个位点组成的 5 种双倍型在体重上存在显著差异，CPA1 基因可作为草鱼分子辅助育种的候选基因（曹婷婷等，2012）。

另外，在羧肽酶 A4 基因内含子 3 检测到 2 个 SNP：A40G 位点和 G241T 位点。基因型频率检测：A40G 位点 AA 型占 50.3%、AG 型占 23.8%、GG 型占 25.9%，G241T 位点 GG 型占 48.6%、GT 型占 47.9%、TT 型占 3.5%。关联分析结果显示，A40G 位点的 GG 型个体的体重、体长、体高均值高于 AA 型和 AG 型；G241T 位点 TT 型个体体重最重，GG 型体重最轻，但差异均不显著，组成的双倍型个体生长性状差异也不显著（曹婷婷等，2014）。

柠檬酸合酶基因是三羧酸循环第一步的关键酶。三羧酸循环是动物体内糖类、脂类和氨基酸三大营养素的最终代谢通路，又是糖类、脂类、氨基酸代谢联系的枢纽。经序列比对，在内含子 10 上筛选到 2 个 SNP：A-386G 和 C-499G。统计试验群体中基因型频率：A-386G 位点的 AA 基因型占 47.10%，AG 基因型占 38.41%，GG 基因型占 14.49%；C-499G 位点的 CC 基因型占 31.85%，CG 基因型占 46.67%，GG 基因型占 21.48%。关联分析结果显示，A-386G 和 C-499G 位点的不同基因型的 6 个生长性状均值有差异，但均不存在显著差异。2 个 SNP 组成 7 种双倍型，其中有 5 种双倍型在体重、体长、体高、尾柄长和尾柄高上均存在差异,其中 D6 双倍型(A－386G/AG 和 C－499G/GG)在 6 个生长性状上均值最大。柠檬酸合酶基因可作为草鱼生长相关分子辅助育种候选基因(樊佳佳等,2014)。

饲料中糖类物质是成本较低的供能物质,但与哺乳动物相比,鱼类对糖的利用率是较低的。在商品饲料的糖类、蛋白质和脂肪三大物质代谢中,草鱼对蛋白质消化率可达84.95%～91.32%,对脂肪消化率为 85.06%～93.05%,对糖类消化率只有 50.42%～62.15%。因此,对于草鱼生长或耐糖性状而言,鱼类糖利用关键酶基因可作为筛选相关分子标记的候选基因(唐小红,2015)。

醛缩酶,即果糖 1,6－二磷酸醛缩酶(EC 4.1.2.13),是糖酵解、糖异生和磷酸戊糖循环途径中的一种关键酶。在脊椎动物中发现的醛缩酶同工酶有 3 种:A 型、B 型和 C 型。A 型在肌肉中表达,B 型在肝脏、肾脏、胃及肠道中表达,C 型在脑、心脏及卵巢中表达。采用直接测序法在草鱼醛缩酶 A 的 3′－UTR 处发现其转录终止密码子后 58 bp 处存在17 bp 插入片段。分型检测 AA、BB 和 AB 三种基因型,等位基因 B 在群体中的频率为0.723,处于哈代-温伯格(Hardy－Weinberg)平衡;多态信息含量为 0.32,表明此突变在所测群体中属于中等遗传变异。利用一般线性模型分析基因型与草鱼群体生长性状(体重、体长、体高、体宽)的相关性,结果表明,醛缩酶 A 的 3′－UTR 突变与草鱼体宽和吻长 2个生长性状达到显著相关,BB 基因型个体比 AA 基因型个体的体重增加 8.37%,其全长、体长、体高、尾柄长等生长性状也表现出比 AA 和 AB 基因型个体好。醛缩酶 A 的 3′－UTR 处插入突变位点可作为草鱼生长性状的候选分子标记(李玺洋等,2012)。

醛缩酶 B 基因,经过序列比对筛选到 C+687G、C+1042A 和 A117C 共 3 个 SNP 位点。C+687G 位于醛缩酶 B 基因外显子 6 的 63 bp 处,为同义突变;C+1042A 位于外显子 8 的43 bp 处,为错义突变;A117C 位于内含子 7 的 117 bp 处。采用 SnaPshot 方法对同一群体296 尾草鱼进行检测和分型,3 个 SNP 位点中 AA 的频率分别为 42.9%、32.8%、32.8%;AB 的频率分别为 42.9%、45.9%、45.6%;BB 的频率分别为 14.2%、21.3%、21.6%。关联分析结果显示,C+687G 位点不同基因型只在体长/尾柄长上存在显著差异,但与体重等重要生长性状不相关。A117C 和 C+1042A 两个位点都在体重等 4 个生长性状上存在显著差异。将 3 个 SNP 位点不同基因型两两位点组成 3 个组合的双倍型,结果显示,C+687G 和 A117C 以及 C+687G 和 C+1042A 的 2 个组合分别组成的 7 种双倍型在体重等 5个生长性状上都存在显著差异;A117C 和 C+1042A 组成的 3 种双倍型在体重、眼间距 2个生长性状上都存在显著差异。以上研究认为,草鱼醛缩酶 B 基因可作为草鱼生长相关分子辅助育种候选基因(曹婷婷等,2011)。

丙酮酸激酶(pyruvate kinase)是催化糖酵解的最后一步的关键酶,其催化磷酸烯醇式丙酮酸(PEP)转变为丙酮酸,磷酸烯醇式丙酮酸的高能磷酸键在催化下转移给 ADP 生成 ATP。在 *PK - like* 基因上筛选到 2 个 SNP 位点:H3(T+1819C)和 H4(G+1820T)。采用 SnaPshot 方法对 2 个位点在 3 个群体中的基因型分布进行检测,发现这两个位点完全连锁,H3 和 H4 位点组成了 3 种基因型(AA、AB 和 BB)。利用一般线性模型分析 2 个 SNP 位点与草鱼随机群体重要生长性状的关系,结果显示,杂合基因型 AB 的增重率分别比 AA 和 BB 快 0.6% 和 3.4%,不同基因型在统计上与草鱼随机群体的生长性状(体重、体长、体宽)均没有显著关联性($P>0.05$)。在投喂两种不同糖水平(普通糖:39.4%;高糖:45.4%)饲料的两个草鱼群体中,对于投喂普通糖水平饲料的群体,AA 型增重率分别比 AB 型和 BB 型快 4.9% 和 6.1%,但在统计上不同基因型的体重均没有达到显著差异($P>0.05$)。而在饲喂高糖饲料的群体中,AA 型的体重显著大于 AB 型和 BB 型($P<0.05$), AB 型和 BB 型之间无显著差异($P>0.05$)。AA 型的增重率分别比 AB 型和 BB 型快 36.8% 和 30.4%,且在 AB 型和 BB 型中高糖群体的增重率小于普通糖群体,在 AA 型中高糖群体的增重率比普通糖群体的增重率快 11.4%,说明具有基因型 AA 草鱼的生长速度在高糖条件下比在低糖时更快,推测具有基因型 AA 的草鱼能更好地利用饲料中的糖(樊佳佳等,2019)。

在基因 PKL 上筛选到 3 个 SNP 位点:H5(T+561C)、H6(T+744C)和 H7(A+762G)。采用 SnaPshot 方法对 3 个位点在 3 个群体中的基因型分布进行检测,发现 H5(T+561C)和 H7(A+762G)完全连锁,组成了 3 种基因型(AA、AB 和 BB)。将这 3 个位点的不同基因型在草鱼随机群体中进行与生长性状(体重、体长、体宽)的关联分析,结果显示,H5 和 H7 组成的 AA 型的增重率分别比 AB 和 BB 型快 6.4% 和 9.2%,位点 H6(T+744C)TT 型的增重率分别比 TC 型和 CC 型的快 9.0% 和 11.0%,但这 3 个位点的不同基因型在统计上与生长均没有显著关联性($P>0.05$)。在投喂两种不同糖水平饲料的两个草鱼群体中,H5(T+561C)和 H7(A+762G)两个位点的不同基因型在 2 个群体的体重上均无显著差异,但在普通群体中 AA 型的增重率分别比 AB 型和 BB 型的快 15.7% 和 7.2%,在高糖群体中 AA 型的增重率分别比 AB 型和 BB 型的快 17.4% 和 11.2%。对于位点 H6(T+744C),在投喂普通糖水平群体中,基因型 TT 的体重显著大于基因型 TC($P<0.05$),但与基因型 CC 无显著差异($P>0.05$),基因型 TT 的增重率分别比 TC 型和 CC 型快 32.0% 和 21.2%。在高糖群体中,不同基因型之间无显著差异($P>0.05$)。本研究中在体重均大于 900 g 的草鱼随机群体中 H6 位点与生长没有显著关联性,而在体重均小于 142.5 g 的普通糖水平的群体中与生长有显著关联性,推测相同的 SNP 位点对草鱼生长的影响可能与草鱼的生长阶段有关(唐小红,2015)。

在 α-淀粉酶基因上共筛选到 2 个 SNP 位点:H1(T+357A)、H2(T7A)。利用一般线性模型分析 2 个 SNP 位点在 3 个群体中与草鱼体重、体长等重要生长性状关系的结果显示：在随机群体中，两个位点的不同基因型在体重、体长等主要生长性状上差异均不显著，但 H1 位点 AA 型的增重率分别比 AT 和 TT 型的快 0.4% 和 1.3%；H2(T7A) 位点 TT 型的增重率比 AA 型的快 3.1%。在投喂两种不同糖水平的两个草鱼群体中，与体重均无显著关联性（$P>0.05$）。但是，从两个群体的体重均值可以发现，高糖对草鱼的生长产生了影响，因为对于同一种基因型投喂高糖饲料群体的体重均值均小于投喂普通糖水平饲料的体重均值，说明饲料中的糖添加量过多会抑制草鱼的生长（唐小红，2015）。

促生长激素释放激素（growth hormone-releasing hormone，GHRH）是调控生长激素释放的重要因子。通过直接测序法在该基因上筛选到 12 个 SNP。采用 SnaPshot 技术对 12 个 SNP 标记进行基因分型，经一般线性模型分析 SNP 标记与生长性状的相关性，结果显示：T+3925C、G+4227A、T+4420A、C+4497T、A+4976G 和 G+5025T 标记完全连锁，组成单倍型标记 D1；4 个标记与草鱼生长性状存在显著相关性（$P<0.05$），分别为 C+1798T、T+2340C、A+2782T 和单倍型 D1 标记，其中 C+1798T 标记的 CC 基因型个体的体重性状均值显著高于 TT 基因型个体（$P<0.05$）。T+2340C 标记的 TT 基因型个体的体重、体长、体高和头长的性状均值显著高于 CT 基因型个体（$P<0.05$）。A+2782T 标记的 AA 基因型个体的体重和体长性状均值显著高于其他两种基因型个体（$P<0.05$）。单倍型 D1 标记的 EE 基因型（TTGGTTCCAAGG）体重性状均值显著高于其他两种基因型个体（$P<0.05$）。4 个标记组合为 6 种单倍型，其中单倍型组合 H1/H1（CCTTAAEE）个体的体重极显著高于除 H1/H3 个体之外的其他单倍型组合（$P<0.01$），且比群体平均体重高 9.96%。以上研究表明，GHRH 基因标记 C+1798T、T+2340C、A+2782T、单倍型 D1 标记和单倍型组合 H1/H1 均与生长性状显著相关，可作为草鱼分子标记辅助育种候选标记（孙雪等，2021a）。

采用转录组测序技术（RNA sequencing，RNA – Seq）对草鱼快长组和慢长组的肝脏、肌肉和脑组织分别进行分析，共获得 31 465 万条高质量短读序（clean reads），经组装得到 34 147 条拼接基因（unigene），平均长度为 1 060 bp，其中有 30 751 条拼接基因获得注释。在肝脏、肌肉和脑组织中分别筛选到 1 013 个、552 个和 372 个差异表达基因，并从中检测到 4 580 个 SNP 标记。采用 SnaPshot 技术对其中 34 个 SNP 标记在 300 尾草鱼生长性状极端群体中进行多态性检测和验证，30 个 SNP 标记分型成功，准确率为 88.24%。进一步采用一般线性模型分析 30 个 SNP 标记与生长性状的相关性，结果显示，unigene00810126 – 8014 标记 CC 基因型的体重、体长、体高、头长和尾柄长性状均值显著高于 TT 基因型；unigene00810126 – 2903 标记 AA 基因型的体重显著高于 GG 基因型；unigene00870394 – 525 标记 AA 基因型的体重和体长性状均值显著高于 GG 基因型；

unigene02938762 - 011628 标记的 TT 基因型与 CC 基因型在体重、体长和头长性状上的差异均达到显著水平。这 4 个标记位于生长催乳素 α 基因($sl\alpha$)、早期生长反应蛋白 - 1 基因(egr - 1)和肌球蛋白重链基因(myh)上。研究获得与生长性状相关的 1 937 个差异表达基因和 4 个 SNP 标记,为草鱼分子辅助育种研究提供基础资料(孙雪等,2021b)。

为了研究草鱼生长性状相关分子标记聚合效果,选择利用候选基因关联分析方法获得 10 个与生长性状相关的 SNP 标记,分别位于草鱼载脂蛋白 A - I - 1(apoA - I - 1)、丙酮酸激酶 1 型(PKL)、羧肽酶 A1(CPA1)、柠檬酸合酶(CS)、醛缩酶 B(Aldo - B)、生长催乳素 α(SLα)和肌球蛋白重链(MYH)基因上。先在 24 尾雌鱼和 24 尾雄鱼亲本中对各标记进行基因型检测,挑选 1 对最有利于不同优势基因型发生聚合的亲鱼构建家系。在 7 月龄时,对子代进行生长性状测量和各 SNP 标记的基因型分型,采用一般线性模型分析含不同优势基因个数组别的生长差异,结果显示,家系子代个体中含生长相关优势基因型的数量为 0 个、1 个、2 个、3 个、4 个、5 个、6 个和 7 个,对应的个体数量依次为 44 尾、67 尾、83 尾、85 尾、44 尾、38 尾、15 尾和 6 尾,对应的平均体重依次为 129.66 g、144.45 g、151.33 g、153.53 g、154.77 g、160.50 g、167.50 g 和 176.67 g,生长相关优势基因型的聚合个数与草鱼生长速度呈正相关。子代中优势基因型的平均数量为 2.58 个,与亲本群体的优势基因型平均数量(1.00)相比显著提高。研究表明,对草鱼生长相关优势基因进行聚合可获得生长性状优良个体,为草鱼分子标记辅助育种应用提供理论依据(孙雪,2020)。

1.2.4 · 雌核发育选育

雌核发育是指卵子经精子激发产生只具有母系遗传物质的个体的有性生殖方式。一般来说,鱼类雌核发育二倍体的诱发可以通过精子染色体的遗传失活以及卵子染色体的二倍化实现(李传武和吴维新,1990)。通常,用各种辐射或化学方法处理鱼类精子,可以有效破坏染色体上的遗传物质,但遗传失活的精子仍具有进入卵子的能力。

Stanley(1976)用草鱼卵子与经紫外线照射过的鲤精子杂交,结果得到 3% 的自发雌核发育的草鱼,染色体组型分析证实其为二倍体(2n = 48)(全迎春等,2014)。雌性配子同型(XX)草鱼,经人工诱发的雌核发育二倍体则含有两条 XX 染色体,在遗传和表型上都是雌性。Stanley(1976)用人工雌核发育产生的单性草鱼,结果与草鱼的雌性配子同型机制相符合。

鱼类人工雌核发育是一种快速建立鱼类近交系或纯系的有效途径。这在遗传基础研究中有重要价值(刘伟成和李明云,2005)。研究表明,雌核发育技术对草鱼的群体遗传结构改变较大,是快速建立纯系、固定优良性状的有效手段。利用微卫星标记检测纯合度发现,普通草鱼平均纯合度和多态信息含量分别为 0.2031 和 0.5528,而雌核发育群体为 0.716 1 和 0.357 2;其中有 5 个位点在雌核发育草鱼中纯合度明显提高,扩增总条带数为 5~7 个;普通草鱼扩增总条带数为 8~10 个,由此也可应用多态性微卫星分子标记简单、有效地区分雌核发育群体(或与之相似的高度近交群体)与普通群体(全迎春等,2014)。

在实践方面,有科研人员以紫外线灭活的团头鲂精子激活草鱼卵子、冷休克抑制第二极体排出的方法诱导出长江水系优良 F_2 代草鱼减数雌核发育子代(毛庄文,2020)。在后代中不仅存在雌核发育后代,还存在草鲂杂交后代,雌核发育后代的体型与草鱼一致,而草鲂杂交后代的体型介于草鱼与团头鲂之间。倍性分析仪测定结果显示:普通草鱼与雌核发育草鱼的相对 DNA 含量分别为 23.01 和 22.72,两者的 DNA 含量接近;高体型子代的相对 DNA 含量为 25.38,介于普通草鱼与团头鲂(DNA 含量 28.21)之间,属于草鲂杂交后代。选取 17 个微卫星标记对草鱼群体、雌核发育草鱼群体和草鲂杂交后代的遗传多样性进行检测,共检测出 59 个等位基因,其中 43.18 个有效等位基因。草鱼对照群体、草鲂杂交后代和雌核发育草鱼群体的平均等位基因数依次为 3.57 个、2.86 个和 2.79 个,平均有效等位基因数依次为 2.93 个、2.37 个和 1.96 个,平均期望杂合度依次为 0.650 2、0.557 3 和 0.377 5,多态信息含量平均值依次为 0.573 8、0.464 9 和 0.379 1。与草鱼对照群体相比,雌核发育草鱼群体的遗传多样性显著下降,表明通过减数雌核发育方法可获得纯合性较高的草鱼个体。

此外,利用微卫星 DNA 分子标记,在改良雌核发育草鱼中找到了灭活的锦鲤精子残留的特异性微卫星 DNA 片段(MFW1 - G),该片段仅存在于改良雌核发育草鱼与锦鲤中,而在普通草鱼中没有。这是首次在分子生物学水平提供了改良雌核发育草鱼中存在父本遗传物质,为雌核发育后代中的“杂交效应”提供了依据,也为区分改良雌核发育草鱼与其他草鱼品种提供了分子标记(毛庄文,2020)。

1.2.5 · 多倍体选育

多倍体育种是指通过增加染色体组的方法来改造生物的遗传基础,以期培育出有经济价值的优良品种(楼允东,2001)。草鱼是常见的二倍体鱼类(2n = 48),所以草鱼多倍体通常是人工创造的体细胞中含有 3 套或 3 套以上染色体组的草鱼个体。

根据染色体组来源,多倍体又分为同源多倍体和异源多倍体。同源多倍体的染色体组来自同一物种,而异源多倍体的染色体组来自不同物种。同源多倍体通常是通过人工诱导处理受精卵获得,而异源多倍体较多是通过不同物种远缘杂交获得。杂交后代易于产生异源多倍体,有时受精卵也要经过人工休克等方法诱导处理。

我国鱼类多倍体研究始于 20 世纪 70 年代。中国科学院水生生物研究所等单位(1976、1979)首次报道用理化方法诱导草鱼(♀)×团头鲂(♂)杂种,以及成功获得草鱼三倍体和四倍体。

有科研人员利用雌性草鱼和雄性翘嘴红鲌(2n=48,简称 TC)进行亚科间远缘杂交,成功制备了天然雌核发育草鱼和异源三倍体草鲌(3n=72,简称 3nGT)(龚凯军,2021)。对 3nGT 及其亲本的外形特征、DNA 含量、染色体数目、血细胞形态以及下咽齿结构等生物学特性进行比较,并对 3nGT 的全长转录组进行分析。具体研究结果如下:① 3nGT 的外形特征、DNA 含量、染色体及血细胞形态研究。外形特征方面,3nGT 的大部分可数性状与可量性状均介于双亲之间;流式细胞仪检测显示,3nGT 的平均 DNA 含量(97.09)约为草鱼的平均 DNA 含量(60.59)及翘嘴红鲌的平均 DNA 含量(71.31)的一半之和($P<0.05$);染色体数目检测结果表明,3nGT 是染色体数目为 72 的三倍体,同时还观察到 3nGT 部分红细胞具有特殊的哑铃型。这些结果表明,3nGT 是染色体数为 72 条的三倍体杂交鱼。② 3nGT 及其亲本下咽齿的形态进行观察比较。在下咽齿齿式方面,3 种鱼的咽齿行数都符合鲤形目 1~3 行咽齿的结构,但是每种鱼的齿式存在差异;草鱼两行咽齿齿式为 2.4~4.2,翘嘴红鲌 3 行咽齿齿式为 1.3.4~4.3.1,3nGT 咽齿行数与母本一致,咽齿齿式为 3.4~4.3;在下咽齿形态方面,3nGT 的齿形偏向于母本(草鱼),其咽齿结构为中间型下咽骨和侧扁型齿组合,且咽齿表面带有与母本类似的横纹状沟槽。③ 3nGT 及其亲本的部分 45S rDNA(45S ribosomal DNA)序列和 5S rDNA 荧光原位杂交(fluorescence in situ hybridization,FISH)分析。45S rDNA 序列分析显示:草鱼与翘嘴红鲌间的 ITS1 序列相似性为 64.5%,ITS2 序列相似性为 73%,可作为鉴定其杂交种的分子标记;3nGT 同时含有双亲的 ITS 序列,且与亲本对应类型的序列相似度高达 99%。草鱼特有 5S rDNA 探针(180 bp)FISH 结果显示:在草鱼中存在一强一弱两个荧光信号,在翘嘴红鲌中无荧光信号,而 3nGT 中存在一强一弱两个荧光信号,说明 3nGT 的染色体组是由两套来源于草鱼的染色体和一套来源于翘嘴红鲌的染色体组成。上述研究从分子和细胞水平揭示了 3nGT 是异源三倍体杂交鱼。

有研究人员为确认热休克诱导草鱼四倍体实际生产的可行性,在探索出诱导草鱼四倍体胚胎孵化期存活率相对较高的热休克条件基础上对受精卵进行处理(徐湛宁,2018)。具体方法如下:孵化温度(21±1)℃时,在胚胎受精后 40 min、42 min 和 51 min 分别采用 41℃ 和 42℃ 的热休克温度处理 2 min,孵出的鱼苗放入大塘养殖,草鱼倍性检测分析其 DNA 相对含量结果表明,热休克诱导只获得二倍体和三倍体草鱼,没有得到四倍体草鱼,三倍体草鱼 DNA 相对含量约为正常二倍体草鱼 DNA 相对含量的 1.5 倍。采用热休克法诱导处理草鱼受精卵,可以获得一定比例的三倍体草鱼,但总体比例不高,而热休克方法对于草鱼四倍体实际生产操作技术难度大,后续在进行草鱼多倍体育种研究时可以探寻新的方案,尝试其他多倍体育种方法。

采用静水压和热刺激草鱼受精卵可以诱导四倍体(J. R. Cassani 等,1992)。在 21℃ 受精后 36 min、39 min 和 42 min 对受精卵进行静水压处理,鱼苗孵出后一天测定四倍体的诱导率为 25%~100%(平均 52.5%)。最适处理时间一般在卵裂前 15~20 min,这时能抑制核分裂。在受精后 65 min、66 min 和 70 min 对多细胞受精卵进行压力刺激,也可以诱导四倍体;受精后 33~60 min 对受精卵进行 1.25 min 和 1.5 min 42℃ 热刺激,四倍体的诱导率为 0~100%,而同样温度的 1 min 热刺激则不能产生四倍体。总之,大多数处理组的孵化率完全不同,且直接和四倍体转化有关。四倍体鱼苗存活天数没有超过 50 日龄,可以认为死亡鱼苗中有部分为非整倍体(次四倍体)和二倍体至四倍体的嵌合体所引起。

兴国红鲤(♀)×草鱼(♂)进行杂交,杂种一代的染色体数为 142~156、众数值为 146~152,为染色体自动加倍的异源四倍体(吴维新等,1988)。杂交种外形和习性接近母本,两性均能成熟,雌、雄鱼分别与草鱼进行了回交,以草鱼为母本、杂种一代为父本的回交子代全部为草鱼形,草食性;以杂种一代为母本、草鱼为父本的回交子代一部分像草鱼、一部分像鲤,但草鱼形子代的成活率较低。两个回交组合的子代均为三倍体,染色体数为 98~100,众数值为 98。1983 年获得的杂种一代(♀)×草鱼(♂)的鲤形回交杂种于 1986 年性成熟,雌、雄鱼分别与草鱼再次回交,获得了二次回交杂种。

草鱼种质资源保护面临的问题与保护策略

1.3.1 · 种质资源保护面临的问题

草鱼种质资源是草鱼优良经济品种选育和产业发展的重要基础材料。草鱼是中国本土物种,维护好现有种质资源,不仅保护了未来的育种基因,而且对我国渔业可持续发展具有重要意义。然而,在气候变化、水电站建设、外来物种入侵等错综复杂因素的影响下,草鱼种质资源整体状况不容乐观。草鱼种质资源保护面临的主要问题包括以下几方面。

▤（1）保护意识不强

由于从业一线人员未充分意识到生物遗传多样性的重要性，缺乏对草鱼种质资源多样性的保护意识，在生产中一味追求经济利益，导致种质资源总量减少或急剧波动。

▤（2）栖息地破坏

我国早期拦河筑坝、围湖造田等人为破坏活动，减少了草鱼的栖息地范围，改变了草鱼原有产卵场小生境，导致种群多样性和生物量降低。过量捕捞，使得可繁衍后代亲本减少；对幼体的过多捕捞，也会造成资源的萎缩，破坏自然种质资源的增殖和新陈代谢。

▤（3）种质资源混杂

无序的苗种买卖、养殖群体逃逸和增殖放流等人为活动污染了原有水系的草鱼地理种群基因库，使得草鱼种质遗传背景和遗传结构混淆不清。特别是青鱼、草鱼、鲢、鳙"四大家鱼"多依靠人工繁育鱼苗，近亲交配及品种混杂使得这些品种种质退化、生长速度下降、性成熟提前、个体变小、抗逆性降低等，严重影响了渔业的生产发展。

1.3.2 · 种质资源保护策略

▤（1）政策支持与保护

近些年，政府已经把种质资源保护纳入国民经济发展计划，加强水域的统一规划和综合利用，禁止围湖造田，禁止在重要水产苗种基地和养殖场所围垦。凡是在重要水生动物洄游通道筑坝、建闸，对渔业资源有严重影响的，要建造过鱼设施或采取其他补救措施。多年来，各级渔业行政主管部门在水生生物资源保护方面相继制定了禁渔期制度、捕捞许可管理制度等一系列行之有效的保护管理制度和措施，取得了良好的生态、经济和社会效益，野生种质资源在一定程度上受到有效保护，使得因过度捕捞而严重破坏野生种质资源事件锐减。

▤（2）维护和建设好草鱼原良种场

原良种场是保持种质纯度的重要基地，20世纪90年代，农业部成立了全国水产原良种审定委员会，农业部渔业局也先后出台了《水产苗种管理办法》《淡水养殖鱼类原良种场建设要点》《水产原良种场验收办法》《水产原良种场生产管理规范》等重要文件，使我国水产苗种的生产、管理以及国家级水产原良种场的建设等工作有章可循。经过多年实践,全国已建立了从上到下一整套的原良种体系建设项目管理程序。各地也制定了区域水产原良种产业发展规划,并培养了一批项目管理人员。虽然原种场在草鱼种质资源保护上发挥了积极作用,但相对我国庞大的种质资源量来讲,已经建成和持续支持的保护场所覆盖面不广、没有形成完整的体系,科研条件和技术力量不足,不能深入开始种质资源的保护研究,仅以维持和保存群体的生存、繁衍为主,缺乏系统的资源利用方案和规划(刘英杰等,2015)。

(3)加强草鱼种质资源研究

草鱼天然生活环境的人为干扰和破坏,如水域环境的恶化、大坝建设工程、酷渔滥捕等,这些因素都时刻影响着草鱼天然种质资源库。草鱼自然分布也越来越复杂,缺乏系统的种质资源研究,需加强对我国不同水系或同一水系不同群体草鱼的遗传多样性和遗传结构的系统研究。随着草鱼鱼苗需求量的增多,需要在严格的试验条件下对不同水系草鱼在异地繁殖与养殖性能进行分析,科学评价草鱼在不同生态条件下的养殖性能,在生产上具有重要的指导意义(沈玉帮等,2011)。

(4)草鱼种质资源的合理利用

在保护草鱼种质资源的基础上,及时了解草鱼种质资源的数量和质量动态情况,合理制定适合草鱼种质资源的开发利用措施。在捕捞生产中,应严格划定捕捞区域,采取合理捕捞制度,积极实行禁渔期、休渔期和捕捞许可证制度,加强渔业行政管理和执法力度。在养殖生产上,从各水系群体中挑选生长、繁殖等经济性状优良的个(群)体进行繁殖和培育,保证繁育草鱼亲本的质量和有效繁育群体足够大,以防止近交和混杂,维护不同水系草鱼原有的生态稳定性和遗传多样性(沈玉帮等,2011)。

(5)加强隔离防疫设施建设

草鱼出血病等疾病对草鱼的危害较大,对已经建立并运行的种质资源保护场所应配置最高级别的隔离防疫设施;重要种质资源可增加核心育种群体备份基地的建设。

(撰稿:李胜杰、白俊杰、姜鹏、雷彩霞)

2

草鱼新品种（系）选育

2.1

草鱼新品种(系)选育技术路线

2009—2011 年,先后从湖北石首老河长江四大家鱼原种场、监利老江河四大家鱼原种场、佛山市南海区九江镇生生淡水繁殖场、肇庆市睦岗大龙鱼苗孵化场、湖南省水产研究所,以及广东清远、三水等草鱼养殖场收集和引进草鱼亲本群体约 5 500 尾和鱼种 500 万尾,一共收集保存了 15 个不同地方来源的草鱼群体和金草鱼群体。根据不同群体生长性能比较和杂交测试结果,于 2011 年从 11 个地理种群中筛选出 3 个生长性状表现最优的种群作为草鱼选育基础群体,从中分别挑选 200 尾进行群体繁殖,另构建全同胞家系 39 个,以生长和体型性状为选育目标性状,以总选择率不高于 1% 的选择强度,通过群体选育、家系选育等技术进行草鱼选育改良,2016—2020 年连续 5 年构建 100 多个 F_2 代草鱼选育家系并开展人工选育,生长对比试验结果表明,F_2 代草鱼选育家系的生长速度比非选育群体提高了 22.59%(张利德等,2020)。2021 年开始构建 F_3 代草鱼选育家系,生长对比试验初步结果表明,草鱼 F_3 代选育品系生长优势显著,比未选育群体生长速度提高 22.56%~29.94%。采用"边选育+边推广"的模式进行草鱼选育品系的推广养殖,示范推广养殖结果表明,选育草鱼品系的鱼苗生产性能优良,具有生长速度快、养殖成活率高和体型修长等特点。

2.1.1 · 不同草鱼群体杂交子代的生长性能比较分析

2008 年开始共收集到长江和珠江流域 10 个不同地理来源的草鱼种群,草鱼群体具体信息见表 2-1。2010 年 11 月从 10 个地理来源的草鱼群体中共挑选性腺发育较好的草鱼放入亲本强化培育池中进行强化培育。2011 年 4 月,从亲本强化培育池中选择性腺发育成熟较好的亲本 546 尾,人工注射催产剂后,按照设计好的杂交组合构建方案进行交配(表 2-2)。为了尽量减小苗种培育阶段日龄及环境因素对杂交后代生长的影响,构建的 15 个杂交组合苗种均在 1 周内繁殖。在苗种培育阶段利用室内标准养殖池进行培育,从饵料投喂、养殖密度、光照、水温、换水操作等方面严格统一标准。在鱼苗 4 月龄阶段,即平均体重 40 g 左右时,每个杂交组合随机选择 200 尾,注射电子芯片标记,个体标记后称重,获得入塘前的初始体重,然后将 15 个杂交组合后代同塘养殖。分别测量 7 月龄、8 月龄、10 月龄、12 月龄、15 月龄和 18 月龄时体重。

表 2-1·不同地理来源草鱼群体的简称和来源

序号	群体	简称	来源
1	佛山群体	GD1	珠江水系中的北江江段
2	肇庆群体	GD2	珠江水系中的西江江段
3	荆州群体1	HB1	长江中游水系中的湖北石首老河长江四大家鱼原种场
4	荆州群体2	HB2	长江中游水系中的洪湖江段
5	荆州群体3	HB3	长江中游水系中的长江四大家鱼监利老江河原种场
6	鄂州群体	HB4	长江中游水系中的南岸鄂州江段
7	益阳群体	HN1	长江中下游的沅江江段
8	长沙群体1	HN2	长江中下游的洞庭湖南缘江段
9	长沙群体2	HN3	长江中下游的湘江江段
10	江苏群体	JS	长江下游水系

表 2-2·草鱼 15 个杂交组合的构建方式

序号	杂交组合	母本(♀)		父本(♂)	
		群体	样本数(尾)	群体	样本数(尾)
1	GD2×HB2	GD1	11	HB2	11
2	HB2×HB1	HB2	36	HB1	36
3	HB1×HB2	HB1	13	HB2	13
4	HB1×HN2	HB1	25	HN2	25
5	HB1×HN3	HB1	9	HN3	9
6	HB3×HN2	HB3	21	HN2	21
7	HB1×GD1	HB1	31	GD1	31
8	HB3×HB1	HB3	26	HB1	26
9	HB2×GD1	HB2	15	GD1	15
10	HB4×HB4	HB4	7	HB4	4
11	HB4×HN3	HB4	10	HN3	6
12	HB4×JS	HB4	3	JS	3
13	HN1×HB1	HN1	25	HB1	25
14	HN2×HB1	HN2	27	HB1	27
15	HN2×HB2	HN2	18	HB2	18

　　将 4 月龄体重作为协变量，运用协方差分析获得 15 个杂交组合在 7 月龄、8 月龄、10 月龄、12 月龄、15 月龄和 18 月龄的校正体重（表 2-3），4 月龄校正体重为 36.22 g。在 7 月龄，杂交组合 HB2×GD1 体重均值最大，为 219.97 g，杂交组合 HB4×HN3 体重均值最小，为 111.47 g，组合间平均体重差异均不显著；8 月龄至 10 月龄期间，杂交组合体重增长较缓慢；从 10 月龄开始，草鱼体重呈指数级增长，3 个月的体重增加近 3 倍；15 月龄时比较各杂交组合，杂交组合 HB2×GD1 体重显著高于其他杂交组合，而杂交组合 HB4×HB4、HB4×HN3、HB4×JS 和 HN1×HB1 体重均值显著低于其他杂交组合；在 18 月龄时，HB2×GD1 杂交组合平均体重最高，为 1 892.90 g，分别比其他杂交组合平均体重高 3.51%~32.36%。其中，HB2×GD1 和 HB1×GD1 平均体重分别为 1 892.90 g 和 1 828.68 g，显著高于其他杂交组合，属于生长优势杂交组合（樊佳佳等，2015）。生产上，应用这 2 个具有生长优势的组合生产优质苗种进行推广，可大幅度提高渔民的经济效益，另外该结果可为快速生长草鱼核心群体的确定奠定基础。

表 2-3·草鱼生长性状育种值与表型值的相关性分析

性 状	体重（g）	体长（cm）	体长（cm）	体长（cm）
体重（g）	0.93**	0.95**	0.95**	0.06
体长（cm）		0.92**	0.88	−0.19**
体长（cm）			0.88**	0.21**
体长（cm）				0.77**

注：对角线为性状育种值与表型值相关；对角线以上为两性状间育种值相关；＊＊表示相关性达到极显著水平（$P<0.01$）。

2.1.2 · 草鱼家系选育的遗传参数分析

　　试验群体为草鱼生长性状选育核心种群，来源于长江和珠江流域收集的不同地理群体。每尾亲鱼均注射有 PIT 电子芯片标记，池塘混养，繁殖前强化培育。从选育核心种群中随机挑选性腺发育良好、体型健壮的亲鱼催产繁殖。采用人工授精方式成功建立 21 个全同胞草鱼家系，其中包括 4 个母系半同胞家系和 2 个父系半同胞家系，总计 35 尾亲鱼参与家系构建。待家系个体平均体重达到约 30 g 时，从每个家系中随机取约 150 尾个体，植入 PIT 电子芯片（腹腔注射），同时记录个体的芯片信息、父母本编号、家系编号等。标记工作 3 天内完成，标记后的个体全部放入一口约 3 330 m^2（5 亩）池塘混养。

　　草鱼收获体重、体长和体高性状的遗传力分别为 0.39、0.47 和 0.21，属中高遗传力；肥满度性状的遗传力为 0.11，属低遗传力。相较于加性遗传效应，4 个性状的共同环境系数范围为 0.07～0.17，共同环境效应值相近且影响不大。4 个性状间遗传相关与表型相关的格局基本一致。其中，体重与体长的表型和遗传相关系数均最高(r=0.95～0.97)，表现为高度正相关；体高与体重也具有较高相关性(r=0.93～0.97)，与体长相关性稍小(r=0.88～0.89)。结果表明，对体重、体长或体高进行单性状选育具有目标一致的特点。肥满度性状与其他 3 个性状间的相关性接近零(r=-0.15～0.19)，只与体高性状间有一定遗传正相关(r=0.43)，说明肥满度性状遗传上相对独立，不过如对体高性状进行正向选择，需考虑潜在引起鱼体肥满度增大的不利影响(姜鹏等，2018)。

通过 ASReml-R 软件提取个体育种值，将个体各性状表型值和育种值进行 Pearson 相关性分析(表 2-3)，结果显示，4 个性状各自表型值与育种值之间相关系数范围为 0.77～0.93，统计检验均达到极显著水平(姜鹏等，2018)。另外，两性状育种值相关关系与前述遗传相关格局大体一致，数值间的细微变化源于 2 种遗传算法的不同。

基于单性状表型值和育种值分别进行个体选择，按 10% 留种率，2 种方法选择结果见表 2-4。4 个性状选种用个体相同率分别为 79.39%、81.82%、72.73% 和 68.75%；进一步对比发现，基于单性状育种值选留个体的育种值秩次与其所对应的表型值秩次有较大差别，秩相关系数分别为 0.69、0.81、0.51 和 0.19。数据分析表明，基于个体性状表型值或育种值进行选择，2 种选择结果存在差异，而且目标性状遗传力越低选择差异程度越大，且呈反比例关系(姜鹏等，2018)。研究还发现，基于育种值留种个体所涉及的家系数量均少于表型值选择。

表 2-4 · 基于表型值和育种值的个体选择比较(按 10% 留种率)

性 状	个体相同率	秩相关系数	留种家系数量		平均育种值	
			A	B	A	B
体重(g)	79.39	0.69**	12	16	280.640	269.080
体长(cm)	81.82	0.81**	9	12	3.260	3.120
体长(cm)	72.73	0.51**	10	15	0.400	0.370
体长(cm)	68.75	0.19	8	13	-0.028	-0.022

注：A 代表基于育种值选择；B 代表基于表型值选择；** 表示达到极显著水平($P<0.01$)。

2.1.3 · 草鱼亲权鉴定技术

构建 5 个草鱼全同胞家系 C1、C2、C3、C4 和 C5，然后采集亲本鳍条及子代全鱼保存于-20℃无水乙醇中。每个家系子代均随机取样 36 尾。使用文献中报道的 8 对微卫星引物(表2-5)对草鱼亲本和子代进行鉴定。在8个微卫星位点中,当两个亲本基因型未知时,单个亲本排除率(E-1P)介于0.342~0.668,平均值为0.520;当一个亲本基因型已知时,另一个亲本的排除率(E-2P)介于0.521~0.802,平均值为0.681;一对亲本组合的亲权排除率(E-PP)介于0.711~0.937,平均值为0.847。

表2-5 · 8对微卫星引物的序列特征

位 点	引 物 序 列		退火温度(℃)
H1 18	F：AGCACATTCAGGGAGGAC	R：AGCAAAGCAGCAAACCTCTC	60.0
H1 37	F：CCCGCTGACATTCTGATT	R：AGCAATTCATATGGCCTTCG	60.0
H1 65	F：AACTCGCTCTCAAATTCTCA	R：AGGGTGTGTGGGCTATGTGT	60.0
H1 48	F：CAGACGGATGGATGGATG	R：CTTTCAAAATGTGGAGTCTTGC	60.0
4703	F：AGTGAGACTATGCTGATAAAACCG	R：ATTGAAACAGATGCCTGCTTG	50.0
C2489	F：TTCTCCCGTGATTTAGG	R：CTCGGACATCCCGTAGC	52.3
H57	F：CCTGGCCTGTGTTCATCT	R：TCGACGATCTCTGCATCATC	59.0
H81	F：AGCTTCTGCCTTACCATC	R：TGCATTTTCGTTGGACACAT	59.0

当可鉴定亲本达到一定数量时,微卫星标记才能够运用到实际群体选育中。模拟计算了标记数、鉴定率与可鉴定亲本总数的关系,其中,标记数是指从8个微卫星标记中依据亲权排除率从高到低选取获得的特定微卫星标记,且分为亲本性别已知和亲本性别未知两种情况进行模拟分析。性别已知时设定亲本数目相同,因为当亲本总数确定后,雌、雄亲本相等时得到的组合最多,鉴定难度最大。相关参数为：置信度95%,子代样本10 000个,基因分型错误率1%,真实亲本采样率为1,优先使用亲权排除率高的微卫星位点,数据缺失率为0。结果表明,在理想状态下,雌、雄亲本数相等时,8个微卫星位点可以进行最多598个亲本的亲权鉴定,且置信度(95%)和鉴定率(100%)较高(表2-6);亲本性别未知时,8个微卫星位点可以进行431个亲本的亲权鉴定(任昆等,2013)。

表2-6 · 标记数、可鉴别亲本数、鉴定率的关系(模拟分析)

标记数(个)	可鉴定亲本总数(个)		置信度(%)	鉴定率(%)
	性别已知	性别未知		
8	598	431	95	100
7	452	243	95	100

标记数 (个)	可鉴定亲本总数(个)		置信度 (%)	鉴定率 (%)
	性别已知	性别未知		
6	194	109	95	100
5	60	22	95	100
4	10	4	95	100
3	6	3	95	99

对标记数为 3~5 个、亲本数为 10 个时的亲权鉴定置信度和鉴定率进行验证,验证结果如表 2-7 所示。当亲本性别已知时,使用 3 个标记,其错误率为 7%,未达 95% 的置信度,实际鉴定率(98%)也略低于模拟鉴定率(99%);使用 4 个标记,其错误率为 0,达到 95% 的置信度,但实际鉴定率(98%)也略低于模拟鉴定率(100%);使用 5 个标记,其错误率为 0,达到小概率事件水平,实际鉴定率(100%)和模拟结果一致。当亲本性别未知时,使用 3 个标记的错误率(13%)较高,不属于小概率事件,实际鉴定率也稍低(95%);使用 4 个标记,其错误率为 0,实际鉴定率(93%)低于模拟鉴定率;使用 5 个标记,其错误率(1%)和实际鉴定率(100%)均在理想的水平。可见,当有 10 个已知性别的亲本时,至少应使用 4 个标记进行亲权鉴定;当有 10 个未知性别的亲本时,至少应使用 5 个标记进行亲权鉴定;而且验证结果与模拟结果吻合较好,说明可鉴定亲本数分析的结果具有可信性(任昆等,2013)。

表 2-7 · 亲权鉴定结果及错误率

标记数 (个)	亲本总数 (个)	置信度 (%)	亲本性别已知		亲本性别未知	
			错误率(%)	实际鉴定率 (%)	错误率(%)	实际鉴定率 (%)
3	10	95	7	98	13	95
4	10	95	0	98	0	93
5	10	95	0	100	1	100

2.2

草鱼新品种(系)特性

快长草鱼品系是以生长性状(体重)为主要改良目标,集成多种育种技术创新,经连续多代精细化选育的优良新品系。2019 年 1 月,邀请专家对 F_2 代草鱼选育群体养殖对比试验进行现场测评,结果显示,在同塘养殖条件下,经 15 个月的养殖,F_2 代草鱼选育家系的平均体重为(2 664.32±276.43) g,比非选育群体提高了 22.59%,选育效果显著(张利德等,2020)。与合作研发企业年生产优质草鱼苗种数亿尾,销往广东、湖北、湖南等地,深受养殖户青睐。

2.3
草鱼新品种(系)养殖性能分析

2.3.1 · 草鱼 F_2 代家系的养殖性能分析

2018 年 3 月,在苏州市未来水产养殖场池塘中进行草鱼选育品系与对照组的养殖性能对比试验,F_2 选育品系来自中国水产科学研究院珠江水产研究所,对照组为邗江群体和瑞昌群体,分别来自江苏广陵长江系家鱼原种场和江西瑞昌长江四大家鱼原种场。10 月龄时,从选育群体和 2 个对照组中各随机取 300 尾规格一致的试验鱼,采用金属线码标记物进行标记,标志物在选育群体、邗江群体和瑞昌群体中的注射部位分别为胸鳍基部、尾鳍基部和背鳍基部,然后将标记的试验鱼放在一个面积为 1 334 m² 的池塘中进行养殖,以便消除环境因素对试验效果造成的影响。分别在 16 月龄和 19 月龄时对 3 个草鱼群体的生长指标进行测量,随机抽取各组试验鱼 30~50 尾,用 MS-222 进行浸泡麻醉后,用电子天平称量活体重,并用数码相机拍照,结合 Photoshop 和 Winmeasure1.0 软件测量体长和体高。

对草鱼选育群体、瑞昌群体和邗江群体在不同时期的平均体重进行比较(表 2-8),3 个群体的起始体重差异不具统计学意义,16 月龄和 19 月龄时,选育群体的体重均分别大于瑞昌群体和邗江群体,其中选育群体与邗江群体的体重差异具统计学意义($P<0.05$),但与瑞昌群体差异不具统计学意义($P>0.05$),瑞昌群体平均体重显著大于邗江群体($P<0.05$)。19 月龄时,选育群体的体长和体高均显著高于邗江群体($P<0.05$),但与瑞昌群体间的差异不具统计学意义。研究结果表明,选育群体在表型性状上优于瑞昌群体和邗江群体,草鱼人工选育产生了良好的效果。本研究所获得的草鱼体重和体长、体高数据在所测时期,其两性状之间的相关性均达到极显著水平($P<0.01$)。体长和体高的相关系数最高,为 0.734;体重和体长的相关性最低,为 0.391(徐湛宁,2018)。

表2-8·选育群体和对照组的体重、体长和体高比较

月 龄	性 状	选育群体	瑞昌群体	邗江群体
10	体重(g)	160.17±31.29	171.72±29.75	140.17±17.30
16	体重(g)	1 117.67±178.13	1 059.33±212.90	955.33±155.81
	体重(g)	1 386±244.12	1 306±265.68	1 234±73.06
19	体长(cm)	40.03±2.55	39.44±2.88	38.78±2.68
	体高(cm)	9.03±0.76	9.09±0.74	8.81±0.80

在试验结束时,选育群体平均日增重率为 2.2 g/天(表 2-9),分别比瑞昌群体和邗江群体提高了 6.2%和 12.2%。在 10~16 月龄期间,草鱼选育群体的日增重率最高、为5.32 g/天,生长速度最快(表 2-9),且选育群体的日增重率均大于瑞昌群体和邗江群体;在 16~19 月龄阶段,邗江群体的日增重率大于选育群体和瑞昌群体。结果表明,选育群体具有显著的生长优势,连续 2 代的人工选育取得了良好的选育进展。19 月龄时,草鱼选育群体的体重变异系数为 16.17%,相比对照组降低了 5.88%。结果表明,草鱼选育群体的生长速度更加趋于一致,反映了人工选育对草鱼生长性状进行了改良(张利德等,2020)。

表2-9·草鱼选育群体、瑞昌群体和邗江群体间的日增重率比较

群 体	日增重率(g/天)		
	10~16 月龄	16~19 月龄	10~19 月龄
选育群体	5.32	2.98	2.20
瑞昌群体	4.93	2.74	2.07
邗江群体	4.53	3.10	1.96

2.3.2 · 草鱼 F₃ 代选育家系的生长性能分析

2021 年在珠江水产研究所三水试验基地开展了 F₃ 代草鱼选育品系与对照组的养殖对比试验。对照组草鱼群体分别来源于广州市番禺区海鸥岛养殖场(对照组 1)和广东省肇庆市莲花鱼苗场(对照组 2)。5 月龄时,从选育群体和 2 个对照组中各取 200~300尾规格相近的试验鱼,采用 PIT 电子标记进行标记,将标记的试验鱼放在一个面积为1 334 m² 的池塘中进行养殖,定期测量生长数据。

对 F_3 代草鱼选育家系和对照群体在不同时期的体重进行比较(表 2-10),7 月龄和 9 月龄时,选育群体的体重均显著高于对照组,生长优势突出。

表 2-10 · **2021 年草鱼生长对比试验数据**

群 体	2021 年 8 月 29 日		2021 年 10 月 22 日		2021 年 12 月 07 日	
	数量(尾)	平均体重(g)	数量(尾)	平均体重(g)	数量(尾)	平均体重(g)
选育系	220	88.76±21.44	74	404.04±92.87	80	806.68±132.99
对照组 1	90	63.46±12.11	36	244.86±93.65	58	619.60±134.95
对照组 2	100	72.24±16.56	18	258.89±82.78	30	575.35±173.11

试验结束时,草鱼选育品系 F_3 代的平均日增重率为 7.18 g/天(表 2-11),分别比对照组 1 和对照组 2 提高了 22.56%和 29.94%。结果表明,草鱼选育群体具有显著的生长优势,经过连续 3 代选育取得了良好的遗传进展。

表 2-11 · **F_3 代草鱼选育品系和对照组的日增重率比较**

群 体	日增重率/(g/天)		
	5~7 月龄	7~9 月龄	5~9 月龄
选育系	6.58	7.73	7.18
对照组 1	3.77	7.21	5.56
对照组 2	3.87	6.09	5.03

(撰稿：李胜杰、杜金星、白俊杰、朱涛、樊佳佳)

3

草鱼繁殖技术

3.1

亲 鱼 培 育

亲鱼培育是指在人工饲养条件下,促使亲鱼性腺发育至成熟的过程。亲鱼性腺发育的好坏,直接影响催产效果,是家鱼人工繁殖成败的关键,要切实抓好。

3.1.1 · 生态条件对鱼类性腺发育的影响

鱼类性腺发育与所处的环境关系密切。生态条件通过鱼的感觉器官和神经系统影响鱼的内分泌腺(主要是脑下垂体)的分泌活动,而内分泌腺分泌的激素又控制着性腺的发育。因此,在一般情况下,生态条件是性腺发育的决定因素。

常作用于鱼类性腺发育的生态因素有营养、温度、光照、水流等,这些因素综合地、持续地作用于鱼类。

(1) 营养

营养是鱼类性腺发育的物质基础。亲鱼需要从外界摄取大量的营养物质,特别是摄取蛋白质和脂肪供其性腺发育。当卵巢发育到第Ⅲ期以后(即卵母细胞进入大生长期),卵母细胞要沉积大量的营养物质——卵黄,以供胚胎发育的需要。

(2) 温度

温度是影响鱼类成熟和产卵的重要因素。鱼类是变温动物,通过温度的变化,可以改变鱼体的代谢强度,加速或抑制性腺发育和成熟的过程。草鱼卵母细胞的生长和发育是在环境水温下降而身体细胞停止或减低生长率的时候进行的。草鱼的性成熟年龄与水温(总热量)的关系非常密切。草鱼的性腺发育速度与水温(热量)成正比。对已性成熟的草鱼来说,水温越高,其性腺发育的周期就越短。温度对鱼类排卵、产卵也有影响。即使鱼的性腺已发育成熟,但如温度达不到产卵或排精阈值,也不能完成生殖活动。草鱼在某一地区开始产卵的温度是一定的,产卵温度的到来是产卵行为的有力信号。

(3) 光照

光照对鱼类的生殖活动具有相当大的影响力,影响的生理机制也比较复杂。一般认为,光周期、光照强度和光的有效波长对鱼类的性腺发育均有影响作用。光照除了影响性腺发育成熟外,对产卵活动也有很大影响。

■ **(4) 水流**

草鱼在性腺发育的不同阶段要求不同的生态条件。对于 Ⅱ～Ⅳ 期卵巢,营养和水质等条件是主要的,流水刺激不是主要因素。因此,栖息在江河湖泊和饲养在池塘内的亲鱼性腺都可以发育到Ⅳ期。但是,栖息在天然条件下的草鱼缺乏水流刺激或饲养在池塘里的草鱼不经人工催产,性腺就不能过渡到Ⅴ期,也不能产卵。因此,当性腺发育到Ⅳ期,流水刺激对性腺进一步发育成熟非常重要。在人工催产条件下,亲鱼饲养期间,常年流水或产前适当加以流水刺激,对性腺发育、成熟和产卵以及提高受精率都具有促进作用。

3.1.2 · 亲鱼的来源与选择

草鱼亲鱼来自国家级四大家鱼原良种场培育的亲本。要得到产卵量大、受精率高、出苗率多、质量好的鱼苗,保持养殖鱼类生长快、肉质好、抗逆性强、经济性状稳定的特性,必须认真挑选合格的亲鱼。挑选草鱼亲鱼时,应注意以下几点。

第一,所选用的亲鱼,外部形态一定要符合鱼类分类学上的外形特征,这是保证该亲鱼确属良种的最简单方法。

第二,由于温度、光照、食物等生态条件对个体的影响,以及种间差异,鱼类性成熟的年龄和体重有所不同,有时甚至差异很大。

第三,为了杜绝个体小、早熟的近亲繁殖后代被选作亲鱼,一定要根据国家和行业已颁布的标准选择(表3-1)。

表3-1 · **常规养殖草鱼的成熟年龄和体重**

开始用于繁殖的年龄(足龄)		开始用于繁殖的最小体重(kg)		用于人工繁殖的最高年龄(足龄)
雌	雄	雌	雄	
5	4	7	5	18

注:我国幅员辽阔,南北各地的鱼类成熟年龄和体重并不一样。南方成熟早,个体小;北方成熟晚,个体较大。表中数据是长江流域的标准,南方或北方可酌情增减。

第四,雌雄鉴别。总的来说,养殖鱼类两性的外形差异不大、差别细小,有的终生保持,有的只在繁殖季节才出现,所以雌雄不易分辨。目前主要根据追星(也叫珠星,是由表皮特化形成的小突起)、胸鳍和生殖孔的外形特征来鉴别雌雄(表 3 - 2)。

表 3 - 2 · 常规养殖草鱼雌雄特征比较

生 殖 季 节		非 生 殖 季 节	
雄 性	雌 性	雄 性	雌 性
与青鱼基本相同,胸鳍鳍条粗大、狭长,自然张开时呈尖刀形	仅胸鳍的鳍条末梢有少数追星,手感仍光滑;胸鳍张开时呈扇状	胸鳍狭长,长度超过胸鳍至腹鳍之间距离的一半;腹部鳞小而尖,排列紧密	胸鳍略宽且短,长度小于胸鳍至腹鳍之间距离的一半;腹部鳞大而圆,排列疏松

第五,亲鱼必须健壮无病,无畸形缺陷,鱼体光滑,体色正常,鳞片、鳍条完整无损,因捕捞、运输等原因造成的擦伤面积越小越好。

第六,根据生产鱼苗的任务确定亲鱼的数量,常按产卵 5 万~10 万粒/kg 亲鱼估计所需雌亲鱼数量,再以 1 : (1~1.5)的雌雄比得出雄亲鱼数。亲鱼不要留养过多,以节约开支。

3.1.3 · 亲鱼培育池的条件与清整

亲鱼培育池应靠近产卵池,环境安静,便于管理。有充足的水源,排灌方便,水质良好、无污染。池底平坦,水深为 1.5~2.5 m,面积为 1 333~3 333 m²。以砂质壤土为好,且允许有少许渗漏。

鱼池清整是改善池鱼生活环境和改良池水水质的一项重要措施。每年在人工繁殖生产结束前,抓紧时间干池 1 次,清除过多的淤泥,并进行整修,然后再用生石灰彻底清塘,以便再次使用。

清塘后,草鱼培育池不必施肥。

3.1.4 · 亲鱼的培育方法

▤ (1) 放养方式和放养密度

亲鱼培育多采用以 1~2 种鱼为主养鱼的混养方式,少数种类使用单养方式。混养时,不宜套养同种鱼种,或配养相似食性的鱼类、后备亲鱼,以免因争食而影响主养亲鱼的性腺发育。搭配混养鱼的数量为主养鱼的 20%~30%,它们的食性和习性与主养鱼不同,能利用种间互利促进亲鱼性腺的正常发育。混养肉食性鱼类时,应注意放养规格,避免危害。亲鱼应雌雄混合放养,放养密度因塘而异,通常放养量为 150~200 kg/667 m²。草鱼亲鱼放养情况详见表 3 - 3。

表 3-3 · 亲鱼放养密度和放养方式

水深(m)	放养量		放养方式
	重量(kg/667 m²)	数量(尾/667 m²)	
1.5~2.5	150~200	15~25	草鱼亲鱼池中可混养鲢亲鱼或鳙亲鱼 3~4 尾,或混养鲢、鳙后备亲鱼,还可加肉食性的鳜或乌鳢 2~3 尾;池中螺、蚬多时,可配放 2~3 尾青鱼,雌雄比为 1∶(1~1.5)

注:表中的放养量已到上限,不得超过。如适当降低,培养效果更佳。

(2) 亲鱼培育

以青料为主,精料为辅。青料需设草架;精料可不搭食台,但要固定食场。青料的日投喂量为鱼体重的 30%~50%,精料的投喂量为鱼体重的 1%~3%。具体投喂量以每天傍晚吃完为度。产后需辅投精料,使亲鱼迅速恢复体力;冬季水温低,食欲不旺、青料不易解决,可每周选 1~2 个晴天酌情投喂精料,避免掉膘;开春,青料较难满足,可由青、精料相结合(精料主要用谷芽、麦芽),逐步过渡到以青料为主;其他时间,原则上都应投喂青料。草鱼摄食量大,水易肥,故旺食季节隔 3~5 天注水 1 次,每次注水量为池水水位上升 15 cm 左右。产前 1 个月,每周注水 2 次;产前半个月,隔天冲水 1 次。总的来说,草鱼亲鱼要严防缺氧浮头,产前所需流水刺激的程度也比青鱼亲鱼高,因此,全期的注、换水次数较多。

(3) 日常管理

亲鱼培育是一项常年细致的工作,必须专人管理。管理人员要经常巡塘,掌握每个池塘的情况和变化规律。根据亲鱼性腺发育的规律,合理地进行饲养管理。亲鱼的日常管理工作主要有巡塘、喂食、施肥、调节水质和鱼病防治等。

① 巡塘:一般每天清晨和傍晚各巡塘 1 次。由于 4—9 月的高温季节易泛池,所以夜间也应巡塘,特别是闷热天气和雷雨时更应如此。

② 喂食:投食做到"四定",即定位、定时、定质和定量。要均匀喂食,并根据季节和亲鱼的摄食量灵活掌握投喂量。饲料要求清洁、新鲜。亲鱼每天投喂 1 次青饲料,投喂量以当天略有剩余为准。精饲料可每天喂 1 次或上午、下午各 1 次,投喂量以 2~3 h 吃完为度。青饲料一般投放在草料架内,精饲料投放在饲料台或鱼池的斜坡上,以便亲鱼摄食和防治鱼病。当天吃不完的饲料要及时清除。

③ 施肥:基肥量根据池塘底质的肥瘦而定。放养后,要经常追肥,追肥应以勤施、少

施为原则,做到冬夏少施、暑热稳施、春秋重施。施肥时注意天气、水色和鱼的动态。天气晴朗、气压高且稳定、水不肥或透明度大、鱼活动正常,可适当多施;天气闷热、气压低或阴雨天,应少施或停施。水呈铜绿色或浓绿色,水色日变化不明显,透明度过低(25 cm以下),则属"老水",必须及时更换部分新水,并适量施有机肥。通常采用堆肥或泼洒等方式施肥,但以后者为好。

④ 水质调节:当水色太浓、水质老化、水位下降或鱼严重浮头时,要及时加注新水,或更换部分塘水。在亲鱼培育过程中,特别是培育的后期,应常给亲鱼池注水或微流水刺激。

⑤ 鱼病防治:要特别加强亲鱼的防病工作,一旦亲鱼发病,当年的人工繁殖就会受到影响。因此,对鱼病要以防为主,防治结合,常年进行,特别在鱼病流行季节(5—9月)更应予以重视。

人 工 催 产

亲鱼经过培育后,性腺已发育成熟,但在池塘内仍不能自行产卵,须经过人工注射催产激素后方能产卵繁殖。因此,催产是草鱼人工繁殖中的一个重要环节。

鱼类的发育呈现周期性变化,这种变化主要受垂体性激素的控制,而垂体的分泌活动又受外界生态条件变化的影响。草鱼的繁殖是受外界生态条件制约的,当一定的生态条件刺激鱼的感觉器官(如侧线鳞、皮肤等)时,这些感觉器官的神经就产生冲动,并将这些冲动传入中枢神经,刺激下丘脑分泌促性腺激素释放激素。这些激素经垂体门静脉流入垂体,垂体受到刺激后,即分泌促性腺激素,并通过血液循环作用于性腺,促使性腺迅速发育成熟,最后产卵、排精。同时,性腺也分泌性激素,性激素反过来又作用于神经中枢,使亲鱼进入性活动周期——发情、产卵。

在最适宜的季节进行催产,是草鱼人工繁殖取得成功的关键之一。长江中下游地区适宜催产的季节是5月上中旬至6月中旬,华南地区约提前1个月,华北地区适宜催产的季节是5月底至6月底,东北地区适宜催产的季节是6月底至7月上旬。催产水温18~30℃,而以22~28℃最适宜(催产率、出苗率高)。生产上可采取以下判断依据来确定最适催产季节: ① 如果当年气温、水温回升快,催产日期可提早些。反之,催产日期相应推迟。② 亲鱼培育工作做得好,亲鱼性腺发育成熟就会早些,催产时期也可早些。通常在计划催产前 1~1.5 个月对典型的亲鱼培育池进行拉网,检查亲鱼的性腺发育情况,并据此推断其他培育池亲鱼的性腺发育情况,进而确定催产季节和亲鱼催产先后顺序。

3.2.1 · 催产前准备

▣ (1) 产卵池

要求靠近水源,排灌方便,又近培育池和孵化场地。产漂浮性卵鱼类的产卵池为流水池,在进行鱼类繁殖前,应对产卵池进行检修,即铲除池底积泥,捡出杂物;认真检查进排水口、管道、闸阀,以确保畅通、无渗漏;装好拦鱼网栅和排污网栅,严防因网栅松动而逃鱼。

▣ (2) 工具

① 亲鱼网:苗种场可配置专用亲鱼网。产卵池的专用亲鱼网,长度与产卵池相配,网衣可用聚乙烯网布,形似夏花网。

② 布夹(担架):以细帆布或厚白布做成,长 0.8~1.0 m、宽 0.7~0.8 m。宽边两侧的布边向内折转少许并缝合,供穿竹、木提杆用;长的一端,有时左右相连,作亲鱼头部的放置位置(也有两端都相连的,或都不连的)。在布的中间,即布夹的底部中央,是否开孔,应视各地习惯与操作而定,详见图 3-1。

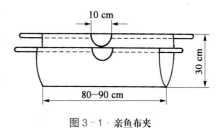

图 3-1 · 亲鱼布夹

③ 卵箱:卵箱有集卵箱和存卵箱两种,均形似一般网箱,用不漏卵、光滑耐用的材料作箱布,如尼龙筛绢等。集卵箱从产卵池直接收集鱼卵,大小为 0.25~0.5 m²,深 0.3~0.4 m,箱的一侧留一直径 10 cm 的孔,供连接导卵布管用。导卵布管的另一端与圆形产卵池底部的出卵管相连,是卵的通道。存卵箱的作用是把集卵箱已收集的卵移入箱内,让卵继续吸水膨胀。集中一定数量的卵后,经过数后再移入孵化箱。存卵箱的体积比集卵箱大,常用规格约为 1 000 mm×700 mm×600 mm。

④ 其他:如亲鱼暂养网箱,卵和苗计数用的白碟、量杯等常用工具,催产用的研钵、注射器,以及人工授精所需的受精盆、吸管等。

▣ (3) 成熟亲鱼的选择和催产计划的制定

亲鱼成熟度的鉴别方法,以手摸、目测为主。轻压雄鱼下腹部,见乳白色、黏稠的精液流出,且遇水后立即迅速散开的,是成熟好的雄鱼;当轻压时挤不出精液,增大挤压力才能挤出,或挤出的为黄白色精液,或虽呈乳白色但遇水不化,都是成熟欠佳的雄鱼。当用手在水中抚摸雌鱼腹部,凡前、中、后三部分均已柔软的,可认为已成熟;如前、中腹柔软,表明还不成熟;如腹部已过软,则已过度成熟或已退化。为进一步确认,可把鱼腹部向上仰卧水中,轻抚腹部出水,凡腹壁两侧明显胀大,腹中线微凹的,是卵巢体积增大,出现卵巢下垂轮廓所致;此时轻拍鱼腹可见卵巢晃动,手摸下腹部具柔软而有弹性的感觉,生殖孔常微红、稍凸,这些都表明成熟好。如腹部虽大,但卵巢轮廓不明显,说明成熟欠佳,尚需继续培育;生殖孔红褐色是有低度炎症,生殖孔紫红色是红肿发炎严重所致,需清水暂养,及时治疗。鉴别时,为防止误差,凡摄食量大的鱼类,要停食 2 天后再检查。

鱼类在繁殖季节内成熟繁殖,无论先后均属正常。由于个体发育的速度差异,整个亲鱼群常会陆续成熟,前后的时间差可达 2 个月左右。为合理利用亲鱼,常在繁殖季节里把亲鱼分成 3 批进行人工繁殖。早期水温低,选用成熟度好的鱼,先行催产;中期,绝大多数亲鱼都已相当成熟,只要腹部膨大的皆可催产;晚期,由于都是发育差的亲鱼,怀卵量少,凡腹部稍大者皆可催产。这样安排,既避免错过繁殖时间而出现性细胞过熟和退化,又保证不同发育程度的亲鱼都能适时催产,把生产计划落实在可靠的基础上。

3.2.2 · 催产

（1）雌雄亲鱼配组

催产时,每尾雌鱼需搭配一定数量的雄鱼。如果采用催产后由雌雄鱼自由交配产卵,雄鱼要稍多于雌鱼,一般采用雌雄比 1 : 1.5 比较好;若雄鱼较少,雌雄比也不应低于 1 : 1。如果采用人工授精方式,雄鱼可少于雌鱼,1 尾雄鱼的精液可供 2~3 尾同样大小雌鱼的卵子受精。同时,应注意同一批催产的雌雄鱼个体重量应大致相同,以保证自由交配时繁殖动作协调。

（2）确定催产剂和注射方式

凡成熟度好的亲鱼,只要 1 次注射,就能顺利产卵;成熟度尚欠理想的,可用 2 次注射法,即先注射少量的催产剂催熟,然后再行催产。对成熟度稍差的草鱼,有时在催熟注射前再增加 1 次催熟注射,称为 3 次注射。如再增加注射次数,实际上没有必要。成熟度差的亲鱼应继续强化培育,不应依赖药物作用,且注入过多的药剂并不一定能起催熟作用;相反,轻则影响亲鱼今后对药物的敏感性,重则会造成药害或导致亲鱼死亡。

催产剂的用量,除与药物种类、亲鱼的种类和性别有关外,还与催产时间、成熟度、个体大小等有关。早期,因水温稍低,卵巢膜对激素不够敏感,用量需比中期增加 20% ~ 25%。成熟度差的鱼,或增大注射量,或增加注射次数。成熟度好的鱼,则可减少用量,对雄性亲鱼甚至可不用催产剂。性别不同,注射剂量可不同,雄鱼常只注射雌鱼用量的一半。体型大的鱼,当按体重用药时,可按低剂量使用。在使用 PG 催产时,过多的垂体个数会造成注入过多的异体蛋白而引起不良影响,所以常改用复合催产剂。为避免药物可能产生的副作用,在增加药物用量时,增大的药剂量常用 PG 作催产剂。催产剂的用量见表 3-4。

表 3-4 · 催产剂的使用方法与常用剂量

| 一次注射法 | 雌　　鱼 | | | 备　　注 |
| | 两 次 注 射 法 | | | |
	第一次注射	第二次注射	间隔时间(h)	
LRH-A 15~20 μg/kg PG 3~5 mg/kg	LRH-A 1~2 μg/kg PG 0.3~0.5 mg/kg	同一次注射法的催产剂剂量	6~12	雄鱼用量为雌鱼的一半。 一次注射法,雌、雄鱼同时注射;两次注射法,在第二次注射时,雌、雄鱼才同时注射。 左列药物只任选一项

注:剂量、药剂组合及间隔时间等,均按标准化要求制表。

(3) 效应时间

从末次注射到开始发情所需的时间,叫效应时间。效应时间与药物种类、鱼的种类、水温、注射次数、成熟度等因素有关。一般温度高,时间短;反之,则长。草鱼效应时间短,使用 PG 效应时间最短,使用 LRH-A 效应时间最长,而使用 HCG 效应时间介于两者之间。

(4) 注射方法和时间

注射分体腔注射和肌肉注射两种,目前生产上多采用前法。注射时,使鱼夹中的鱼侧卧在水中,把鱼上半部托出水面,在胸鳍基部无鳞片的凹入部位,将针头朝向头部前上方与体轴成 45°~60°角刺入 1.5~2.0 cm,然后把注射液徐徐注入鱼体。肌肉注射部位是在侧线与背鳍间的背部肌肉。注射时,把针头向头部方向稍挑起鳞片刺入 2 cm 左右,然后把注射液徐徐注入。注射完毕迅速拔除针头,把亲鱼放入产卵池中。在注射过程中,当针头刺入后,若亲鱼突然挣扎扭动,应迅速拔出针头,不要强行注射,以免针头弯曲或划开亲鱼肌肤而造成出血、发炎。可待鱼安定后再行注射。

催产时一般控制在早晨或上午产卵,有利于工作进行。为此,须根据水温和催情剂的种类等计算好效应时间,掌握适当的注射时间。如要求清晨 6:00 产卵,药物的效应时间是 10~12 h,那么可安排在前一天的晚上 18:00—20:00 注射。当采用两次注射法时,应再增加两次注射的间隔时间。

3.2.3 · 产卵

■ (1) 自然产卵

选好适宜催产的成熟亲鱼后,考虑雌雄配组,雄鱼数应大于雌鱼数,一般雌雄比为 x:(x+1),以保证较高的受精率。倘若配组亲鱼的个体大小悬殊(常雌大雄小),会影响受精率,故遇雌大雄小时,应适当增加雄鱼数量予以弥补。

经催产注射后的草鱼,即可放入产卵池。在环境安静和缓慢的水流下,激素逐步产生反应,等到发情前 2 h 左右需冲水 0.5~1 h,促进亲鱼追逐、产卵、排精等生殖活动。发情产卵开始后,可逐渐降低流速。不过,如遇发情中断、产卵停滞时,仍应立即加大水流刺激,予以促进。所以,促产水流虽原则上按慢—快—慢的方式调控流速,但仍应注意观察池鱼动态,随时采取相应的调控措施。

■ (2) 人工授精

用人工的方法使精卵相遇,完成受精过程,称为人工授精。在鱼类杂交和鱼类选育中一般也采用人工授精的方法。常用的人工授精方法有干法、半干法和湿法。

① 干法人工授精:当发现亲鱼发情进入产卵时刻(用流水产卵方法最好在集卵箱中发现刚产出的鱼卵时),立即捕捞亲鱼检查。若轻压雌鱼腹部卵子能自动流出,则一人用手压住生殖孔,将鱼提出水面,擦去鱼体水分,另一人将鱼卵挤入擦干的脸盆中(每一脸盆约可放卵 50 万粒)。用同样方法立即向脸盆内挤入雄鱼精液,用手或羽毛轻轻搅拌 1~2 min,使精、卵充分混合。然后,徐徐加入清水,再轻轻搅拌 1~2 min,静置 1 min 左右倒去污水。如此重复用清水洗卵 2~3 次,即可移入孵化器中孵化。

② 半干法人工授精:将精液挤出或用吸管吸出,用 0.3%~0.5% 生理盐水稀释,然后倒在卵上,按干法人工授精方法进行。

③ 湿法人工授精:将精、卵挤在盛有清水的盆中,然后再按干法授精方法操作。

在人工授精过程中,应避免精、卵受阳光直射。操作人员要配合协调,做到动作轻、快。否则,易造成亲鱼受伤,甚至引起产后亲鱼死亡。

（3）自然产卵与人工授精的比较

自然产卵与人工授精都是当前生产中常用的方式，两种方式各有利弊，比较情况见表3-5。各地可根据实际情况选择适宜的方法。

表3-5 · 自然产卵与人工授精利弊比较

自 然 产 卵	人 工 授 精
因自找配偶，能在最适时间自行产卵，故操作简便，卵质好，亲鱼少受伤	人工选配，操作繁多，鱼易受伤甚至造成死亡，且难掌握适宜的受精时间，卵质受到一定影响
性比为 x：（x+1），所需雄鱼量多，否则受精率不高	性比为 x：（x-1），雄鱼需要量少，且受精率常高
受伤亲鱼难利用	体质差或受伤亲鱼易利用，甚至亲鱼成熟度稍差时也可能使催产成功
鱼卵陆续产出，故集卵时间长。所集之卵，卵中杂物多	因挤压采卵，集卵时间短，卵干净
需流水刺激	可在静水下进行
较难按人的主观意志进行杂交	可种间杂交或进行新品种选育
适合进行大规模生产，所需劳力稍少，但设备多，动力消耗也多些	动力消耗少，设备也简单，但因操作多，所需劳力也多

（4）鱼卵质量的鉴别

鱼卵质量的优劣，用肉眼是不难判别的，鉴别方法见表3-6。卵质优劣对受精率、孵化率影响甚大，未熟或过熟的卵受精率低，即使已受精，孵化率也常较低，且畸形胚胎多。卵膜韧性和弹性差时，孵化中易出现提早出膜，需采取增固措施加以预防。因此，通过对卵质的鉴别，不但使鱼卵孵化工作事前就能心中有底，而且还有利于确立卵质优劣关键在于培育的思想，认真总结亲鱼培育的经验，以求改进和提高。

表3-6 · 家鱼卵子质量的鉴别

性 状	质 量	
	成 熟 卵 子	不熟或过熟卵子
颜色	鲜明	暗淡
吸水情况	吸水膨胀速度快	吸水膨胀速度慢，卵子吸水不足
弹性状况	卵球饱满，弹性强	卵球扁塌，弹性差

续 表

性 状	质 量	
	成熟卵子	不熟或过熟卵子
鱼卵在盘中静止时胚胎所在的位置	胚体动物极侧卧	胚体动物极朝上,植物极向下
胚胎的发育	卵裂整齐,分裂清晰,发育正常	卵裂不规则,发育不正常

注:引自《中国池塘养鱼学》。

▤（5）亲鱼产卵的几种情况及处理

催情产卵后,雌鱼通常有以下几种情况。

① 全产(产空):雌鱼腹壁松弛,腹部空瘪,轻压腹部没有或仅有少量卵粒流出,说明卵子已基本产空。

② 半产:雌鱼腹部有所减少,但没有空瘪。这有两种情况:一是已经排卵,但没全部产出,轻压鱼腹仍有较多的卵子流出。这可能是由于雄鱼成熟差或个体太小,或亲鱼受伤较重、水温低等原因所致。若挤出的卵没有过熟,可做人工授精;若已过熟,也应将卵挤出后再把亲鱼放入暂养池中暂养,以免卵子在鱼腹内吸水膨胀而造成危害。二是没有完全排卵,排出的卵已基本产出,轻压腹部没有或只有少量卵粒流出,其余的还没成熟。这可能是雌鱼成熟较差或催产剂量不足所致。将亲鱼放回产卵池,过一会可能再产,但也有不会再产的,这应属于部分难产的类型。其原因可能是多方面的,如亲鱼成熟较差或已趋过熟、生态条件不良等。

③ 难产:可分为 3 种情况。

一是雌鱼腹部变化不大或无变化,挤压腹部时没有卵粒流出。这可能是亲鱼成熟差或已严重退化,对催产剂无反应。如果催产前检查亲鱼确是好的,那就可能是催产剂失效或是未将药物全部注入鱼体,这种情况可补针。对于成熟差的,可送回亲鱼池培育几天后再催产。若是过熟退化,应放入亲鱼产后护理池中暂养。

二是雌鱼腹部异常膨大、变硬,轻挤腹部时,有混浊、略带黄色的液体或血水流出,但无卵粒,有时卵巢块突出在生殖孔外。取卵检查,卵子无光泽,失去弹性,易与容器粘连。这可能是卵巢已退化,由于催产剂的作用,使卵巢组织吸水膨胀,这样的鱼当年不会再产,且容易死亡,应放入水质清新的池中暂养。

三是已排卵,但没有产出。卵子已过熟、糜烂。这主要是由于雌鱼生殖孔阻塞或亲鱼受伤,也可能是雄鱼不成熟或是环境条件不适宜所致。

■ （6）产后亲鱼的护理

要特别加强对产后亲鱼的护理。产后亲鱼往往因多次捕捞及催产操作等缘故而受伤,所以需进行必要的创伤治疗。产卵后亲鱼的护理,首先应该把产后过度疲劳的亲鱼放入水质清新的池塘里,让其充分休息,并精养细喂,使它们迅速恢复体质,增强对病菌的抵抗力。为了防止亲鱼伤口感染,可对产后亲鱼加强防病措施,进行伤口涂药和注射抗菌药物。轻度外伤,用 5% 食盐水,或 10 mg/L 亚甲基蓝,或饱和高锰酸钾液药浴,并在伤处涂抹广谱抗菌油膏;创伤严重时,要注射磺胺嘧啶钠控制感染,加快康复,体重 10 kg以下的亲鱼每尾注射 0.2 g、体重超过 10 kg 的亲鱼每尾注射 0.4 g。

孵　　化

孵化是指受精卵经胚胎发育至孵出鱼苗为止的全过程。人工孵化就是根据受精卵胚胎发育的生物学特点,人工创造适宜的孵化条件,使胚胎能正常发育并孵出鱼苗。

3.3.1 · 草鱼的胚胎发育

草鱼的胚胎期很短,在孵化的最适水温时,通常 20~25 h 就出膜。受精卵遇水后,卵膜吸水迅速膨胀,10~20 min 其直径可增至 4.8~5.5 mm,细胞质向动物极集中,并微微隆起形成胚盘(即一细胞期),以后卵裂就在胚盘上进行。经过多次分裂后,形成囊胚期、原肠期……最后发育成鱼苗。

3.3.2 · 鱼卵的孵化

■ （1）孵化设备

常用孵化设备有孵化缸(桶)和孵化环道等。

■ （2）孵化管理

凡能影响鱼卵孵化的主、客观因素,都是管理工作的内容,现分述如下。

① 水温:鱼卵孵化要求一定的温度。主要养殖鱼类,虽在 18~30℃ 的水温下可孵

化,但最适温度因种而异,草鱼受精卵的孵化水温为25℃±3℃。不同温度下,孵化速度不同,详见表3-7。当孵化水温低于或高于所需温度,或水温骤变,都会造成胚胎发育停滞,或畸形胚胎增多而夭折,影响孵化出苗率。

表3-7·不同水温下的鱼卵孵化时间

项 目	水温(℃)				备 注
	18	20	25	30	
时间(h)	61	50	24	16	草鱼比青鱼、鲢稍快些

② 溶解氧:胚胎发育是要进行气体交换的,且随发育进程,需氧量渐增,后期可比早期增大10倍左右。孵化用水的含氧量高低,决定鱼卵的孵化密度。

③ 污染与酸碱度:未被污染的清新水质对提高孵化率有很大的作用。孵化用水应过滤,防止敌害生物及污物流入。受工业和农药污染的水,不能用作孵化用水。偏酸或过于偏碱性的水必须经过处理后才可用来孵化鱼苗。一般孵化用水以 pH 7.5 最佳,偏酸或 pH 超过 9.5 均易造成卵膜破裂。

④ 流速:流水孵化时,流速大小决定水中氧气的多少。但流速是有限度的,过缓,卵会沉积,窒息死亡;过快,卵膜破裂,也会死亡。所以,在孵化过程中,水流控制是一项很重要的工作。目前生产中,都按慢—快—慢—快—慢的方式调控,即刚放卵时,只要求卵能随水逐流,不发生沉积,水流可小些。随着胚胎的发育,逐步增大流速,保证胚胎对氧气的需要。出膜前,应控制在允许的最大流速;出膜时,适当减缓流速,以提高孵化酶的浓度,加快出膜,不过要及时清除卵膜,防止堵塞(特别是在死卵多时);出膜后,鱼苗活动力弱,大部分时间生活在水体下层,为避免鱼苗堆积水底而窒息,流速要适当加大,以利苗的漂浮和均匀分布。待鱼苗平游后,流速又可稍缓,只要容器内无水流死角,不会闷死即可。初学调控者,可暂先排除进水的冲力影响,仅根据水的交换情况来掌握快慢,一般以每 15 min 交换 1 次为快,以每 30~40 min 交换 1 次为慢。

⑤ 提早出膜:由于水质不良或卵质差,受精卵会比正常孵化提前 5~6 h 出膜,即提前出膜。提前出膜,畸形增多,死亡率高,所以生产中要采用高锰酸钾液处理鱼卵。方法:将所需量的高锰酸钾先用水溶解,在适当减少水流的情况下,把已溶化的药液放入水底,依靠低速水流使整个孵化水达到 5 mg/L 浓度(卵质差,药液浓;反之,则淡),并保持 1 h。经浸泡处理,卵膜韧性、弹性增加,孵化率得以提高。不过,卵膜增固后,孵化酶溶解卵膜的速度变慢,出苗时间会推迟几小时。

⑥ 敌害生物：孵化中敌害生物由进水带入；或自然产卵时，收集的鱼卵未经清洗而带入；或因碎卵、死卵被水霉菌寄生后，水霉菌在孵化器中蔓延等原因造成危害。对于大型浮游动物，如剑水蚤等，可用 90% 晶体敌百虫杀灭，使孵化水浓度达 0.3~0.5 mg/L；或用粉剂敌百虫，使水体浓度达 1 mg/L；或用敌敌畏乳剂，使水体浓度达 0.5~1 mg/L。以上药物任选 1 种，进行药杀。不过，流水状态下，往往不能彻底杀灭敌害生物，所以做好严防敌害生物入侵工作才是根治措施。水霉菌寄生是孵化中的常见现象，水质不良、温度低时尤甚。施用亚甲基蓝，使水体浓度为 3 mg/L；调小流速，以卵不下沉为度，并维持一段时间，可抑制水霉菌生长。寄生严重时，间隔 6 h 重复 1 次。

3.3.3 · 催产率、受精率和出苗率的计算

鱼类人工繁殖的目的是提高催产率（或产卵率）、受精卵和出苗率。所有人工繁殖的技术措施均是围绕该"三率"展开的，其统计方法如下。

在亲鱼产卵后捕出时，统计产卵亲鱼数（以全产为单位，将半产雌鱼折算为全产）。通过催产率可了解亲鱼培育水平和催产技术水平。计算公式为：

$$催产率 = \frac{产卵雌鱼数}{催产雌鱼数} \times 100\%$$

当鱼卵发育到原肠中期，用小盆随机取鱼卵百余粒，放在白瓷盆中，用肉眼检查，统计受精卵（好卵）数和混浊、发白的坏卵（或空心卵）数，然后求出受精率。计算公式为：

$$受精率 = \frac{受精卵数（好卵）}{总卵数（好卵 + 坏卵）} \times 100\%$$

受精率的统计可衡量催产技术的高低，并可初步估算鱼苗生产量。

当鱼苗鳔充气、能主动开口摄食，即开始由体内营养转为混合营养时，鱼苗就可以转入池塘饲养。在移出孵化器时，统计鱼苗数，计算出苗率。计算公式为：

$$出苗率 = \frac{出苗数}{受精卵数} \times 100\%$$

出苗率（或称下塘率）不仅反映生产单位的孵化工作优劣，而且也表明了草鱼人工繁殖的技术水平。

（撰稿：刘乐丹）

草鱼苗种培育及成鱼养殖

4.1

鱼 苗 培 育

所谓鱼苗培育,就是将鱼苗养成夏花鱼种。为提高夏花鱼种的成活率,根据鱼苗的生物学特征,务必采取以下措施。一是创造无敌害生物及水质良好的生活环境;二是保持数量多、质量好的适口饵料;三是培育出体质健壮、适合高温运输的夏花鱼种。为此,需要用专门的鱼池进行精心、细致的培育。这种由鱼苗培育至夏花的鱼池在生产上称为"发塘池"。

4.1.1 · 鱼苗、鱼种的习惯名称

我国各地鱼苗、鱼种的名称很不一致,但大体上可划分为下面两种类型。

■ (1) 以江苏、浙江一带为代表的名称

一般刚孵出的仔鱼称鱼苗,又称水花、鱼秧、鱼花。鱼苗培育到 3.3 ~ 5 cm 的称夏花,又称火片、乌仔;夏花培育到秋天出塘的称秋片或秋仔;到冬季出塘的称冬片或冬花;到第二年春天出塘的叫春片或春花。

■ (2) 以广东、广西为代表的名称

鱼苗一般称为海花,鱼体从 0.83 ~ 1 cm 起长到 9.6 cm,分别称为 3 朝、4 朝、5 朝、6 朝、7 朝、8 朝、9 朝、10 朝、11 朝、12 朝;10 cm 以上则一律以寸表示。

广东、广西鱼苗、鱼种规格与使用鱼筛(图 4 - 1、图 4 - 2)对照见表 4 - 1。

4.1.2 · 鱼苗的形态特征和质量鉴别

■ (1) 鱼苗的形态特征

将鱼苗放在白色的鱼碟中或直接观察鱼苗在水中的游动情况加以鉴别。

草鱼苗体较鲢、鳙苗体短小,但比青鱼苗胖。体色淡黄。鳔圆形,距头部较近。尾短小,呈笔尖状。尾部红黄色血管较明显,故又称赤尾。在水中时游时停。常栖息于水的下层边缘处(图 4 - 3)。

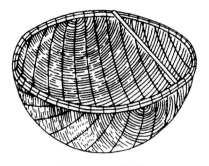

图 4 - 1 · 盆形鱼筛

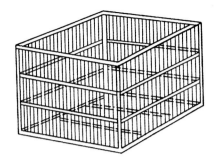

图 4 - 2 · 方形鱼筛(江苏地区)

表 4 - 1 · 鱼苗、鱼种规格与使用鱼筛对照

鱼体标准长度(cm)	鱼筛号	筛目密度(mm)	备注
0.8~1.0	3 朝	1.4	不足 1.3 cm 鱼用 3 朝
1.3	4 朝	1.8	不足 1.7 cm 鱼用 4 朝
1.7	5 朝	2.0	不足 2.0 cm 鱼用 5 朝
2.0	6 朝	2.5	不足 2.3 cm 鱼用 6 朝
2.3	7 朝	3.2	不足 2.6 cm 鱼用 7 朝
2.6~3.0	8 朝	4.2	不足 3.3 cm 鱼用 8 朝
3.3~4.3	9 朝	5.8	不足 4.6 cm 鱼用 9 朝
4.6~5.6	10 朝	7.0	不足 5.9 cm 鱼用 10 朝
5.9~7.6	11 朝	11.1	不足 7.9 cm 鱼用 11 朝
7.9~9.6	12 朝	12.7	不足 10.0 cm 鱼用 12 朝
10.0~11.2	3 寸筛	15.0	不足 12.5 cm 鱼用 3 寸筛
12.5~15.5	4 寸筛	18.0	不足 15.8 cm 鱼用 4 寸筛
15.8~18.8	5 寸筛	21.5	不足 19.1 cm 鱼用 5 寸筛

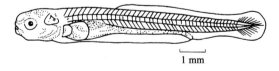

1 mm

图 4 - 3 · 草鱼苗

▤ (2) 苗种的质量鉴别

① 鱼苗质量鉴别:鱼苗因受鱼卵质量和孵化过程中环境条件的影响,体质有强有

弱,这对鱼苗的生长和成活带来很大影响。生产上可根据鱼苗的体色、游泳情况以及挣扎能力来区别其优劣。鉴别方法见表4-2。

表4-2·草鱼鱼苗质量优劣鉴别

项 目	优 质 苗	劣 质 苗
体色	群体色素相同,无白色死苗,身体清洁,略带微黄色或稍红	群体色素不一,为"花色苗",具白色死苗。鱼体拖带污泥,体色发黑带灰
游泳情况	在容器内,将水搅动产生漩涡,鱼苗在漩涡边缘逆水游泳	鱼苗大部分被卷入漩涡
抽样检查	在白瓷盆中,用口吹水面,鱼苗逆水游泳。倒掉水后,鱼苗在盆底剧烈挣扎,头尾弯曲成圆圈状	在白瓷盆中,用口吹水面,鱼苗顺水游泳。倒掉水后,鱼苗在盆底挣扎力弱,头尾仅能扭动

② 夏花鱼种质量鉴别:夏花鱼种质量优劣可根据出塘规格大小、体色、鱼类活动情况以及体质强弱来判别(表4-3)。

表4-3·夏花鱼种质量优劣鉴别

项 目	优 质 夏 花	劣 质 夏 花
看出塘规格	同种鱼出塘规格整齐	同种鱼出塘个体大小不一
看体色	体色鲜艳、有光泽	体色暗淡无光,变黑或变白
看活动情况	行动活泼,集群游动,受惊后迅速潜入水底,不常在水面停留,抢食能力强	行动迟缓,不集群,在水面漫游,抢食能力弱
抽样检查	鱼在白瓷盆中狂跳。身体肥壮,头小、背厚。鳞鳍完整,无异常现象	鱼在白瓷盆中很少跳动。身体瘦弱,背薄,俗称"瘪子"。鳞鳍残缺,有充血现象或异物附着

▪ (3) 鱼苗的计数方法

为了统计鱼苗的生产数字,或计算鱼苗的成活率、下塘数和出售数,必须正确计算鱼苗的总数。现将鱼苗的计数方法分述如下。

① 分格法(或叫开间法、分则法):先将鱼苗密集在捆箱的一端,用小竹竿将捆箱隔成若干格,用鱼碟舀出鱼苗,按顺序放在各格中成若干等份。从中抽1份,按上述操作,再分成若干等份,照此方法分下去,直分到每份鱼苗已较少,便于逐尾计数为止。然后取出1小份,用小蚌壳(或其他容器)舀鱼苗计数,以这一部分的计数为基数,推算出整批鱼苗数。

计算举例：第一次分成 10 份，第二次从 10 份中抽 1 份，又分成 8 份，第三次从 8 份中又抽出 1 份，再分成 5 小份，最后从这 5 小份中抽 1 份计数得鱼苗为 1 000 尾，则鱼苗总数为 10 × 8 × 5 × 1 000 尾 = 400 000 尾。

② 杯量法：又叫抽样法、点水法、大桶套小桶法、样杯法。本法是常用的方法，在具体使用时，又有如下两种形式。

直接抽样法：鱼苗总数不多时可采用本法。将鱼苗密集在捆箱一端，然后用已知容量（预先用鱼苗做过存放和计数试验）的容器（可配置各种大小尺寸）直接舀鱼，记录容器的总杯数，然后根据预先计算出的单个容器的容存数算出总尾数。

计算举例：已知 100 ml 的蒸发皿可放密集的鱼苗 5 万尾，现用此蒸发皿舀鱼，共量得 450 杯，则鱼苗的总数为 450 × 5 万尾 = 2 250 万尾。

在使用上述方法时要注意杯中的含水量要适当、均匀，否则误差较大。其次，鱼苗的大小也要注意，否则也会产生误差。不同鱼苗即使同日龄也有个体差异，在计数时都应加以注意。

广西西江一带使用一种锡制的量杯，每一杯相当鳗鲡苗 8 万尾或其他家鱼苗 4 万尾。

大碟套小碟法：在鱼苗数量较多时可采用本法。具体操作时，先用大盆（或大碟）过数，再用已知计数的小容器测量大盆的容量数，然后求总数。

计算举例：用大盆测得鱼苗数共 15 盆（在密集状态下），然后又测得每大盆合 30 ml 的瓷坩埚 27 杯，已知该瓷坩埚每杯容量为 2.7 万尾鱼苗，因此，鱼苗总数为 15 × 27 × 2.7 万尾 = 1 093 万尾。

③ 容积法（又叫量筒法）：计算前先测定每 1 ml（或每 10 ml 或 100 ml）盛净鱼苗数，然后量取总鱼苗容量（也以密集鱼苗为准），从而推算出鱼苗总数。本法的准确度比抽样法差，因含水量的影响较大。

计算举例：已知每 100 ml 量杯有鱼苗 250 尾，现用 1 000 ml 的量杯共量得 50 杯，则鱼苗总数为 250 尾 ×（1 000/100）× 50 = 125 000 尾。

④ 鱼篓直接计数法：本法在湖南地区使用，计数前先测知一个鱼篓能容多少笆斗水量，一笆斗又能装满多少鱼碟水量，然后将已知容器的鱼篓放入鱼苗，徐徐搅拌，使鱼苗均匀分布，取若干鱼碟计数，求出一鱼碟的平均数，然后计算全鱼篓鱼苗数。

计算举例：已知一鱼篓可容 18 个笆斗的水，每个笆斗相当 25 个鱼碟的平均鱼苗数为 2 万尾，则鱼篓的总鱼苗数为 2 万尾 × 25 × 18 = 900 万尾。

4.1.3 · 鱼苗的培育

(1) 鱼苗、鱼种池的要求

池塘面积一般占养殖场面积的 65%~75%。各类池塘所占的比例一般按照养殖模式、养殖特点、品种等来确定,鱼苗、鱼种池规格参考见表 4-4。

表 4-4 · 鱼苗、鱼种池规格参考

类　　型	面积(m²)	池深(m)	长：宽	备　　注
鱼苗池	600~1 300	1.5~2.0	2:1	可兼作鱼种池
鱼种池	1 300~3 000	2.0~2.5	(2~3):1	

(2) 鱼苗放养前的准备

鱼苗池在放养前要进行一些必要的准备工作,其中包括鱼池的修整、清塘消毒、清除杂草、灌注新水、培育肥水等,现分别介绍如下。

① 鱼池修整:多年用于养鱼的池塘,由于淤泥过多、堤基受波浪冲击等原因,一般都有不同程度的崩塌。根据鱼苗培育池所要求的条件,必须进行整塘。所谓整塘,就是将池水排干,清除过多淤泥,将塘底推平,并将塘泥敷贴在池壁上,使其平滑贴实,填好漏洞和裂缝,清除池底和池边杂草;将多余的塘泥清上池堤,为青饲料的种植提供肥料。除新开挖的鱼池外,旧的鱼池每 1~2 年必须修整 1 次,多半是在冬季进行,排干池水,挖除过多的淤泥(留 6.6~10 cm),修补倒塌的池堤,疏通进、出水渠道。

② 清塘消毒:所谓清塘,就是在池塘内施用药物杀灭影响鱼苗生存、生长的各种生物,以保障鱼苗不受敌害、病害的侵袭。清塘消毒每年必须进行 1 次,时间一般在放养鱼苗前 10~15 天进行。清塘应选晴天进行,阴雨天药性不能充分发挥,操作也不方便。

一般认为用生石灰和漂白粉清塘效果较好,但具体确定药物时,还需因地制宜加以选择。如水草多而又常发病的池塘,可先用药物除草,再用漂白粉清塘。用巴豆清塘时,可用其他药物配合使用,以消灭水生昆虫及其幼虫。如预先用 1 mg/L 的 2.5% 粉剂敌百虫全池泼洒后再清塘,能收到较好的效果。

除清塘消毒外,鱼苗放养前最好用密眼网拖 2 次,以清除蝌蚪、蛙卵和水生昆虫等,可弥补清塘药物的不足。

有些药物对鱼类有害,不宜用作清塘药物。如滴滴涕,是一种稳定性很强的有机氯杀虫剂,能在生物体内长期积累,对鱼类和人类都有致毒作用,应禁止使用;其他如五氯酚钠、毒杀芬等对人体也有害,也应禁止使用。

清塘一般有排水清塘和带水清塘两种。排水清塘是将池水排到6.6~10 cm时泼药,这种方法用药量少,但增加了排水的操作。带水清塘通常是在供水困难或急等放鱼的情况下采用,但用药量较多。

③ 清除杂草:有些鱼苗池(也包括鱼种池)水草丛生,影响水质变肥,也影响拉网操作。因此,需将池塘的杂草清除。可用人工拔除或用刀割的方法清除杂草,也可采用除草剂,如扑草净、除草剂一号等进行除草。

④ 灌注新水:鱼苗池在清塘消毒后可注满新水,注水时一定要在进水口用纱网过滤,严防野杂鱼再次混入。第一次注水40~50 cm,便于升高水温,也容易肥水,有利于浮游生物的繁殖和鱼苗的生长。到夏花分塘后的池水可加深到1 m左右,鱼种池则可加深到1.5~2 m。

⑤ 培育肥水:目前各地普遍采用鱼苗肥水下塘,使鱼苗下塘后即有丰富的天然饵料。培育池施基肥的时间,一般在鱼苗下塘前3~7天为宜,具体时间要看天气和水温而定,不能过早也不宜过迟。一般鱼苗下塘以中等肥度为好,透明度为35~40 cm。水质太肥,鱼苗易生气泡病。鱼种池施基肥时间比鱼苗池可略早些,肥度也可大些,透明度为30~35 cm。

初下塘鱼苗的最佳适口饵料为轮虫和无节幼体等小型浮游生物。一般经多次养鱼的池塘,塘泥中贮存着大量的轮虫休眠卵,一般为100万~200万个/m²。但塘泥表面的休眠卵仅占0.6%,其余99%以上的休眠卵被埋在塘泥中,因得不到足够的氧气和受机械压力而不能萌发。因此,在生产上,当清塘后放水时(一般当放水20~30 cm时),就必须用铁耙翻动塘泥,使轮虫休眠卵上浮或重新沉积于塘泥表层,促进轮虫休眠卵萌发。生产实践证明,放水时翻动塘泥,7天后池水轮虫数量明显增加,并出现高峰期。表4-5为水温20~25℃时,用生石灰清塘后,鱼苗培育池水中生物的出现顺序。

表4-5·生石灰清塘后浮游生物变化模式(未放养鱼苗)

项 目	清 塘				
	1~3 天	4~7 天	7~10 天	10~15 天	15 天后
pH	>11	>9~10	9 左右	<9	<9
浮游植物	开始出现	第一个高峰	被轮虫滤食,数量减少	被枝角类滤食,数量减少	第二个高峰

项 目	清 塘				
	1~3 天	4~7 天	7~10 天	10~15 天	15 天后
轮虫	零星出现	迅速繁殖	高峰期	显著减少	少
枝角类	无	无	零星出现	高峰期	显著减少
桡足类	无	少量无节幼体	较多无节幼体	较多无节幼体	较多成体

(3) 鱼苗的培育技术

① 暂养鱼苗,调节温差,饱食下塘:塑料袋充氧运输的鱼苗,鱼体内往往含有较多的二氧化碳,特别是长途运输的鱼苗,血液中二氧化碳浓度很高,可使鱼苗处于麻醉甚至昏迷状态(肉眼观察,可见袋内鱼苗大多沉底打团)。如将这种鱼苗直接下塘,成活率极低。因此,凡是经运输来的鱼苗,必须先放在鱼苗箱中暂养。暂养前,先将鱼苗袋放入池内,当袋内外水温一致后(一般约需 15 min)再开袋放入池内的鱼苗箱中暂养。暂养时,应经常在箱外划动池水,以增加箱内水的溶氧。一般经 0.5~1 h 暂养,鱼苗血液中过多的二氧化碳均已排出,鱼苗集群在网箱内逆水游泳。

鱼苗经暂养后,需泼洒鸭蛋黄水。待鱼苗饱食后,即肉眼可见鱼体内有一条白线时,方可下塘。鸭蛋需在沸水中煮 1 h 以上,越老越好,以蛋白起泡者为佳。取蛋黄掰成数块,用双层纱布包裹后,在脸盆内漂洗(不能用手捏)出蛋黄水,淋洒于鱼苗箱内。一般 1 个蛋黄可供 10 万尾鱼苗摄食。

鱼苗下塘时,面临着适应新环境和尽快获得适口饵料两大问题。在下塘前投喂鸭蛋黄,使鱼苗饱食后放养下塘,实际上是保证了仔鱼的第一次摄食,其目的是加强鱼苗下塘后的觅食能力和提高鱼苗对不良环境的适应能力。据测定,饱食下塘的草鱼苗与空腹下塘的草鱼苗忍耐饥饿的能力差异很大(表 4-6)。同样是孵出 5 天的鱼苗(5 日龄苗),空腹下塘的鱼苗至 13 日龄全部死亡,而饱食下塘的鱼苗至 13 日龄仅死亡 2.1%。

表 4-6 · 饱食下塘鱼苗与空腹下塘鱼苗耐饥饿能力测定(13℃)

鱼苗处理方式	仔鱼数 (尾)	仔鱼的累计死亡率(%)									
		5 日龄	6 日龄	7 日龄	8 日龄	9 日龄	10 日龄	11 日龄	12 日龄	13 日龄	14 日龄
试验前投一次鸭蛋黄	143	0	0	0	0	0	0	0.7	0.7	2.1	4.2
试验前不投鸭蛋黄	165	0	0.6	1.8	3.6	3.6	6.7	11.5	46.7	100	—

鱼苗下塘的安全水温不能低于13.5℃。如夜间水温较低,鱼苗到达目的地已是傍晚,应将鱼苗放在室内容器内暂养(每100 L水放鱼苗8万~10万尾),并使水温保持20℃。投1次鸭蛋黄后,由专人值班,每1 h换1次水(水温必须相同),或充气增氧,以防鱼苗浮头。待第二天上午9:00以后,水温回升时,再投1次鸭蛋黄,并调节池塘水温温差后下塘。

② 鱼苗的培育方法:我国各地饲养鱼苗的方法很多。浙江、江苏的传统方法是以豆浆泼入池中饲养鱼苗;广东、广西则用青草、牛粪等直接投入池中沤肥饲养鱼苗,并辅喂一些商品饲料,如花生饼、米糠等。另外,还有混合堆肥饲养法、有机或无机肥料饲养法、综合饲养法、草浆饲养法等。

③ 鱼苗培育成夏花的放养密度:随不同的培育方法而异;另外,也与鱼苗的种类、塘水的肥瘦有关。早水鱼苗和中水鱼苗可密些,晚水鱼苗应稀些;老塘水肥可密些,新塘水瘦应稀些。现将各种培育法的放养密度分述如下。

一级培育法:采用鱼苗稀放到鱼种。根据东北地区的经验,每667 m²放养1.4万~1.5万尾,鱼苗下池前先放入网箱暂养数小时,剔除死鱼,正确过数后入池,这种方法适于产苗期晚、鱼种饲养期短的地区,其混养比例通常采用下列形式。

主养草鱼:草鱼70%,鲢或鳙20%(或鲢15%、鳙5%),鲤10%。

江苏地区用本法培育鱼种,每667 m²放鱼苗1万~1.3万尾,早期稀养,快速育成,并避免和减少了拉网搬运的次数。其优点是,鱼苗早期生长特别迅速,草鱼苗培育15天体长可达3.3 cm以上,1个月后体长达6.6 cm以上。此外,由于入池鱼苗稀和肥水下塘,因此,天然饵料丰富,早期可少喂或不喂精料。直放塘要勤观察,如池水不浓,需施堆肥和勤施粪水,或泼2~3天豆浆以补不足,饲料充足时可停喂。如水质老化要及时添注新水,一般5天加注16.5 cm水。一般饲养15天后拉网,第二网上箱,第三网计数。拉网的目的是观察成活率并对照放养计划,如夏花有余缺,应及时捕出或补进,同时应补放底层鱼种,培育一个阶段后即转作鱼种池,并按常规方法培育大规格鱼种。

二级培育法:即鱼苗经15~20天培育,体长达1.65~2.64 cm或3~3.63 cm的夏花,然后由夏花再培育到鱼种。

每667 m²放养密度一般为10万~12万尾,也有采用每667 m²放养10万~15万尾,多的每667 m²放养15万~20万尾。一般来说,放养密度超过每667 m²放养10万~12万尾,成活率将相应下降。例如,每667 m²放养10万尾,成活率可达95.4%;每667 m²放养52万尾,成活率下降到31.2%。鱼苗培育夏花的放养密度和成活率比较可参考表4-7。

表 4 - 7 · 鱼苗培育夏花的放养密度和成活率比较

鱼池面积 （m²）	放养总数 （万尾）	放养密度 （万尾/667 m²）	夏花出塘数 （万尾）	成活率 （%）	培育天数 （天）
357.34	17.143	31.983	7.000 0	40.83	22
1 257.34	34.259	18.179	29.822 1	86.98	22
1 625.34	68.574	28.126	46.891 9	68.38	22
693.34	10.000	9.604	8.000 0	83.30	19
680.00	11.584	10.800	11.050 0	95.40	22
466.67	13.344	21.900	11.840 0	77.17	18
646.67	20.444	21.000	11.960 0	58.50	15
526.67	29.839	37.000	8.040 0	26.90	21
666.67	52.714	52.700	16.460 0	81.20	22

目前我国一些主要养鱼地区大多采用二级培育法,故放养密度各地略有差异。

三级培育法:即鱼苗育成火片(乌仔),再将火片育成夏花,再由夏花育成鱼种。一般每 667 m² 放 15 万～20 万尾,多的可放 20 万～30 万尾。饲养 8～10 天后,鱼苗长到 1.65 cm 左右拉网出塘,通过鱼筛捕大留小,分塘继续饲养。第二次培育,每 667 m² 放 4 万～5 万尾或多达 6 万～8 万尾,再饲养 10 天,长成体长达 3.3 cm 左右的夏花。有些地区将鱼苗下池育成体长 1.65～2.64 cm 的火片称一级塘饲养,一般塘每 667 m² 放养草鱼苗 15 万～20 万尾。从体长 1.65～2.64 cm 的火片育成体长 4～5 cm 的夏花称二级塘,二级塘的放养密度为 3 万～5 万尾/667 m²。

④ 鱼苗培育阶段的饲养管理:鱼苗初下塘时,鱼体小,池塘水深应保持在 50～60 cm,以后每隔 3～5 天注水 1 次,每次注水 10～20 cm。培育期间共加水 3～4 次,最后加至最高水位。注水时须在注水口用密网拦阻,以防野杂鱼和其他敌害生物流入池内,同时应防止水流冲起池底淤泥,搅浑池水。

鱼苗池的日常管理工作必须建立严格的岗位责任制。要求每天巡池 3 次,做到“三查”和“三勤”。即:早上查鱼苗是否浮头,勤捞蛙卵,消灭有害昆虫及其幼虫;午后查鱼苗活动情况,勤除杂草;傍晚查鱼苗池水质、水温、投饵施肥数量、注排水和鱼的活动情况等,勤做日常管理记录,安排好第二天的投饵、施肥、加水等工作。此外,应经常检查有无鱼病,及时防治。

⑤ 拉网和分塘:鱼苗经过一个阶段的培育,当鱼体长成 3.3～5 cm 的夏花时,即可分

塘。分塘前一定要经过拉网锻炼,使鱼种密集在一起,受到挤压刺激,分泌大量黏液,排除粪便,以适应密集环境,运输中减少水质污染的程度,体质也因锻炼而加强,以利于经受分塘和运输的操作,提高运输和放养成活率。在锻炼时还可顺便检查鱼苗的生长和体质情况,估算出乌仔或夏花的出塘率,以便做好分配计划。

选择晴天,在上午9:00左右拉网。第一次拉网,只需将夏花鱼种围集在网中,检查鱼的体质后,随即放回池内。第一次拉网时,鱼体十分嫩弱,操作须特别小心,拉网赶鱼速度宜慢不宜快,在收拢网片时,需防止鱼种贴网。隔1天进行第二次拉网,将鱼种围集后,同时,在其边上装置好谷池(为一长形网箱,用于夏花鱼种囤养锻炼、筛鱼清野和分养),将皮条网上纲与谷池上口相并压入水中,在谷池内轻轻划水,使鱼群逆水游入池内。鱼群进入谷池后,稍停,将鱼群逐渐赶集于谷池的一端,以便清除另一端网箱底部的粪便和污物,不让黏液和污物堵塞网孔。放入鱼筛,筛边紧贴谷池网片,筛口朝向鱼种,并在鱼筛外轻轻划水,使鱼种穿筛而过,将蝌蚪、野杂鱼等筛出。然后再清除余下一端箱底污物并清洗网箱。

经这样操作后,可保持谷池内水质清新,箱内外水流通畅,溶氧较高。鱼种约经2 h密集后放回池内。第二次拉网应尽可能将池内鱼种捕尽。因此,拉网后应再重复拉一次网,将剩余鱼种放入另一个较小的谷池内锻炼。第二次拉网后再隔1天进行第三次拉网锻炼,操作同第二次拉网。如鱼种自养自用,第二次拉网锻炼后就可以分养;如需进行长途运输,第三次拉网后,将鱼种放入水质清新的池塘网箱中,经一夜"吊养"后方可装运。吊养时,夜间需有人看管,以防止发生缺氧死鱼事故。

⑥ 出塘过数和成活率计算:夏花出塘过数的方法,各地习惯不一,一般采取抽样计数法。先用小海斗(捞海)或量杯量取夏花,在计量过程中抽出有代表性的1海斗或1杯计数,然后按下列公式计算。

$$总尾数 = 捞海数(杯数)\times 每海斗(杯)尾数$$

根据放养数和出塘总数即可计算成活率,公式如下。

$$成活率 = \frac{夏花出塘数}{下塘鱼苗数}\times 100\%$$

提高鱼苗育成夏花的成活率和质量的关键,除细心操作、防止发生死亡事故外,最根本的是要保证鱼苗下塘后就能获得丰富、适口的饵料。因此,必须特别注意做到放养密度合理、肥水下塘、分期注水和及时拉网分塘。

4.2

1龄鱼种培育

夏花经过 3~5 个月的饲养,体长达到 10 cm 以上,称为 1 龄鱼种或仔口鱼种。培育 1 龄鱼种的鱼池条件和发花塘基本相同,但面积要稍大一些,一般以 1 333~5 333 m² 为宜。面积过大,饲养管理、拉网操作均不方便。水深一般 1.5~2 m,高产塘的水深可达 2.5 m。在夏花放养前必须和鱼苗池一样用药物清塘消毒。清塘后适当施基肥,培肥水质。施基肥的数量和鱼苗池相同,应视池塘条件和放养种类而有所增减,一般每 667 m² 施发酵后的畜(禽)粪肥 150~300 kg,培养红虫,以保证夏花下塘后就有充分的天然饵料。

4.2.1 · 夏花放养

▤(1)适时放养

一般在 6—7 月放养。渔谚有"青鱼不脱莳(夏至),草鱼不脱暑(小暑),花白鲢不脱伏(中伏),宜早不宜迟"的说法,说明要力争早放养。几种搭配混养的夏花不能同时下塘,应先放主养鱼,后放配养鱼。以草鱼为主的塘,以保证主养鱼优先生长,防止被鲢、鳙挤掉,同时通过投喂饲料、排泄粪便来培肥水质,过 20 天左右再放鲢、鳙等配养鱼。这样既可使草鱼逐步适应肥水环境,提高争食能力,也为鲢、鳙准备天然饵料。

▤(2)合理搭配混养

夏花阶段各种鱼类的食性分化已基本完成,对外界条件的要求也有所不同,既不同于鱼苗培育阶段,也不同于成鱼饲养阶段。因此,必须按所养鱼种的特定条件,根据各种鱼类的食性和栖息习性进行搭配混养,以充分挖掘水体生产潜力和提高饲料利用率。应选择彼此争食较少、相互有利的种类搭配混养。一般应注意:在自然条件下草鱼与青鱼的食性完全不同,没有争食的矛盾,但在人工饲养的条件下会产生争食。草鱼争食力强,而青鱼摄食能力差,所以一般青鱼池不混养草鱼,只能在草鱼池中少量搭养青鱼。草鱼同鲢争食能力相似,鲢吃浮游植物,能促使水体转清,有利于小草鱼生长,因此,它们比较适宜混养。

在生产实践中,多采用草鱼、青鱼、鳊、鲤等中下层鱼类分别与鲢、鳙等上层鱼类进行混养,其中以一种鱼类为主养鱼,搭配1~2种其他鱼类混养。

▤（3）放养密度

在生活环境和饲养条件相同的情况下,放养密度取决于出塘规格,出塘规格又取决于成鱼池放养的需要。一般每667 m² 放养1万尾左右。具体放养密度根据以下几方面因素来决定。

① 池塘面积大、水较深、排灌水条件好或有增氧机、水质肥沃、饲料充足,放养密度可以大些。

② 夏花分塘时间早(在7月初之前),放养密度可以大些。

③ 要求鱼种出塘规格大,放养密度应稀些。

④ 以草鱼为主的塘,放养密度应稀些。

根据出塘规格要求,可参考表4-8决定放养密度。

表4-8 · 1龄鱼池每667 m² 放养量参考

主养鱼	放养量(尾)	出塘规格	配养鱼	放养量(尾)	出塘规格	放养总数(尾)
	2 000	50~100 g	鲢	1 000	100~125 g	4 000
			鲤	1 000	13~15 cm	
草鱼	5 000	10~12 cm	鲢	2 000	50 g	8 000
			鲤	1 000	12~13 cm	
	8 000	8~10 cm	鲢	3 000	13~15 cm	11 000
	10 000	8~10 cm	鲢	5 000	12~13 cm	15 000

表上所列密度和规格的关系,是指一般情况而言。在生产中可根据需要的数量、规格、种类和可能采取的措施进行调整。如果能采取成鱼养殖的高产措施,每667 m² 放20 000尾夏花鱼种也能达到13 cm以上的出塘规格。

上海地区采取草鱼为主养鱼的养殖类型,采用提早繁殖的鱼苗发塘,主养鱼的下塘时间比常规夏花提早20~25天,作为配养鱼的鲫(或鲤)、团头鲂、鳙夏花比早繁夏花草鱼晚30天以上放养,而抢食能力最强的鲢夏花比主养鱼晚60天以上放养。采用此方法,其混养鱼类、出塘规格和总产量均有明显提高。放养及收获情况见表4-9。

表 4-9 · 以早繁夏花草鱼为主养鱼 667 m² 放养及收获情况

鱼种	放养				成活率 (%)	收获			
	日期 (日/月)	规格 (cm)	数量 (尾)	体重 (kg)		日期 (日/月)	规格	数量 (尾)	体重 (kg)
草鱼	20/5	3.3	5 000	2.5	70	30/6	10 cm	2 500	25
						5/8	50 g	500	25
						10/12	150 g	1 400	210
鳙	1/7	3.3	1 000	0.5	90	10/12	100 g	900	90
团头鲂	1/7	2.5	2 000	0.6	80	10/12	25 g	1 600	40
鲫	1/7	3.2	6 000	5.4	60	10/12	25 g	3 600	90
鲂	10/8	5.0	4 000	5.0	90	10/12	50 g	3 600	180
总计			18 000	14.0					660

注：① 上述放养模式是由甲、乙两池为一组中的甲池。待甲池夏花草鱼生长到 10 cm 后（6 月 30 日），再分养至乙池（即甲、乙两池各 2 500 尾草鱼）。至甲、乙两池草鱼生长至 50 g 左右（8 月 5 日），再分别用鱼筛筛出 50 g 以上的生长快的鱼种（俗称泡头鱼种）约 500 尾放入成鱼池，使主养鱼通过捕大留下，及时稀养成，保持同池规格均匀。② 草鱼成活率以最后一次轮捕后的存塘数为基数计算。

4.2.2 · 饲养方法

在鱼种饲养过程中，由于采用的饲料、肥料不同，形成不同的饲养方法，但主要分为以下 3 种：以天然饵料为主，精饲料为辅的饲养方法；以颗粒饲料为主的饲养方法；施肥为主的饲养方法。

天然饵料除了浮游动物外，投喂草鱼的饵料主要有芜萍、小浮萍、紫背浮萍、苦草、轮叶黑藻等水生植物及幼嫩的禾本科植物。精饲料主要有饼粕、米糠、豆渣、酒糟、麦类、玉米等。

根据 1 龄草鱼的生长发育规律以及季节和饲养特点，采用分阶段强化投饵的方法，务求鱼种吃足、吃好、吃匀。生产上按表 4-9 的养殖模式，可将培育过程分成单养阶段、高温阶段、鱼病阶段和育肥阶段（表 4-10）。

（1）单养阶段：此阶段鱼类密度小，水质清新，水温适宜，天然饵料充足、适口、质量好。必须充分利用这一有利条件，不失时机地加速草鱼生长，注意池内始终保持丰富的天然饵料，使草鱼能日夜摄食。另一方面要继续做好乙池天然饵料的培育工作，及时将乙池饵料转入甲池。在后期如天然饵料不足，可投紫背浮萍或轮叶黑藻，也可投切碎的嫩陆草或切碎的菜叶。

表 4 - 10 · 早繁夏花草鱼池投饵情况

生长阶段	起止生长规格	起止日期（日/月）	间隔时间（天）	每天投饵		
				水 草	菜饼粉	猪 粪
单养阶段	3.3~7 cm	20/5~10/6	20	原池水蚤、芜萍、浮萍,乙池培养的水蚤、芜萍、小浮萍或紫背浮萍 10 kg		
	7~10 cm	11/6~30/6	20			
高温阶段	10~50 g	1/7~5/8	35	20~40 kg	3~4 kg	
鱼病阶段	50~100 g	6/8~30/8	25	40~60 kg	6~8 kg	100 kg/5 天
	100~125 g	31/8~20/9	20	50~60 kg	10~15 kg	
育肥阶段	125~150 g	21/9~31/10	40	40~50 kg	6~10 kg	50 kg/5 天
		1/11~10/12	40	15~35 kg	5~7 kg	

注:① 投饵以表 4-9 放养模式计算,原池和乙池培养的饵料未计算在内。② 如投陆草,必须切碎,以 1 kg 折算 2 kg 水草计算。③ 6 月 30 日筛出 2 500 尾 10 cm 以上的草鱼入乙池,然后放养鳙、团头鲂、鲫夏花。④ 8 月 5 日筛出 2 500 尾 50 g 以上的草鱼套养在成鱼池中,然后放养鲢夏花。

（2）高温阶段:该阶段水温高,夜间池水易缺氧,应注意天气变化。适当控制吃食量,夜间不吃食。加强水质管理。设置食台,将干菜饼粉加水调成糊状,做到随吃随调,少放勤放、勤观察。投饵时必须先投草类,让草鱼吃饱后再投精饲料,供其他鱼种摄食。

（3）鱼病阶段:此阶段应保持饵料新鲜、适口,当天投饵,当天务必吃清,并加强鱼病防治和水质管理。

（4）育肥阶段:此阶段水温下降,鱼病季节已过,要投足饵料,日夜吃食,并施适量粪肥,以促进滤食性鱼类生长。

4.2.3 · 日常管理

每天早上巡塘 1 次,观察水色和鱼的动态,特别是浮头情况。如池鱼浮头时间过久,应及时注水。还要注意水质变化,了解施肥、投饵效果。下午可结合投饵或检查吃食情况巡视鱼塘。

经常清扫食台、食场,一般 2~3 天清塘 1 次;每半个月用漂白粉消毒 1 次,用量为每 0.3~0.5 kg/667 m²;经常清除池边杂草和池中草渣、腐败污物,保持池塘环境卫生。施放大草的塘,每天翻动草堆 1 次,加速大草分解和肥料扩散至池水中。

做好防洪、防逃、防治鱼病工作,以及防止水鸟的危害。

搞好水质管理,这是日常管理的中心环节。草鱼性喜清水。因此,对水质的掌握就增加了难度,水质既要清又要浓,也就是渔农所说的要"浓得清爽",做到"肥、活、嫩、爽"。

所谓"肥"就是浮游生物多,易消化种类多。"活"就是水色不死滞,随光照和时间不同而常有变化,这是浮游植物处于繁殖盛期的表现。"嫩"就是水色鲜嫩不老,也是易消化浮游植物较多、细胞未衰老的反映,如果蓝藻等难消化种类大量繁殖,水色呈灰蓝或暗绿色,浮游植物细胞衰老或水中腐殖质过多,均会降低水的鲜嫩度,变成"老水"。"爽"就是水质清爽,水面无浮膜,混浊度较小,透明度以保持 25~30 cm 为佳。如水色深绿甚至发乌黑,在下风面有黑锅灰似的水则应加注新水或调换部分池水。要保持良好的水质,就必须加强日常管理,每天早晚观察水色、浮头和鱼的觅食情况,一般采取以下措施予以调节。

① 合理投饲施肥:这是控制水质最有效的方法。做到三看:一看天,应掌握晴天多投,阴天少投,天气恶变及阵雨时不投;二看水,清爽多投,肥浓少投,恶变不投;三看鱼,鱼活动正常,食欲旺盛,不浮头应多投,反之则应少投。千万不能有余食和一次大量施肥。

② 定期注水:夏花放养后,由于大量投饲和施肥,水质将逐渐转浓。要经常加水,一般每半个月 1 次,每次加水 15 cm 左右,以更新水质、保持水质清新,也有利于满足鱼体增长对水体空间扩大的要求,使鱼有一个良好的生活环境。平时还要根据水质具体变化、鱼的浮头情况,适当注水。一般来说,水质浓、鱼浮头,酌情注水是有利无害的,可以保持水质优良,增进鱼的食欲,促进浮游生物繁殖和减少鱼病的发生。

4.2.4 · 并塘越冬

秋末冬初,水温降至 10℃以下,鱼的摄食量大幅减少。为了便于来年放养和出售,这时可将鱼种捕捞出塘,按种类、规格分别集中蓄养在池水较深的池塘内越冬(可用鱼筛分开不同规格)。

在长江流域一带,鱼种并塘越冬的方法是在并塘前 1 周左右停止投饲,选天气晴朗的日子拉网出塘。因冬季水温较低,鱼不太活动,所以不要像夏花出塘时那样进行拉网锻炼。出塘后经过鱼筛分类、分规格和计数后即行并塘蓄养,群众习惯叫"囤塘"。并塘时拉网操作要细致,以免碰伤鱼体和在越冬期间发生水霉病。蓄养塘面积为 1 333~2 000 m²,水深 2 m 以上,向阳背风,少淤泥。鱼种规格为 10~13 cm,每 667 m² 可放养 5 万~6 万尾。并塘池在冬季仍必须加强管理,适当施放一些肥料,晴天中午较暖和,可少量投饲。越冬池应加强饲养管理,严防水鸟危害。并塘越冬不仅有保膘增强鱼种体质及提高成活率的作用,而且还能略有增产。

为了减少操作麻烦和利于成鱼和 2 龄鱼池提早放养、减少损失、提早开食、延长生长期,有些渔场取消了并塘越冬阶段,采取 1 龄鱼种出塘后随即有计划地放入成鱼池或 2 龄鱼种池。

4.2.5 · 鉴别鱼种质量

优质鱼种必须具备的条件:① 同池同种鱼种规格均匀;② 体质健壮,背部肌肉肥厚,尾柄肉质肥满;③ 体表光滑,无病无伤,鳞片、鳍条完整无损;④ 体色鲜艳有光泽;⑤ 游泳活泼,溯水性强,在密集时,头向下尾向上不断扇动;⑥ 用鱼种体长与体重之比来判断质量好坏。具体做法:抽样检查,称取规格相似的鱼种 500 g 计算尾数,然后对照优质鱼种规格鉴别表(表 4 - 11),每 1 kg 鱼种所称尾数等于或少于标准尾数为优质鱼种;反之,则为劣质鱼种。

表 4 - 11 · 优质草鱼鱼种规格鉴别

项 目	规格(cm)										
	19.67	19.33	19.00	17.67	17.33	16.33	15.00	14.67	14.33	14.00	13.67
规格(尾/kg)	11.6	12.2	12.6	16	18	22	30	32	34	36	40

项 目	规格(cm)										
	13.33	13.00	12.67	12.33	12.00	11.67	11.33	11.00	10.67	10.33	10.00
规格(尾/kg)	48	52	58	60	66	70	80	84	92	100	108

项 目	规格(cm)								
	9.67	9.33	9.00	8.67	8.33	8.00	7.67	7.33	7.00
规格(尾/kg)	112	124	134	144	152	160	170	190	200

4.2.6 · 草鱼 1 龄大规格苗种分级培育生产新技术

(1) 清塘消毒及苗种放养

① 清塘消毒:池塘排干水后,每 667 m² 用生石灰 50 kg 全池泼洒,消毒、除野。3 天后在池塘内施基肥,每 667 m² 用青草 200~300 kg,畜(禽)粪 250~300 kg 做堆肥。堆肥做好后 2 天开始灌清水。灌清水时,必须过 40 目的网布,防止野杂鱼进入池塘。池塘内水

深 50~60 cm。总之,在施肥与灌清水中严格做到安全可靠,确保幼苗的成活率。

当清水灌好 18 h 后就可把幼苗投放到池塘,养殖模式以混合放养再分级饲养为宜。

② 放养时间:应在当年 5 月 8—15 日(长江中下游地区),在条件允许的情况下,尽可能提早放养。选择 5 月中旬放养,气温、水温适宜;关键是亲本怀卵成熟度好,孵化的幼苗成活率高、生长快、体健而壮,为养殖大规格鱼种奠定好的基础。

③ 放养模式:幼苗混合放养的模式也是养殖大规格苗种的一项技术。一般以 2~3 种鱼混养为宜,但不能将食性或习性上有冲突的鱼混养。以草鱼放养为主,可以放养 10% 的鲢、10% 的青鱼、5% 的鳙。

④ 放养密度:幼苗放养密度主要依据养成的鱼种规格来确定。鱼种规格与各种鱼的特征及放养总量有关,详见表 4-12。同样的夏花出塘规格,鲢、草鱼可以多放一些,而鳙、青鱼则只能根据以哪种鱼类放养为主来确定。

表 4-12 · 主养鱼放养密度与出塘规格的关系(放养时间 21 天)

放苗密度(尾/667 m²)	出塘规格(cm)
15 000~20 000	2~3
10 000~15 000	3~5
8 000~10 000	5~7

(2) 幼苗的饲养与管理

在幼苗下塘时,必须用鸡蛋黄捏成糊状投喂幼苗。投喂后 2~3 天开始投喂豆浆或投喂全价无公害熟化饲料。投喂时必须把饲料泼洒在池塘的四周,这样容易诱食。每天投喂 3 次,分别为上午 8 时、中午 12 时、下午 16 时。真正做到幼苗下塘后所投喂的饵料能满足幼苗生长所需的营养成分。在满足所需营养成分的同时,还必须调节好池塘内水体溶氧量的高低。池塘水体的溶氧量依据幼苗的生长特征,每隔 3~5 天适当加灌清水进行调节。灌清水的水管必须是直接灌入池塘水体之内,不能从高空中流水型灌注清水,使得喜清水的鱼类全池游动。草鱼喜流水,在全池游动能发生所谓的草鱼"白头病",这就是灌清水时不注意灌水的时间、方式所感染的疾病,死亡率很高。

(3) 营造优良的生态环境,坚持运用按质比与量比放养技术

有了满足幼苗生长所需的营养成分和池塘优良的生态环境,依据草鱼的生物学特性,按质比、量比放养的幼苗,经过 3 周左右时间就可以实施混合选择分级培育大规格鱼种。

① 营造优良的生态环境:运用自然光合作用营造优良的生态环境,利用自然太阳光照暴晒池底,并用生石灰等药物清塘消毒,消灭病原体。土质贫瘠的池塘还需施有机肥料,培育轮虫作为营造生态环境的技术措施。

② 确定时期,选择规格:可在 5 月下旬(25—28 日)进行混合选择。可以用人工溢水的方法筛选,也可以用 1~5 号鱼筛进行人工筛选。筛选的规格:草鱼为 5~6 cm;鳙、鲢为 4~5 cm;青鱼为 5~6 cm。

③ 按照生态学中各自生态位特点放养苗种:放养夏花苗种时选择规格整齐、体质健壮的个体(667 m² 放养量为 4 200 尾,其中草鱼 1 000 尾),放养模式见表 4 - 13。

表 4 - 13 · 草鱼培育 1 龄大规格苗种模式

时间 (日/月)	数量(尾/ 667 m²)	放养规格 (cm)	放养比例 (%)	成活率 (%)	规格 (g)	产量 (kg)
28/5	1 000	5~6	23.8	93	250~400	314.8

■ (4) 生态养殖技术三要素

① 保持水质清新,提高饲养管理水平:池塘需要经常换清水,增加水体溶氧量。一般 5 月下旬间隔 7 天加水 1 次,6 月根据天气变化、池塘水质、pH、水体溶氧量进行不定时灌入清水,加水以白天太阳光照下定时进行为最佳。使池塘水体保持 pH 6.5~7.0,溶氧量不低于 5 mg/L,防止早晨 6 时鱼苗缺氧死亡。同时,最关键的是,当池塘内溶氧量过低时,饲料营养成分难以吸收,严重影响鱼类正常生长发育。放养的夏花经过数天培育,就可在池塘内形成良好的生态环境,达到分级饲养大规格鱼种的目的。

② 科学喂料,提高饲料利用率:池塘内通过培育微生物,增加天然饵料的种类和密度,在满足一部分鱼类营养需求的情况下,适时、适量投喂无公害的熟化全价饲料(含粗蛋白不低于 26%)。用科学方法掌握好饲料的投放量,确保饲料利用率的提高,满足各种鱼类生长所需的营养成分,防止饲料投喂过量、腐烂变质、污染水质,影响 pH 的适宜值。

草鱼为主的池塘以投喂青饲料为主,投喂芜萍,每天投喂 25~30 kg/万尾,以后逐渐增加至 40 kg/万尾;约 20 天后,鱼体长至 8~10 cm 时,改投小浮萍,每天投喂 60 kg/万尾,以后增至 100 kg/万尾;当鱼体长至 10~12 cm 时,投喂水草、陆生嫩草、莪菜等。青饲料量占饲料总量的 30%。

而对混养鲢、鳙为主,配套草鱼的池塘,则投精饲料或每 10~15 天施肥 1 次(有机肥料),培养天然食物供其摄食。

③ 预防病害发生,符合标准化生产:养殖过程中基本不用药物进行病害防治,6—10 月利用灌清水的方法使池塘内的水形成微流状,以增加水体溶氧量,使水体的 pH 保持在 6.5~7.0。池内的水质新、清、活、肥。在炎热的夏天(高温季节),必要时适时、适量使用生物制剂,以改善水质。经常肥水,以增加水体营养成分,将水体调节至最佳状态,促进各种水生动物生长,提高抗病能力。

经过养殖试验表明:1 龄大规格优质鱼种养殖成鱼的饲料系数从 2.5 减至 2.2,个体增长倍数为 8~10 倍;2 龄大规格鱼种养殖成鱼的个体增长倍数为 4~5 倍。从增长倍数分析:1 龄大规格优质鱼种养殖成鱼的个体增长倍数是 2 龄大规格优质鱼种养殖成鱼的 2 倍。从养殖周期分析比较:2 龄大规格鱼种养殖,夏花—1 龄鱼种—2 龄大规格鱼种—成鱼,养殖周期为 3 年;1 龄大规格优质鱼种养殖,夏花—1 龄大规格鱼种—成鱼,养殖周期为 2 年,可缩短 1 年。实施 2 个周期(4 年)可增加 1 个养殖周期,实际池塘利用率提高了 30%。

2 龄鱼种培育

所谓 2 龄鱼种培育,就是将 1 龄鱼种继续饲养 1 年,草鱼长到 500 g 左右。2 龄鱼种培育是从鱼种转向成鱼的过渡阶段。在这个阶段中,它们的食性由窄到广、由细到粗,食量由小到大,绝对增重快,病害较多。因此,2 龄鱼种的饲养比较困难。

4.3.1 · 放养方式

2 龄草鱼的放养量、混养搭配与 2 龄青鱼相似,放养方式较多,现介绍常见草鱼与青鱼、鲤、鳊、鲢、鳙等多种鱼类混养方式,供参考。这种方式产量比较高。鲢、鳙一般放养 250 g、125 g 鱼种,到 7 月中旬即可达 500 g。起捕上市。于 6 月底 7 月初套养夏花鲢。有条件的应施足基肥,促使鲢、鳙在 6 月底起捕,以避免拉网对夏花造成损失(表 4 - 14)。

表 4 - 14 · 2 龄草鱼放养模式

放养鱼类	放养				收获		
	规格	数量（尾/667 m²）	重量（kg/667 m²）	成活率(%)	规格(g)	数量（尾/667 m²）	重量（kg/667 m²）
草鱼	50 g	800	40	80	300	640	192
青鱼	165 g	10	1.65	100	750	10	7.5
团头鲂	12 cm	200	2.65	95	165	190	31.35
鲤	3 cm	300	0.15	60	175	180	31.5
鲢	250 g	120	30	100	500	120	60
鳙	125 g	30	3.75	100	500	30	15
夏花鲢	3 cm	800	0.4	95	100	760	76
鲫	3 cm	600	0.4	60	125	360	45
合计		2 860	79			2 290	458.35

4.3.2 · 饲养管理

▪（1）合理投饲

早春一般在水温升至 6℃ 以上可投喂豆饼、麦粉、菜饼等精料,每次投饲 2～5 kg/667 m²,数天投饲 1 次。4 月投喂浮萍、宿根黑麦草、轮叶黑藻等,5 月可投喂苦草、嫩旱草、莴苣叶等。投饲量应根据天气和鱼种吃食情况而定。天气正常时一般以上午投喂、下午 16:00 吃完为适度。在"大麦黄"(6 月上旬)和"白露汛"(9 月上旬)两个鱼病高发季节,应特别注意投饲量和吃食卫生。白露后,天气转凉,投饲量可以尽量满足鱼种所需。早期投喂精料,饲料应投在向阳、干净的池滩上,水、旱草投在用毛竹搭成的三角形或四边形的食场内。残渣剩草要随时捞出,以免沉入池底腐败而影响鱼池水质。如水温低,多投的水草可以不捞出,但第二天早晨应将水草上下翻洗一次,以防鱼病。

▪（2）做好鱼病防治工作

要针对草鱼不喜肥水和易患细菌性疾病的特性进行预防。除做好一般的水质管理外,在"大麦黄"和"白露汛"两个鱼病高发季节到来之前,用 20～25 mg/L 生石灰水全池泼洒,次日适量注水。每次间隔时间,具体看天气、池鱼活动、水质等情况灵活掌握,一般短到 10 天,长则 20 天泼 1 次,全期 5 次左右;同时,再结合投喂药物、浸泡食盐溶液等综合措施,基本上可以控制鱼病的大量发生,提高成活率和产量。

4.4

成鱼池套养鱼种的方法

这是实现 2 龄鱼种自给,提高经济效益和保证成鱼增产的有效方法。根据养殖周期,成鱼池可套养 2 龄鱼种,也可以混养 1 龄和 2 龄鱼种。这样,比例适当就可以实行逐年升级,即 2 龄鱼种养成鱼,1 龄鱼种养成 2 龄鱼种。以草鱼和团头鲂为主的搭配放养方式见表 4 - 15。

表 4 - 15 · 以草鱼和团头鲂为主的搭配放养方式

放养鱼类	放养				收获			
	规格(g)	数量(尾/667 m²)	重量(kg/667 m²)	成活率(%)	规格(g)	数量(尾/667 m²)	重量(kg/667 m²)	增重倍数
草鱼	750~1 250	50	50	98	3 000~3 500	49	150	3
	200~500	65	22.5	90	750~1 250	58	60	2.6
	25	200	5	70	250~500	140	52.5	10.5
	62	160	10	95	250~750	152	45.6	4.56
团头鲂	3.7	200	0.75	80	62	160	10	13.3
	0.5	1 000	0.5	30	8.3	300	2.5	5
鲢	4.5	240	8	95	650~800	228	171	21.4
鳙	8.6	60	2.15	95	750~900	57	48.45	22.5
合计		2 975	98.9			1 144	540.05	5.46

如养殖周期短,可放养规格为 500 g/尾的 2 龄草鱼种 60 kg、规格为 25 g/尾的 1 龄草鱼种 10 kg,其增重倍数可分别达到 3 和 6。

成鱼池套养 2 龄鱼种以草鱼、团头鲂等"吃食鱼"为主,着重投喂螺蛳和草类,以养好"吃食鱼"带来鲢、鳙等"肥水鱼"。不同规格的"吃食鱼"要一次放足,采用捕大留小的方法,为第二年培育大规格鱼种创造条件,达到鱼种自给。

成 鱼 养 殖

4.5.1 · 草鱼的混养模式

混养是根据不同水生动物的不同食性和栖息习性,在同一水体中按一定比例搭配放养几种水生动物的养殖方式。混养是我国池塘养鱼的重要特色。在成鱼池套养鱼种,是解决成鱼高产和大规格鱼种供应不足之间矛盾的一种较好的方法。套养是在轮捕轮放基础上发展起来的,它使成鱼池既能生产食用鱼,又能培养翌年放养的大规格鱼种。当前市场要求食用鱼的上市规格有逐步增大的趋势,大规格鱼种如依靠鱼种池培养,就大大缩小了成鱼池饲养的总面积,其成本必然增大。采用在成鱼池中套养鱼种,每年只需在成鱼池中增放一定数量的小规格鱼种或夏花,至年底,在成鱼池中就可套养出一大批大规格鱼种。尽管当年食用鱼的上市量有所下降,但却为来年成鱼池解决了大部分鱼种的放养量。套养不仅从根本上革除了2龄鱼种池,而且也压缩了1龄鱼种池面积,增加了食用鱼池的养殖面积。

▣ (1)以草鱼为主的混养模式

该模式以饲养草鱼为主,草鱼种通常放养3种规格,出池时草鱼产量要占总产量的35%。该模式适宜水草资源比较丰富,或饲料地较多,可以种植大量鱼用饲草的地方采用。其主养鱼、搭养鱼的放养量和放养规格,以及商品鱼的收获量可参照表4-16。

表4-16·以草鱼为主的混养模式

鱼类	放养				产量		
	鱼种规格 (g)	数量(尾/ 667 m²)	重量(kg/ 667 m²)	成活率 (%)	养成规格 (kg)	毛产量(kg/ 667 m²)	净产量(kg/ 667 m²)
草鱼	500~750	100	60	90	1.5~2.5	180	120
	150~250	70	14	80	0.7~1.5	55	41
	20~40	140	4	70	0.3~0.5	40	36
团头鲂	200~300	120	15	90	0.5~0.7	66	50

续 表

鱼类	放养			成活率(%)	养成规格(kg)	产量	
	鱼种规格(g)	数量(尾/667 m²)	重量(kg/667 m²)			毛产量(kg/667 m²)	净产量(kg/667 m²)
鲢	夏花	320	80	98	0.5~1.0	240	160
	200~300	1 000		80	0.6~1.1	40	40
鳙	200~300	80	20	98	0.8~0.9	65	45
	夏花	250		80	0.6~0.8	10	10
鲤	40~60	40	2	90	0.15~0.25	25	23
鲫	25~35	250	7	90	0.15~0.25	45	38
合计			202			765	563

说明：① 捕捞热水鱼，将部分大规格的鲢、鳙、草鱼起捕上市。② 6 月放养鲢、鳙夏花，年底留作鱼种。

▓ （2）以草鱼、鲢为主的混养模式

这种混养模式是以草鱼和鲢为主的高产模式（表 4 - 17），一年轮捕 4 次左右。主要依靠种草或收集草类作为草鱼和团头鲂的饲料，辅以配合饲料或商品饲料，肥料主要依靠基肥。鲢、鳙的生长主要靠草食性鱼类所排泄的粪便培育的浮游生物。所套养的鱼种可部分解决翌年放养所需的大规格鱼种。此模式需要建设排灌渠道和安装增氧设备。

表 4 - 17 · 草鱼和鲢为主的放养与收获模式

鱼类	放养			收获			增重倍数	占净产量(%)
	鱼种规格(g)	数量(尾/667 m²)	重量(kg/667 m²)	养成规格(g)	毛产量(kg/667 m²)	净产量(kg/667 m²)		
草鱼	500	80	40	1 500	270	176	3.09	22.7
	200	120	24					
	10	200	2	200~500	30	28		
团头鲂	25	600	15	250	140	125	8.33	13.9
鲢	250	150	36	500~700	285	204	3.63	32.7
	150	350	45					
	夏花	450		250	90	90		

鱼类	放养			收获				
	鱼种规格(g)	数量(尾/667 m²)	重量(kg/667 m²)	养成规格(g)	毛产量(kg/667 m²)	净产量(kg/667 m²)	增重倍数	占净产量(%)
鳙	250	50	12.5	500~700	65	45	2.25	5
	125	50	7.5					
鲫	4~8	1 000~2 000	8	100~250	190	182	22.75	20.2
罗非鱼	夏花	500		100	50	50		5.5
合计		3 550~4 550	190		1 090	900		100

（3）以草鱼、鳙、鲮为主的混养模式

这是珠江三角洲高产鱼池的主要混养模式(表4-18)。此模式中,鲢、鳙分别在4月、5月、7月、9月放种4次,收获4~5次。大规格草鱼种一年放2次,收获2次;鲮一次放足3种规格,达到食用规格就捕出上市。所套养的部分鱼种,可以提供给翌年放养所需。这种模式是与栽桑养蚕(或种甘蔗或种青饲料)相结合的以鱼为主、多种经营的耕作制度,亦即所谓的"桑基鱼塘""蔗基鱼塘""菜基鱼塘"。若设置增氧机械或加强注排水,养鱼产量还能进一步提高。

表4-18· 以草鱼、鳙、鲮为主的混养模式

养殖鱼类	放养			收获				
	鱼种规格(g)	数量(尾/667 m²)	重量(kg/667 m²)	养成规格(g)	毛产量(kg/667 m²)	净产量(kg/667 m²)	增重倍数	占净产量(%)
草鱼	350	150×2	105	1 250	295	190	2.16	28.2
	10~50	200	6	350	56	50		
鳙	500	45	22.5	1 000	225	148.5	1.94	17.5
	300	45×4	54					
鲮	50~100	600	35	125~200	150	100	2.22	14.2
	25~33	600	15					
	12.5~25	600	4	50	24	20		
鲢	100	40×3	12	1 300	156	144	12	16.9

养殖鱼类	放养			收获				
	鱼种规格（g）	数量（尾/667 m²）	重量（kg/667 m²）	养成规格（g）	毛产量（kg/667 m²）	净产量（kg/667 m²）	增重倍数	占净产量（%）
鳙	10	600×2	12	120	130	118	9.83	13.9
鲤	50	50	2	550	22	20	10	2.4
银鲫	50	100	5	150	12	7	1.4	0.8
野鲮	25	150	3	250	30	27	9	3.2
鲂	10	100	1	250	20	19	19	2.2
斑鳢	夏花	20~30		300	6.5	6.5		0.7
合计		4 265	276		1 126	850		100

4.5.2 · 轮捕轮放与多级轮养

轮捕轮放就是分期捕鱼和适当补放鱼种，即在密养的水体中，根据鱼类生长情况，到一定时间捕出一部分达到商品规格的成鱼，再适当补放鱼种，以提高池塘经济效益和单位面积鱼产量。概括地说，轮捕轮放就是"一次放足，分期捕捞，捕大留小，去大补小"。

■（1）轮捕轮放的作用

① 有利于活鱼均衡上市，提高社会效益和经济效益。养鱼前、中期，市场上淡水鱼少、鱼价高。而后期，市场上淡水鱼相对集中，养殖单位又往往出现"卖鱼难"现象，造成鱼价低廉。采用轮捕轮放可改变以往市场淡水鱼"春缺、夏少、秋挤"的局面，做到四季有鱼，不仅满足社会需要，而且也提高了经济效益。有人认为产量较低的鱼池可不必搞轮捕轮放，这种观点是错误的。

② 有利于加速资金周转，减少流动资金的数量。一般轮捕上市鱼的经济收入可占养鱼总收入的 40%~50%，这就加速了资金的周转，降低了成本，为扩大再生产创造了条件。

③ 有利于鱼类生长。在饲养前期，因鱼体小、活动空间大，为充分利用水体，年初可多放一些鱼种。随着鱼体生长，采用轮捕轮放的方法及时稀疏密度，使池塘鱼类容纳量始终保持在最大容纳量限度以下。这样做延长和扩大了池塘的饲养时间和空间，缓和或解决了密度过大对群体增长的限制，使鱼类在主要生长季节始终保持合适的密度，促进鱼类快速生长（图4-4）。

④ 有利于提高饵料、肥料的利用率。利用轮捕控制各种鱼类生长期的密度，以缓和

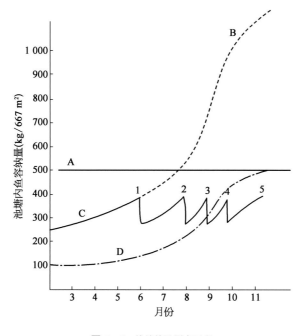

图 4-4 · 轮捕轮放增产示意

A. 假设该池鱼最大容纳量；B. 采用轮捕轮放措施的全年累计产量；C. 各次轮捕的产量；D. 不采用轮捕轮放措施的年终产量

鱼类之间（包括同种的不同规格之间）在食性、生活习性和生存空间的矛盾，使成鱼池混养的种类、规格和数量进一步增加，以充分发挥池塘中"水、种、饵"的生产潜力。

⑤ 有利于培育量多、质好的大规格鱼种，为稳产、高效奠定基础。通过捕大留小，及时补放夏花和 1 龄鱼种，使套养在成鱼池的鱼种迅速生长，到年终即可培育成大规格鱼种。

（2）轮捕轮放的条件

成鱼池采用轮捕轮放技术需要具备以下条件。

① 各类鱼种规格齐全、数量充足、配套完善，符合轮捕轮放要求，同种规格鱼种大小均匀。只有在年初放养数量充足的大规格鱼种，才能在饲养中期达到上市规格，轮捕出塘。同种、不同规格鱼种个体间的差距要大，否则易造成两者生长上的差异不明显，给轮捕选鱼造成困难。

② 饵料、肥料要充足，管理水平要跟上。否则，到了轮捕季节，因鱼种生长缓慢而尚未达到上市规格，生产上就会处于被动局面。

③ 捕捞技术要熟练，鱼货能及时销售。

（3）轮捕轮放的方法

捕大留小和捕大补小。捕大留小，要求把放养不同规格或相同规格的鱼种饲养一定时间后，分批捕出一部分达到食用规格的鱼类，而让较小的鱼留池继续饲养，不再补放鱼种。捕大补小，是分批捕出食用鱼后，同时补放鱼种。这种方法产量较高，是池塘养殖的常用方法。补放的鱼种可根据规格大小和生产目的养成食用鱼或大规格鱼种。

轮捕轮放的技术要点：在天气炎热的夏、秋季捕鱼，水温高，鱼的活动能力强，捕捞较困难，加上鱼类耗氧量增大，不能忍耐较长时间密集，而捕在网内的鱼大部分要回池，如在网内停留时间过长，很容易受到伤害或因缺氧死亡。因此，夏、秋季水温高时，捕鱼需操作细致、熟练、轻快。捕捞前数天，要根据天气适当控制投饵和施肥量，以确保捕捞时水质良好。在水温较低、池水溶氧较高时进行捕捞，一般多在半夜、黎明或早晨捕捞。如果有浮头征兆或正在浮头，严禁拉网捕鱼。傍晚不能拉网，以免引起上下水层提早对流，加速池水溶氧消耗，造成浮头。捕捞后，鱼体分泌大量黏液，同时池水混浊，耗氧增加，需立即加注新水或开增氧机，使鱼有一段顶水时间，以冲洗鱼体过多黏液，增加水体溶氧，防止浮头。在白天水温高时捕鱼，一般需加水或开增氧机 2 h 左右；在夜间捕鱼，加水或开增氧机一般到日出后才能停止。

（4）多级轮养

多级轮养就是采取多个鱼池联合养殖、不断分池降低密度的方法，调整水体载鱼量，使鱼群密度始终保持在正常生长范围内，达到充分利用水体、提高养殖产量和效益的目的。根据鱼种规格的大小及食用鱼的不同饲育阶段，按不同规格和密度分池养殖，进行分阶段混养或单养。将鱼池人为地分成鱼苗池、鱼种池和食用鱼池等几级，每一池塘为一级，专养一定规格的鱼，饲养一段时期后，达到一定规格后分疏到另外的池塘；当食用鱼池的鱼一次性出池后，其他各级池里的鱼依次筛出大的转塘升级。采用定期拉网分池、逐步稀疏的方法不断调整载鱼量，这样做不致由于高贮量抑制池鱼的生长，也不像轮捕时易伤鱼，操作简便，这一形式非常适合城镇近郊养鱼采用。及时分池、控制密度是多级轮养增产增收的技术核心。

多级轮养的劳动强度大，经常分疏所需的劳动力较多。一般所有池塘每隔 30~40 天拉网分疏 1 次。

池塘要配套，总体养殖面积较大。合理安排池塘养殖不同规格的鱼种，选择面积小的池塘作为鱼苗、鱼种培育池，选择面积大的池塘作为成鱼养殖池。例如，池塘分五级轮养的面积大概分配比例：鱼苗池 2%、鱼种池 4%、大鱼种池 10%、半大鱼池 22%、成鱼池

62%。如果池塘面积小,不够分级使用,可以用网片围住塘角培育鱼苗。

多级轮养的养殖品种要易拉网捕捞,还要注意防病治病。经常拉网捕鱼搅拌池底,容易引起鱼病的发生,特别是暴发性鱼病。因此,捕鱼后要注意进行药物消毒。以草鱼为主养鱼的五级轮养的放养情况见表4-19。

表4-19·以草鱼为主养鱼的五级轮养的放养情况

鱼　　池	放养规格	放养密度(尾/667 m^2)	饲养天数	收获规格
一级(鱼苗池)	水花鱼苗	15 万	25	3 cm
二级(鱼种池)	3 cm	0.8 万~1 万	40	7 cm
三级(大鱼种池)	7 cm	1 000~1 500	40	15 cm
四级(半大鱼塘)	15 cm	250~350	100	250~500 g
五级(食用鱼塘)	250~500 g	100~150	130~150	0.75~1.5 kg

(撰稿:刘乐丹)

草鱼营养与饲料

概　述

草鱼养殖量连续多年位居我国首位,其快速发展离不开水产饲料工业的支撑。水产动物的营养需求与饲料技术的研究与应用是水产饲料工业发展的基石。目前,草鱼营养需求与饲料技术研究主要集中在幼鱼和生长期鱼上。在草鱼营养需求方面,已根据生产性能和(或)器官健康、肌肉品质相关指标研究确定生长期草鱼蛋白质、10 种必需氨基酸(赖氨酸、蛋氨酸、色氨酸、苏氨酸、精氨酸、亮氨酸、异亮氨酸、苯丙氨酸、缬氨酸、组氨酸)、脂类(脂肪、磷脂、胆固醇、必需脂肪酸比例)、碳水化合物、11 种矿物元素(钙、磷、镁、钾、铜、铁、锌、锰、硒、钴、铬)、14 种维生素(维生素 A、维生素 D、维生素 E、硫胺素、核黄素、泛酸、烟酸、吡哆醇、叶酸、生物素、维生素 B$_{12}$、胆碱、肌醇和维生素 C)和 1 种类维生素(硫辛酸)的营养需求,但关于草鱼能量需求研究较少。在饲料技术研究方面,主要研究了蛋白质饲料(包括植物性蛋白质饲料、动物性蛋白质饲料和单细胞蛋白质饲料)、油脂类饲料在草鱼饲料中的应用效果和使用技术;明确了饲料中部分抗营养因子(β-伴大豆球蛋白、大豆球蛋白、芥酸、植酸、单宁、棉酚等)和霉菌毒素(黄曲霉毒素 B1、呕吐毒素、玉米赤霉烯酮、赭曲霉毒素等)对草鱼生长和健康的危害及其控制限量;研究了蛋氨酸羟基类似物等营养性添加剂、牛磺酸等诱食剂、脂肪酶等酶制剂、甘露寡糖等益生元、水飞蓟素等植物提取物和丁酸钠等饲料添加剂在草鱼饲料中的使用技术;同时,对草鱼饲料配制和投喂技术开展了部分探索性研究工作。

草鱼营养需求与饲料技术研究与应用为草鱼高效、健康养殖提供了重要的技术支撑。

营　养　需　求

5.2.1 · 蛋白质和氨基酸需求

（1）蛋白质

蛋白质是构成动物体、动物体内特殊功能物质,以及组织更新和修复的主要物质(原料);同时,也是鱼类主要的供能物质。鱼体中蛋白质占干物质的 65%~75%,是鱼类饲料原料中成本最高的部分。研究表明,适宜水平的蛋白质提高了生长期草鱼的采食量(Xu等,2016),提高了幼草鱼(Ghazala 等,2011;Jin 等,2015)和生长期草鱼(Xu 等,2016)的饲料效率,促进了生长。鱼类的生长主要依赖蛋白质的沉积,而蛋白质的沉积与氨基酸代谢密不可分。谷草转氨酶(GOT)和谷丙转氨酶(GPT)是鱼体内重要的氨基酸代谢酶,其在肝脏中的活力反映氨基酸代谢转化能力(Abdel-Tawwab 等,2010)。研究发现,适宜水平的蛋白质提高了生长期草鱼肝脏 GOT 和 GPT 活力,提高了氨基酸的代谢转化能力(Xu 等,2016)。

适宜水平的蛋白质能提高草鱼对疾病的抵抗能力。肠炎、赤皮病和烂鳃病是草鱼养殖生产中发病率和死亡率最高的三大疾病,俗称"老三病"。研究发现,适宜水平的蛋白质降低了草鱼肠炎、赤皮病和烂鳃病的发生率,提高了攻毒后成活率及其对疾病抵抗能力(Xu 等,2016;徐静,2016)。免疫功能在维持鱼体健康和抗病力中起重要的作用。鱼类免疫能力与非特异性免疫因子溶菌酶(LA)和酸性磷酸酶(ACP)活力、补体 C3 和 C4 含量、抗菌肽 LEAP-2、Hepcidin 和 β-defensin,以及细胞因子密切相关。研究表明,适宜水平的蛋白质提高了生长期草鱼黏膜免疫器官(肠道、鳃、皮肤)和中枢免疫器官(头肾、脾脏)中 LA 和 ACP 活力、补体 C3 和 C4 含量,上调了抗菌肽 LEAP-2、Hepcidin、β-defensin、抗炎细胞因子转化生长因子-β1(TGF-β1)和 TGF-β2 基因表达,下调了促炎细胞因子肿瘤坏死因子 α(TNF-α)、白介素-1β(IL-1β)、IL-12p35 和干扰素 γ2(IFN-γ2)基因表达,缓解了草鱼功能器官的炎症反应,提高了草鱼的免疫功能(Xu 等,2016;Jiang 等,2017;Xu 等,2016)。

蛋白质作为构成鱼类机体的重要成分,能维持草鱼关键功能器官的结构完整性。器官结构完整性与细胞和细胞间结构完整性密切相关。细胞结构完整性受其抗氧化能力和细胞凋亡的影响。生物抗氧化系统主要包括酶性抗氧化系统和非酶性抗氧化系统,其中酶性抗氧化系统在机体抗氧化中起重要作用。研究发现,适宜水平的蛋白质提高了草鱼黏膜免疫器官(肠道、鳃、皮肤)和中枢免疫器官(头肾、脾脏)中抗氧化酶谷胱甘肽过氧化物酶(GPx)、谷胱甘肽硫转移酶(GST)和谷胱甘肽还原酶(GR)活力,增强了酶性抗氧化能力,降低了氧化损伤;同时,通过下调凋亡相关蛋白 caspase 3、caspase 8 和 caspase 9 基因表达抑制细胞凋亡,维持了细胞结构完整性。此外,细胞间结构完整性则与细胞间紧密连接蛋白的表达量有关(Chasiotis 等,2012)。研究发现,适宜水平的蛋白质上调了紧密连接蛋白 Occludin、紧密连接 1(ZO-1)、Claudins 的基因表达,维持了细胞间结构完整性(Xu 等,2016a,b;Jiang 等,2017)。

适宜水平的蛋白质改善了草鱼肌肉品质。肌肉是营养物质沉积的主要部位,约占鱼体重的 60%。肌肉系水力、剪切力和 pH 是评价鱼肌肉品质的重要指标。研究发现,适宜水平的蛋白质增加了肌肉蛋白质、脂肪和羟脯氨酸含量,改善了必需氨基酸和游离脂肪酸组成,提高了剪切力和 pH,提高了草鱼的肌肉品质。此外,适宜水平的蛋白质降低了生长期草鱼肌肉中活性氧、丙二醛和蛋白羰基的含量,提高了抗氧化酶铜锌超氧化物歧化酶(CuZnSOD)、锰超氧化物歧化酶(MnSOD)、GPx、GST 和 GR 活力和 mRNA 水平,增强了肌肉抗氧化能力,降低了氧化损伤,保证了肌肉的结构完整性(徐静,2016;Xu 等,2018)。

根据部分营养标识确定的幼草鱼和生长期草鱼蛋白质需要参数见表 5-1。总体而言,生长期草鱼蛋白需要量低于幼草鱼蛋白质需要量。

表 5-1 · 草鱼蛋白质营养需要参数

鱼初始体重(g)	需要量标识	模 型	需要量(g/kg 饲粮)	资料来源
0.15~0.2	增重	折线法	417~429	Dabrows,1979
0.57	增重百分比	直接法	400	Ghazala 等,2011
4.27	增重百分比	直接法	400	Jin 等,2015
	增重百分比	二次回归	286.82	Xu 等,2016a
	抗肠炎病发病率	二次回归	292.10	Xu 等,2016a
264	抗赤皮病发病率	折线法	241.45	Jiang 等,2017
	抗烂鳃病发病率	二次回归	286.65	Xu 等,2016b
	肌肉剪切力	二次回归	296.84	Xu 等,2018

(2) 氨基酸

氨基酸是组成蛋白质的基本单位。氨基酸分为必需氨基酸(EAA)、半必需氨基酸和非必需氨基酸。EAA 指动物自身不能合成或合成量不能满足动物需要,必须由食物提供的氨基酸。鱼类的必需氨基酸有 10 种,分别为赖氨酸(Lys)、蛋氨酸(Met)、色氨酸(Trp)、苏氨酸(Thr)、亮氨酸(Leu)、异亮氨酸(Ile)、苯丙氨酸(Phe)、缬氨酸(Val)、组氨酸(His)和精氨酸(Arg)。目前,已根据生产性能和(或)器官健康和(或)肌肉品质相关指标研究确定幼草鱼和生长期草鱼 10 种 EAA 的营养需求。

饲粮中的必需氨基酸对草鱼的生产性能有显著的影响。研究表明,适宜水平的 Lys、Met、Trp、Thr、Leu、Ile、Phe、Val、His 和 Arg 提高了草鱼增重、采食量、饲料效率和蛋白质利用率(胡晓霞,2012;唐炳荣等,2012;Deng 等,2014;Gan 等,2014;Li,2014;Luo 等,2014;瞿彪,2014;Wen 等,2014;Hong 等,2015;Li 等,2015;Wang 等,2015;Li 等,2016)。鱼类生长和蛋白质利用率的提高与氨基酸分解代谢降低有关。血氨是硬骨鱼氨基酸分解代谢的主要产物;同时,GOT 和 GPT 是鱼类氨基酸代谢利用的关键酶,肝脏 GOT 和 GPT 活力可敏感地反映氨基酸代谢转化能力。研究发现,适宜水平的 Trp、Leu、Ile、Phe、Val、His 和 Arg 降低了草鱼血氨含量(Deng 等,2014;Gan 等,2014;Luo 等,2014;瞿彪,2014;Wen 等,2014;Li 等,2015;Wang 等,2015);同时,Lys、Met 和 Thr 提高了草鱼肝脏 GOT 活力,Met 提高了肝脏 GPT 活力(胡晓霞,2012;唐炳荣,2012;Li 等,2014;Hong 等,2015)。因此,适宜水平的必需氨基酸提高了氨基酸代谢转化能力、降低了蛋白质的分解代谢。

饲粮必需氨基酸水平对草鱼的消化吸收能力有显著影响。鱼类生长与其消化吸收能力密切相关。消化吸收能力依赖于消化器官的生长发育、消化酶和刷状缘酶活力(Suzer 等,2008)。草鱼是无胃鱼,其消化器官主要包括胰腺和肠道,而胰腺弥散分布在肝脏中(肝胰脏)。研究表明,适宜水平的 Lys、Met、Thr 和 Phe 促进了草鱼消化器官胰腺和肠道的生长发育;提高了胰腺和(或)肠道消化酶胰蛋白酶、糜蛋白酶和脂肪酶活力,提高了对蛋白质和脂肪的消化能力;提高了肠道刷状缘酶钠钾 ATP 酶(Na^+/K^--ATP)、碱性磷酸酶(AKP)、γ-谷氨酰转移酶(γ-GT)和肌酸激酶(CK)活力,提高了吸收能力(胡晓霞,2012;唐炳荣等,2012;Li 等,2014;Hong 等,2015;Li 等,2015)。

适宜水平的必需氨基酸提高了草鱼肠道和鳃非特异性免疫,降低了炎症反应。非特异性免疫防御和炎症反应在维持鱼类器官健康中起重要作用。研究表明,适宜水平的 Trp、Thr、Leu、Val 和 Phe 提高了草鱼黏膜免疫器官肠道和鳃非特异性免疫因子 LA 和 ACP 活力以及补体 C3 含量,提高了鱼类非特异性免疫防御能力;下调了促炎细胞因子 IL-8 和 TNF-α 基因表达,上调了抗炎细胞因子 IL-10 和 TGF-β 基因表达,降低了炎症反应(Luo 等,2014;瞿彪,2014;Wen 等,2014;Feng 等,2015;Jiang 等,2015a、c;Dong 等,2017)。

适宜水平的必需氨基酸维持了草鱼肠道和鳃的结构完整性。组织器官的结构完整性(细胞和细胞间结构完整性)对保证其功能正常极其重要。研究发现,适宜水平的 Lys、Met、Trp、Thr、Leu、Val、Phe 和 His 提高了草鱼肠道 SOD 等抗氧化酶活力以及非酶抗氧化物质谷胱甘肽(GSH)含量,提高了酶性和非酶性抗氧化能力,降低了氧化损伤,维持了细胞结构的完整性(胡晓霞,2012;唐炳荣,2012;Deng 等,2014;Li 等,2014;Luo 等,2014;Wen 等,2014;瞿彪,2014;Feng 等,2015;Hong 等,2015;Li 等,2015;Li 等,2016)。此外,维持细胞间结构完整性的紧密连接蛋白主要包括 Occludin、ZO-1 以及 Claudins 亚型。

研究发现,适宜水平的 Trp、Leu、Val、Phe 和 His 上调了草鱼肠道和鳃紧密连接蛋白 ZO-1 和 Occludin 基因表达(Luo 等,2014;瞿彪,2014;Wen 等,2014;Feng 等,2015;Jiang 等,2015a、c)。Claudin 亚型可划分为两大类:一类是形成上皮屏障功能,如 Claudin-b、Claudin-c 和 Claudin-3;另外一类是形成离子孔道,增加通透性,如 Claudin-12 和 Claudin-15。必需氨基酸能上调草鱼肠道(Luo 等,2014;瞿彪,2014;Wen 等,2014;Feng 等,2015;Jiang 等,2015a)和鳃(邓玉平,2014;甘露,2014;李文,2014;瞿彪,2014;Feng 等,2015;Jiang 等,2015c;Wang 等,2015)的 Claudin 亚型,但作用的亚型存在较大差异,如表 5-2 所示。因此,适宜水平的必需氨基酸能够通过调节草鱼肠道和鳃 ZO-1、Occludin 和 Claudin 亚型基因表达来维持细胞间结构完整性,但 Claudin 亚型的基因表达存在差异。

表 5-2 · 必需氨基酸对草鱼肠道和鳃 Claudin 亚型的影响

器官	EAA	屏障蛋白	孔状蛋白
	Trp	↑Claudin-b、Claudin-c、Claudin-3	NS
	Val	↑Claudin-b、Claudin-c、Claudin-3	NS
肠道	Leu	↑Claudin-b、Claudin-3	↑Claudin-15
	Phe	↑Claudin-c、Claudin-3	↑Claudin-15
	His	↑Claudin-c、Claudin-3	↑Claudin-15
	Ile	↑Claudin-b、Claudin-c、Claudin-3	↓Claudin-12
	Phe	↑Claudin-b、Claudin-c、Claudin-3	↑Claudin-15
	His	↑Claudin-b、Claudin-c、Claudin-3	↑Claudin-12、Claudin-15
鳃	Trp	↑Claudin-c、Claudin-3	↓Claudin-12、Claudin-15
	Leu	↑Claudin-b、Claudin-3	↑Claudin-12
	Val	↑Claudin-b、Claudin-3	↓Claudin-15
	Arg	↑Claudin-b、Claudin-3	↑Claudin-12、↓Claudin-15

注:"↑"上调,"↓"下调,"NS"无显著差异。

必需氨基酸能够有效调控草鱼肌肉营养和风味物质组成。研究发现,适宜水平的 Lys、Met、Trp、Leu、Ile、Val、Phe、His 和 Arg 提高了草鱼肌肉蛋白质和脂肪含量,而适宜的 Thr 仅提高了草鱼肌肉蛋白质含量(Gan 等,2014;Wang 等,2015;胡晓霞,2012;瞿彪,2014;唐炳荣,2012;李文,2014;Jiang 等,2016a;洪杨,2012;罗建波,2014;唐玲,2012)。同时,鱼肌肉中谷氨酸(Glu)和天门冬氨酸(Asp)是构成"鲜味"的重要物质(Zhang 等,

2012）。研究表明,适宜水平的 Trp、Ile、Val、His 和 Arg 提高了生长期草鱼肌肉 Asp 和 Glu 含量,Leu 则提高了 Glu 含量,增加了鱼肉"鲜味"（Gan 等,2014；Wang 等,2015；瞿彪,2014；Jiang 等,2016a；罗建波,2014；Deng 等,2016）。动物蛋白质合成主要受雷帕霉素靶蛋白（TOR）信号途径调控,而磷酸化 TOR 信号分子 2 448 位丝氨酸残基在激活鱼 TOR 信号途径中起关键作用,CK2 则在激活人肺癌细胞 TOR 信号中起重要作用。研究表明,适宜水平的 Trp、Leu、Ile、Val、His 和 Arg 上调了草鱼肌肉 TOR 基因表达,Trp 提高了总 TOR 和 TOR Ser2448 磷酸化水平,Ile、Arg 上调了 CK2 mRNA 水平（Gan 等,2014；Wang 等,2015）,提高了蛋白质合成的调控能力（Gan 等,2014；Wang 等,2015；瞿彪,2014；Jiang 等,2016a；罗建波,2014；Deng 等,2016）。

必需氨基酸能够有效调控草鱼肌肉物化品质。系水力、嫩度和 pH 是评价鱼肌肉品质的重要物化指标。研究表明,适宜水平的 Lys、Met、Trp、Leu、Ile、Val、Phe、His 和 Arg 提高了草鱼肌肉系水力（Gan 等,2014；Wang 等,2015；瞿彪,2014；唐炳荣,2012；李文,2014；Jiang 等,2016a；罗建波,2014；唐玲,2012；Deng 等,2016）。胶原蛋白可通过胶合肌纤维和肌纤维束增强肌肉系水力（Johnston 等,2006）。研究表明,适宜水平的 Trp、Leu、Ile、Val、Phe、His 和 Arg 提高了草鱼肌肉胶原蛋白含量（Gan 等,2014；Wang 等,2015；瞿彪,2014；李文,2014；Jiang 等,2016a；罗建波,2014；Deng 等,2016）。鱼类肌肉嫩度需维持在适宜范围内（Johnston 等,2006）。研究表明,适宜水平的 Lys、Met、Trp、Thr、Leu、Ile、Val、Phe、His 和 Arg 使草鱼肌肉嫩度达到正常水平（Gan 等,2014；Wang 等,2015；胡晓霞,2012；瞿彪,2014；唐炳荣,2012；李文,2014；Jiang 等,2016a；洪杨,2012；罗建波,2014；唐玲,2012；Deng 等,2016）。必需氨基酸维持鱼肌肉嫩度可能与其调控了组织蛋白酶活力有关。组织蛋白酶 B 和 L 可水解鱼肌肉 α-辅肌动蛋白,增加肌肉嫩度,但组织蛋白酶 B 活力过高则会加速肌肉变质（Chéret 等,2007）。研究表明,适宜水平的 Leu、Ile、Val、Phe、His 和 Arg 均能使草鱼肌肉组织蛋白酶 B 和 L 活力保持在适宜水平（Gan 等,2014；Wang 等,2015；瞿彪,2014；李文,2014；Jiang 等,2016a；罗建波,2014；Deng 等,2016）。草鱼肌肉 pH 保持在 6.2~6.7 时肉质最佳（Li 等,2013）。研究表明,Met、Ile、His 和 Arg 缺乏导致生长期草鱼肌肉 pH 低于 6.2,而适宜水平的这些必需氨基酸可维持肌肉 pH 在最佳范围内（Gan 等,2014；Wang 等,2015；瞿彪,2014；唐炳荣,2012）。

必需氨基酸能改善草鱼肌肉抗氧化能力。维持肌肉细胞结构完整性对保证肉质质量非常重要（Zhang 等,2008）。肌肉脂肪和蛋白质的氧化损伤可导致肌肉结构性破坏,引起系水能力下降（Liu 等,2010）。研究表明,适宜水平的 Trp、Leu、Ile、Val、Phe、His 和 Arg 上调了草鱼肌肉中 CuZnSOD 等抗氧化酶基因表达并提高了酶活力以及 GSH 含量,提高了肌肉的抗氧化能力,改善了草鱼的肌肉品质（Gan 等,2014；Wang 等,2015；胡晓霞,

2012;瞿彪,2014;唐炳荣,2012;李文,2014;Jiang 等,2016a;洪杨,2012;罗建波,2014;唐玲,2012;Deng 等,2016)。

根据部分营养标识确定的草鱼必需氨基酸营养需要参数见表 5 - 3。总体而言,随着草鱼体重的增加,必需氨基酸的需要量降低,不同标识确定的需要量存在一定差异。

表 5 - 3 · 草鱼必需氨基酸营养需要参数

EAA	鱼初始体重(g)	需要量标识	模 型	需要量(g/kg 饲粮)	需要量(g/kg 蛋白)	资料来源
Lys	0.36	特异性生长率	折线法	23.9	63.4	Huang 等,2021
		饲料转化率	折线法	21.3	56.5	Huang 等,2021
	3.15	增重百分比	二次回归	20.7	54.4	Wang 等,2005
	165	增重百分比	二次回归	13.6	47.3	Hu 等,2021
		抗赤皮病发病率	二次回归	13.5	47.0	Hu 等,2021
	255	增重百分比	二次回归	14.6	47.3	Li 等,2016
	460	增重	二次回归(95%区间)	10.9	39.0	Li 等,2014
Met	0.36	特异性生长率	折线法	10.3	26.7	Ji 等,2022
		饲料转化率	折线法	10.3	26.7	Ji 等,2022
	178	增重百分比	二次回归	9.6	33.3	Fang 等,2021
		肌肉胶原蛋白含量	二次回归	9.3	32.3	Fang 等,2021
	259	特异性生长率	二次回归	10.4	34.7	唐炳荣等,2012
	450	增重百分比	二次回归(95%区间)	6.1	21.8	Wu 等,2017
Trp	287	增重百分比	二次回归	3.8	12.7	Wen 等,2014
		血浆氨含量	二次回归	3.9	13.0	Wen 等,2014
		肌肉剪切力	二次回归	3.6	12.0	Jiang 等,2016a
Thr	4.02	特异性生长率	二次回归	13.7	36.1	Gao 等,2014
	8.35	特异性生长率	折线法	17.2	49.1	文华等,2009
		饲料转化率	折线法	16.6	47.4	文华等,2009
		蛋白质沉积率	折线法	16.1	46.0	文华等,2009
		增重百分比	二次回归	14.5	44.8	Dong 等,2017
	9.53	抗肠炎发病率	二次回归	15.1	46.4	Dong 等,2017
		抗烂鳃病发病率	二次回归	15.3	47.3	Dong 等,2018
	442	增重	二次回归	11.6	41.5	Hong 等,2015

续　表

EAA	鱼初始体重（g）	需要量标识	模　型	需要量（g/kg 饲粮）	需要量（g/kg 蛋白）	资料来源
Leu	2.25	增重	折线法	15.2	46.8	黄爱霞等,2018
		饲料效率	折线法	15.3	47.1	黄爱霞等,2018
		蛋白质积累率	折线法	15.2	46.8	黄爱霞等,2018
	296	增重百分比	二次回归	13.0	42.4	Deng 等,2017
		血浆氨含量	二次回归	12.9	42.0	Deng 等,2017
Ile	8.25	增重百分比	二次回归	14.6	41.4	尚晓迪等,2009
		特异性生长率	二次回归	14.9	42.3	尚晓迪等,2009
		蛋白质效率比	二次回归	14.5	41.1	尚晓迪等,2009
		饲料系数	二次回归	14.1	40.0	尚晓迪等,2009
	257	增重百分比	二次回归	12.2	39.3	Gan 等,2014
		肌肉剪切力	二次回归	10.8	34.6	Gan 等,2014
Val	9.5	增重百分比	二次回归	15.6	48.8	Luo 等,2010
		蛋白质效率比	二次回归	15.1	47.2	Luo 等,2010
	268	增重百分比	二次回归	14.0	47.7	Luo 等,2014
Phe	3.58	增重	二次回归	17.9	48.4	Gao 等,2016a
		蛋白质效率比	二次回归	17.9	48.4	Gao 等,2016a
	13.21	增重百分比	折线法	12.7	—	孙丽慧等,2016
		饲料效率	折线法	12.2	—	孙丽慧等,2016
		蛋白质积累率	折线法	12.6	—	孙丽慧等,2016
	256	增重百分比	二次回归	10.4	34.4	Li 等,2015
Arg	3.84	特异性生长率	二次回归	21.7	57.1	Gao 等,2015
	279	增重百分比	折线法	13.5	43.6	Wang 等,2015
His	3.68	增重	二次回归	12.1	32.0	Gao 等,2016b
	280	增重百分比	二次回归	7.6	24.8	Jiang 等,2016b
		肌肉剪切力	二次回归	8.4	27.1	Wu 等,2020

5.2.2 · 脂类和必需脂肪酸需求

　　脂类是动物组织细胞的组成成分,具有提供能量、利于脂溶性维生素的吸收运输、提供必需脂肪酸、某些激素和维生素的合成原料、节约蛋白质等功能。脂类按结构可分为中性脂肪和类脂质。中性脂肪是由三分子脂肪酸和甘油形成的酯类化合物,又名甘油三酯。其中,脂肪酸包括饱和脂肪酸和不饱和脂肪酸,淡水鱼主要需要 4 种不饱和脂肪酸,即亚麻酸(ALA,18∶3n－3)、亚油酸(LNA,18∶2n－6)、二十碳五烯酸(EPA,20∶5n－3)和二十二碳六烯酸(DHA,22∶6n－3)。淡水鱼具有 $\Delta 6/\Delta 5$ －脂肪酸去饱和酶和 $\Delta 6/\Delta 5$ －脂肪酸延长酶,能将摄入体内的 ALA 及 LNA 经去饱和酶和延长酶的作用而转变成 EPA 和 DHA。因此,淡水鱼不饱和脂肪酸的研究多集中在 ALA 和 LNA 的需求量或适宜比例上。此外,类脂质则主要包括磷脂、胆固醇等。目前,草鱼主要研究了脂肪、磷脂、胆固醇的营养需求和 ALA/LNA 适宜比例。

▤ (1) 脂类(脂肪、磷脂和胆固醇)

脂肪是鱼类必需的营养物质。磷脂是动物细胞生物膜骨架的重要组成成分(Sargent 等,2002)。胆固醇也是动物细胞膜的组成成分,还是动物体内维生素 D、固醇类激素(如肾上腺皮质素)、胆汁酸和蜕壳激素等生物活性物质的前体。

① 脂类提高了草鱼生产性能和消化吸收能力:适宜水平的脂类能提高草鱼生产性能和消化吸收能力。研究表明,适宜水平的脂肪、磷脂和胆固醇提高了草鱼生长和采食量,磷脂提高了草鱼全鱼蛋白质、脂肪和钙沉积率,提高了生产性能(Chen 等,2015;Ni 等,2016;Wang 等,2018;Wu 等,2022a;陈永坡,2015)。肠道是鱼类主要的消化吸收器官,鱼类生长和营养物质的沉积与肠道的生长和功能密切相关。研究表明,适宜水平的磷脂促进了草鱼肠道的生长,提高了肠道消化酶(糜蛋白酶、胰蛋白酶、淀粉酶和脂肪酶)活力以及前、中、后肠刷状缘酶(Na^+/K^+-ATP、AKP、$\gamma-GT$、CK)活力,提高了消化吸收能力(Chen 等,2015;陈永坡,2015)。

② 脂肪促进了草鱼脂质代谢、改善了肌肉品质:脂肪作为鱼体脂质的来源,能改变草鱼脂质代谢。饲粮脂肪经消化吸收转运后可在鱼类肝脏、肌肉等组织中进行合成和分解代谢。脂肪酸的从头合成依赖脂肪酸合成酶(FAS),而分解则依赖甘油三酯脂肪酶(ATGL)和激素敏感脂肪酶(HSL)。研究发现,适宜水平的饲粮脂肪提高了草鱼肝脏和肌肉中脂肪合成关键酶 FAS、分解酶 ATGL 和 HSL 的活力,促进了草鱼肝脏和肌肉脂肪酸的合成和分解代谢(Wu 等,2022a)。进一步研究发现,脂肪提高了草鱼肌肉粗脂肪、不饱和脂肪酸(UFA)、多不饱和脂肪酸(PUFA)、n3 PUFA 和 n6 PUFA 的含量,表明饲粮脂肪对草鱼脂肪酸合成代谢的促进作用可能大于分解代谢(Wu 等,2022a)。

适宜水平的脂肪促进肌肉长链 PUFA(LC－PUFA)合成,提高了鱼肉的保健价值。鱼肉中 LC－PUFA,如 EPA 和 DHA,具有多种保健功能。研究发现,适宜水平的脂肪提高了草鱼肌肉中总 LC - PUFA、EPA 和 DHA 含量,提高了鱼肉的保健价值(Wu 等,2022a)。进一步研究发现,适宜水平的脂肪通过上调肝 X 受体 α(LXRα)/甾醇调节元件结合蛋白 1(SREBP - 1)、转录因子 Sp1(Sp1)和过氧化物酶体增殖物激活受体 α(PPARα)信号途径上调脂肪酸延长酶(ELO)和脂肪酸去饱和酶(FAD)的活力,从而促进草鱼肌肉中 LC - PUFA 的生物合成(Wu 等,2022a)。

③ 脂类维持了草鱼关键功能器官结构完整性、增强了免疫功能:脂类作为细胞膜的重要组成成分,在维持草鱼组织器官结构完整中起重要作用。研究发现,适宜水平的脂肪、磷脂和胆固醇提高了草鱼肠道 CuZnSOD 等抗氧化酶活力以及非酶抗氧化物质 GSH 含量,降低了氧化损伤;适宜水平的脂肪下调了凋亡相关蛋白 caspase 3、caspase 7、caspase 8 和 caspase 9 基因表达,抑制了细胞凋亡,维持了细胞结构完整性;同时,脂肪、磷脂和胆固醇上调了细胞间紧密连接蛋白 ZO - 1、Occludin 以及 Claudin 亚型基因表达,维持了细胞间结构完整性(Chen 等,2015;倪培珺,2016;王小中,2018)。

胆固醇作为部分激素的前体物质,能够调节草鱼的免疫反应。鱼类肠道微生物平衡在免疫反应中起重要作用。水生动物肠道嗜水气单胞菌和大肠杆菌属有害菌群,乳酸菌属有益菌群。研究发现,饲粮中适宜水平的胆固醇降低了草鱼肠道嗜水气单胞菌和大肠杆菌数量,增加了乳酸菌数量,改善了草鱼肠道微生态平衡(王小中,2018)。同时,鱼类肠道的抗菌能力与 LZ 和 ACP 酶活力、补体系统、抗菌肽和免疫球蛋白含量有关。研究发现,饲粮中适宜水平的胆固醇提高了草鱼肠道 LZ 和 ACP 酶活力及补体 C3、C4 和 IgM 的含量,上调抗菌肽 Hepcidin、LEAP - 2A、LEAP - 2B、β - defensin - 1 和 Mucin2 的基因表达,提高草鱼肠道的抗菌能力(王小中,2018)。炎症反应在免疫反应中也有重要作用,但过度的炎症反应会破坏组织器官结构,炎症反应的降低与促炎因子的降低和抗炎因子的升高有关。研究发现,饲粮中适宜水平胆固醇下调了肠道促炎因子 IL - 6、IL - 8、IL - 12p35、IL - 15、IL - 17D、TNF - α 和 IFN - γ2 的基因表达,上调了抑炎细胞因子 IL - 4/13A、IL - 4/13B、IL - 10、IL - 11 和 TGF - β1 的基因表达,缓解了肠道炎症反应(王小中,2018)。脂肪和磷脂对草鱼肠道免疫功能也有类似作用,但存在部分差异(Chen 等,2015;Feng 等,2017)。

④ 草鱼脂类需要量/适宜添加量:根据部分营养标识确定的草鱼脂类需要量/适宜添加量见表 5 - 4。随着草鱼体重的增加,满足最佳生长的脂肪需要量降低。同一阶段草鱼,提高抗病力的脂肪需要量高于满足生长的脂肪需要量,而改善肌肉品质的脂肪需要量则略低于满足生长的脂肪需要量。

表 5-4·草鱼脂类需要量/适宜添加量

脂 类	鱼初始体重(g)	需要量标识	模 型	需要量/适宜添加量(%)	资料来源
	6.57	增重百分比	二次回归	6.5	Jin 等,2013
		增重百分比	二次回归	4.37	Ni 等,2016
		抗肠炎发病率	二次回归	5.45	Feng 等,2017
脂肪	261.41	抗赤皮病发病率	二次回归	6.02	Ni 等,2016
		抗烂鳃病发病率	二次回归	5.60	Ni 等,2019
	756.57	增重百分比	二次回归	4.01	Wu 等,2022a
		肌肉剪切力	二次回归	3.65	Wu 等,2022a
磷脂	9.34	增重百分比	二次回归	3.46	Chen 等,2015
胆固醇	225.37	增重百分比	二次回归	0.721	Wang 等,2018
		抗赤皮病发病率	二次回归	0.826	Wang 等,2018

（2）适宜的亚麻酸/亚油酸比例

$\omega-3$ 和 $\omega-6$ 系列不饱和脂肪酸是鱼和虾类的必需脂肪酸,亚麻酸(ALA,18:3n-3)和亚油酸(LNA,18:2n-6)分别是 $\omega-3$ 和 $\omega-6$ 系列脂肪酸的重要成员。研究发现,LNA缺乏引起幼草鱼脊柱弯曲,而适宜比例的 ALA/LNA 则提高了幼草鱼营养物质沉积(蛋白、脂肪和灰分沉积率),促进幼草鱼的生长(Zeng 等,2016a)。鱼类生长和营养物质沉积与其消化和吸收能力密切相关。研究发现,适宜比例的 ALA/LNA 提高了幼草鱼肝胰脏及肠道消化酶胰蛋白酶、糜蛋白酶、脂肪酶及淀粉酶活力,提高了前、中、后肠 Na^+/K^+-ATP、$\gamma-GT$和 CK 活力以及前肠和后肠 AKP 活力,提高了草鱼消化吸收能力(Zeng 等,2016a)。

适宜比例的 ALA/LNA 能促进草鱼肠道健康。研究表明,适宜比例的 ALA/LNA 提高了草鱼肠道 CuZnSOD 等抗氧化酶基因表达和酶活力以及 GSH 含量,提高肠道抗氧化损伤的能力,维持了肠道细胞结构完整性;上调了紧密连接蛋白 Occludin、ZO-1 及Claudin-b、Claudin-c 和 Claudin-3 基因表达,下调了孔状疏松蛋白 Claudin-15a mRNA水平,维持了细胞间结构完整性;提高了 LA 和 ACP 活力及补体 C3 含量,并下调了促炎细胞因子 IL-1β、IL-8 和 IFN-γ2 基因表达,上调了抗炎细胞因子 IL-10 和 TGF-β1基因表达,缓解了炎性损伤,提高了免疫力,维持了肠道健康(Zeng 等,2016b)。适宜比例的 ALA/LNA 在草鱼鳃上也有类似作用,但存在部分差异(Zeng 等,2017)。

根据增重百分比进行二次回归分析,确定 8.78~72 g 的幼草鱼适宜 ALA/LNA 比例为 1.08(Zeng 等,2016a)。

5.2.3 · 碳水化合物需求

碳水化合物(糖)包括单糖、寡糖和多糖,是动物饲粮中最为广泛、使用比例最高的营养物质之一,在鱼上主要有组成体组织细胞、提供能量、合成体脂肪、合成非必需氨基酸、节约饲料蛋白质的作用。草鱼是典型的草食性鱼类,相对于肉食性和杂食性鱼类,其消化道 α-糖苷酶、淀粉酶及 β-葡萄糖酶活力更高,对碳水化合物的适应能力和利用率更强(谭崇桂等,2016)。饲粮中碳水化合物的种类和加工方式影响草鱼利用碳水化合物的能力。研究发现,草鱼对葡萄糖的利用率显著优于玉米淀粉(田丽霞等,2001),而饲料经过膨化加工能够提高草鱼对玉米淀粉的利用率(Hu 等,2018)。另外,投喂频率也影响草鱼对碳水化合物的利用。Tian 等(2010)研究发现,草鱼摄食 30% 的淀粉或葡萄糖时,投喂频率为 6 次/天组生长性能高于 2 次/天组。一般而言,草鱼饲料中可消化碳水化合物适宜量在 37%~56% 之间(麦康森,2011)。近年来,对草鱼碳水化合物适宜量的研究主要集中在适宜蛋白质/碳水化合物比例上,研究发现,草鱼体重越大对碳水化合物的利用能力越强(表 5-5)。

表 5-5 · 不同阶段草鱼蛋白质和碳水化合物的最佳组合

阶 段	鱼初始体重(g)	蛋白质+碳水化合物最佳组合	资料来源
幼草鱼	7.02	31%蛋白+30%碳水化合物	蒋阳阳等,2016
	399	28%蛋白+34%碳水化合物	胡毅等,2018
生长期草鱼	460	28%蛋白+35%碳水化合物	董小林等,2019
	619	28%蛋白+37%碳水化合物	唐娜娜,2021
成鱼	1 970	20%蛋白+40%碳水化合物	董小林等,2019

5.2.4 · 矿物质需求

矿物元素是一大类无机营养素,可分为必需、无害和有害三类。必需矿物元素指动物生理过程和体内代谢必不可少的矿物元素,主要生理功能有:① 作为骨骼、牙齿、甲壳及其他体组织的构成成分;② 作为体液中的电解质,维持体液的渗透压和酸碱平衡;③ 作为酶的辅基或激活剂;④ 构成特殊化合物,如激素,参与体内的代谢调节;⑤ 维持神经、肌肉的正常功能。必需矿物元素包括常量和微量矿物元素两大类。常量必需矿物元素常包括钙、磷、镁、钠、钾、氯和硫 7 种,微量矿物元素常包括铁、铜、锰、锌、硒、碘、钴、钼、氟、铬、镍、钒、锡、硼和硅 15 种。目前,已研究了草鱼 4 种常量矿物元素(钙、磷、镁、钾）和 7 种微量矿物元素（铁、铜、锰、锌、硒、钴和铬）的营养需求。

■ **（1）常量矿物元素**

① 钙和磷：现代动物生产条件下，钙和磷尤其是磷已成为配合饲料必须考虑的、添加量较大的营养素。鱼体内 99% 的钙和 80% 的磷存于骨骼、牙齿和鳞片中。研究发现，适宜水平的钙和磷提高了草鱼全鱼和（或）脊柱和（或）鳞片对钙或磷的沉积（Liang 等，2012a，b），提高了草鱼的饲料效率，促进了生长（Liang 等，2012a，b；Wen 等，2015；温静，2013）。

磷作为三磷酸腺苷、核酸、磷脂、细胞膜和多种辅酶的重要组成成分，在器官发育、组织器官结构完整性和免疫功能中也发挥重要作用。研究发现，适宜水平的磷提高了草鱼肝胰脏重量、肠重和肠长，促进了消化器官的生长发育；提高了黏膜免疫器官（肠道、鳃、皮肤）和中枢免疫器官（头肾、脾脏）中 CuZnSOD 等抗氧化酶活力，降低了氧化损伤，维持了功能器官结构完整性；提高了溶菌酶活力、补体 C3 和 IgM 含量，提高了免疫功能，降低了草鱼肠炎、赤皮病和烂鳃病的发病率（Wen 等，2015；温静，2013；Chen 等，2017、2018、2019）；提高了肌肉 SOD 等抗氧化酶活力及非酶抗氧化物质 GSH 含量，降低了脂质过氧化和蛋白质氧化，维持了肌肉细胞结构完整性，改善了肌肉品质（Wen 等，2015）。

② 镁：镁在分布和代谢上与钙和磷关系都很密切。鱼体内约 60% 的镁储存于骨骼，约 40% 的镁分布在各器官、肌肉组织和细胞外液中。研究发现，适宜水平的镁提高了幼草鱼全鱼、脊椎和肌肉中镁的含量，提高了幼草鱼和生长期草鱼的生产性能（Liang 等，2012c；Wang 等，2011；Wei 等，2018）。镁能调节神经、肌肉的兴奋性，保证神经、肌肉的正常功能，因此在调节草鱼肌肉品质上也起一定作用。研究发现，镁增加了草鱼肌肉粗蛋白含量、剪切力和 pH，降低了蒸煮损失，改善了鱼肉品质；提高 CAT 等抗氧化酶活力，降低了肌肉氧化损伤（魏硕鹏，2018）。此外，镁在调节草鱼健康上也起重要作用。研究发现，适宜水平的镁提高了草鱼关键功能器官抗氧化能力、抑制细胞凋亡、上调紧密连接蛋白表达，保证结构完整性；通过提高这些器官的免疫物质含量或活力、抗菌肽的基因表达以及降低炎症反应，提高免疫功能，降低了肠炎、赤皮病、烂鳃病的发病率（魏硕鹏，2018）。

③ 钾：钾是生物体中最丰富的电解质之一，具有维持渗透压和酸碱平衡、控制营养物质进入细胞和水代谢调节的功能。研究发现，适宜水平的钾提高了幼草鱼全鱼中钾含量，提高了饲料效率，促进了生长（Liang 等，2014；Zhu 等，2014；Chen 等，2016）。Na^+/K^+-ATP 酶是广泛存在细胞膜上调控 Na^+ 转出和 K^+ 转入细胞的酶（Liang 等，2014），而鳃是调节淡水鱼渗透压的重要器官。研究发现，饲粮钾对幼草鱼和生长期草鱼鳃 Na^+/K^+-ATP 酶活力均有提高作用（Liang 等，2014；Zhu 等，2014；Chen 等，2016），在调解渗透压方面起到重要作用。

④ 草鱼常量矿物元素需要量参数：根据部分标识确定的草鱼常量矿物元素需要量
参数见表5-6。总体而言，随着鱼体重（规格）的增加，磷和钾的需要量降低，而镁的需要
量则略有升高。

表5-6·草鱼对常量矿物元素的需要量

常量元素	鱼初始体重(g)	需要量标识	模　型	需要量(g/kg饲粮)	资料来源
钙	4.52	增重百分比	三次回归	9.85	Liang 等,2012b
		全鱼钙含量	三次回归	10.2	Liang 等,2012b
		脊椎钙含量	三次回归	10.4	Liang 等,2012b
磷	5.59	增重	折线法	8.43	Liang 等,2012a
		鳞片磷含量	折线法	8.49	Liang 等,2012a
		全鱼磷含量	折线法	7.53	Liang 等,2012a
	280	增重百分比	折线法	4.0	Wen 等,2015
		血清磷水平	折线法	5.6	Wen 等,2015
	254.56	增重百分比	折线法	4.10	Chen 等,2017
		抗肠炎发病率	折线法	4.68	Chen 等,2018
		抗赤皮病发病率	折线法	4.13	Chen 等,2017
		抗烂鳃病发病率	折线法	5.77	Chen 等,2019
镁	5.56	增重	折线法	0.64	Liang 等,2012c
		全鱼镁含量	折线法	0.69	Liang 等,2012c
		肌肉镁含量	折线法	0.45	Liang 等,2012c
	7.69	增重	二次回归	0.71	Wang 等,2011
		脊椎镁含量	折线法	0.63	Wang 等,2011
	223.85	增重百分比	二次回归	0.77	Wei 等,2018
钾	3.96	增重	三次回归	9.98	Liang 等,2014
		全鱼钾含量	折线法	9.45	Liang 等,2014
		鳃 Na^+/K^+-ATP 酶活力	三次回归	9.99	Liang 等,2014
	4.8	特异性生长率	三次回归	4.65	Zhu 等,2014
		全鱼钾含量	折线法	5.98	Zhu 等,2014
		鳃 Na^+/K^+-ATP 酶活力	二次回归	7.27	Zhu 等,2014
	331.3	特异性生长率	折线法	5.38	Chen 等,2016
		鳃 Na^+/K^+-ATP 酶活力	三次回归	7.41	Chen 等,2016

（2）微量矿物元素

① 铁、铜、锰、锌、硒：铁、铜、锰、锌、硒是鱼类必需的微量矿物元素,均参与体内酶或载体的组成,在体内营养物质代谢中起重要作用。研究发现,适宜水平的铁、铜、锰、锌、硒提高了草鱼采食量和饲料效率,促进了生长;铜和锰提高了草鱼肝胰脏重量、肠重、肠长以及胰腺胰蛋白酶和脂肪酶活力,提高了刷状缘酶 Na$^+$/K$^+$- ATP、AKP、γ - GT 和 CK 活力,提高了消化吸收能力(Tang 等,2016;Wu 等,2015;Zhang 等,2016;Tang 等,2013;Zheng 等,2018)。

适宜水平的铁、锰、锌、硒能维持草鱼关键功能器官生长和健康。研究发现,适宜水平的铜、铁和锌提高了草鱼头肾和脾脏重量,促进了免疫器官的生长(唐青青,2013;伍云萍,2013;张丽,2013)。器官的生长发育与其结构和免疫功能密切相关。研究发现,适宜水平的铁、锌、锰和硒提高了草鱼黏膜免疫器官(肠道、鳃、皮肤)和中枢免疫器官(头肾、脾脏)中 SOD 等抗氧化酶活力及非酶抗氧化物质 GSH 含量,降低了氧化损伤,并能下调凋亡蛋白 Capase - 3、Capase - 8 和 Capase - 9 的基因表达,抑制了凋亡,维持了细胞结构完整性;上调了紧密连接蛋白 Claudin - b、Claudin - c、Claudin - 3 和 Claudin - 15 基因表达维持了细胞间结构完整性;提高了 LA 活力、补体 C3 和 IgM 含量,提高了草鱼非特异性和特异性免疫能力;下调促炎因子 IL - 1、IL - 8 和 TNF - α 基因表达,上调抗炎因子 IL - 10 和 TGF - β1 的基因表达,降低了炎性损伤(Tang 等,2013、2016;Jiang 等,2015b;Zheng 等,2018;Guo 等,2017、2018、2019;Song 等,2017;Jiang 等,2017)。因此,适宜水平的铁、锰、锌、硒提高了草鱼关键功能器官的结构完整性和免疫功能。

适宜水平的铁、铜、锰、锌改善了草鱼肌肉品质。研究表明,适宜水平的铁、铜、锰和锌提高了生长期草鱼肌肉的系水力,铁、铜和锌提高了肌肉嫩度,铜、锰和锌提高了肌肉胶原蛋白含量,锰和锌提高了肌肉 pH,改善了肌肉品质(Wu 等,2015;Zhang 等,2016;Tang 等,2013;唐青青,2013;Jiang 等,2016c)。

② 钴和铬：动物体内钴和铬分布较广,浓度较低,集中分布不明显。钴是维生素 B$_{12}$ 的构成成分,还能以辅酶的形式影响酶活性,参与许多生化反应。铬则是葡萄糖耐受因子的组成成分,有类似胰岛素的生物活性,对调节碳水化合物、脂肪和蛋白质代谢有重要作用。研究发现,适宜水平的钴和铬能提高幼草鱼饲料效率、蛋白质效率比,促进生长;铬还能提高草鱼血清胰岛素水平,调节蛋白质和脂质代谢(Liu 等,2010;袁丹宁等,2009)。

③ 草鱼微量矿物元素营养需要参数：根据部分标识确定的草鱼微量矿物元素营养需要参数见表 5 - 7。总体而言,根据不同标识确定的草鱼微量矿物元素需要量比较接近。

表 5-7 · 草鱼微量元素营养需要参数

微量元素	鱼初始体重(g)	需要量标识	模 型	需要量(mg/kg 饲粮)	资料来源
铁	292	增重百分比	二次回归	73.500	Zhang 等,2016
		血清铁水平	二次回归	72.800	Zhang 等,2016
		血红蛋白含量	二次回归	69.000	Zhang 等,2016
	242.32	增重百分比	二次回归	75.650	Guo 等,2017
		抗肠炎发病率	二次回归	83.370	Guo 等,2019
		抗赤皮病发病率	二次回归	87.030	Guo 等,2017
		抗烂鳃病发病率	二次回归	76.520	Guo 等,2018
铜	282	增重百分比	二次回归	4.780	Tang 等,2013
		饲料效率	二次回归	4.700	Tang 等,2013
		血浆铜蓝蛋白含量	二次回归	4.950	Tang 等,2013
锰	3.97	增重百分比	折线法	19.500	Liang 等,2015
		全鱼锰含量	折线法	19.200	Liang 等,2015
		脊椎锰含量	折线法	20.600	Liang 等,2015
		鳞片锰含量	折线法	20.100	Liang 等,2015
	264	增重百分比	二次回归	16.910	Tang 等,2016
		肌肉剪切力	二次回归	17.180	Jiang 等,2016c
锌	3.97	全鱼锌含量	折线法	53.800	Liang 等,2012d
		鳞片锌含量	折线法	55.100	Liang 等,2012d
		脊椎锌含量	折线法	51.800	Liang 等,2012d
	257	增重百分比	二次回归	56.900	Wu 等,2015
		血清锌水平	折线法	54.300	Wu 等,2015
	244.14	增重百分比	二次回归	61.200	Song 等,2017
		抗肠炎发病率	二次回归	61.400	Song 等,2017
硒	11.2	增重百分比	折线法	0.830	Liu 等,2018
	226.48	增重百分比	二次回归	0.546	Zheng 等,2018
		抗赤皮病发病率	二次回归	0.575	Zheng 等,2018
钴	3.21	特异性生长率	折线法	0.190	袁丹宁等,2009
		肾脏钴含量	折线法	0.200	袁丹宁等,2009
铬	12.78	生长	直接法	0.800	Liu 等,2010

5.2.5 · 维生素需求

维生素是一类有机化合物,是维持动物正常生长、发育和繁殖所必需的微量营养素,其主要作用是作为辅酶参与物质代谢和能量代谢的调控、作为生理活性物质直接参与生理活动、作为生物体内的抗氧化剂保护细胞和器官组织的正常结构和生理功能,还有部分维生素参与细胞的结构组成。维生素种类多,化学组成、性质各异,一般按其溶解性分为脂溶性维生素和水溶性维生素两大类。

(1) 脂溶性维生素

脂溶性维生素不溶于水,而易溶于脂肪及脂溶性溶剂如乙醚、氯仿等,在饲料中通常与脂肪共存,其在动物体内的吸收也依赖于脂肪的存在,可在动物体内贮存,因此长期过量供给可能导致动物出现中毒反应。脂溶性维生素包括维生素 A、维生素 D、维生素 E 和维生素 K,其在动物体内的主要功能各异。

维生素 A 是含有 β-白芷酮环的不饱和一元醇,有 3 种基本形式:视黄醇、视黄醛和视黄酸。视黄醇和视黄醛能相互转变;视黄酸能由视黄醛转变生成,但不能转变成视黄醛和视黄醇。鱼类可以利用 β-胡萝卜素合成维生素 A。维生素 A 在动物体内的功能主要是参与眼睛视网膜光敏物质视紫红质的生成,维持正常的视觉功能;同时,维生素 A 在细胞增殖分化、免疫应答、繁殖功能、抗氧化功能、骨骼生长发育中也具有重要的调控作用。研究表明,维生素 A 缺乏导致幼草鱼眼球突出和尾鳍充血(蒋明等,2012),适宜水平的维生素 A 提高了草鱼采食量和饲料效率,促进了生长(蒋明等,2012;Zhang 等,2017);提高了生长中期草鱼肌肉抗氧化能力、系水力、pH 和韧性,改善了肌肉品质(Wu 等,2022)。此外,适宜水平的维生素 A 抑制了生长中期草鱼前肠、中肠、后肠、鳃、皮肤、头肾、脾脏细胞凋亡,上调了 Nrf2 信号途径关键基因表达,提高了抗氧化能力,维持了细胞结构完整;上调了细胞间紧密连接蛋白基因表达,维持了细胞间结构完整;缓解了肠道等器官炎症反应,增强了其免疫功能(张丽,2016)。

维生素 D 是一类固醇类衍生物,不同维生素 D 分子结构中均含有胆固醇结构,侧链结构存在差异。维生素 D_2(麦角钙化醇)和维生素 D_3(胆钙化醇)是最常见的维生素 D 形式。维生素 D 在动物体内的功能主要是调控钙、磷的吸收和稳态,同时在调控脂质代谢、免疫功能方面也具有重要作用。研究发现,适宜水平的维生素 D 提高了生长中期草鱼生产性能,上调了肠道 TOR 信号途径关键蛋白以及肠道氨基酸转运载体表达,增强了肠道吸收能力(Zhang 等,2022)。

维生素 E 是一类生育酚类物质的总称,主要有 8 种活性形式,分为生育酚和生育三烯酚两类,其中 α-生育酚的生理活性最强。维生素 E 在动物体内的生理功能主要有抗氧化作用、生殖调控、缓解重金属中毒和免疫调控。在草鱼上研究表明,维生素 E 缺乏导致幼草鱼肌肉萎缩和脊柱弯曲(Takeuchi 等,1992);适宜水平维生素 E 则提高了草鱼生长性能(潘加红,2016;Li 等,2014;Pan 等,2017),提高了生长中期草鱼肌肉抗氧化能力、肌肉系水力,改善了肌肉品质(潘加红,2016)。同时,适宜水平维生素 E 上调了生长中期草鱼前肠、中肠、后肠、鳃、皮肤、头肾、脾脏 Nrf2 信号途径关键基因和 CuZnSOD 等抗氧化酶基因表达,增强了抗氧化能力;下调了 caspase 3 等基因表达,抑制了细胞凋亡;上调了 Claudin-b 等细胞间紧密连接蛋白基因表达,维持了细胞间结构完整性;提高了溶菌酶等免疫分子的活性、含量或表达,下调了 TNF-α 等促炎细胞因子表达、上调了 IL-10 等抗炎细胞因子基因表达,提高了免疫功能,降低了草鱼肠炎、赤皮和烂鳃病发病率(潘加红, 2016)。

维生素 K 是一类具有 2-甲基-1,4 萘醌结构的化合物,主要包括维生素 K_1,即 2-甲基-3-酯基-1,4-萘醌,主要存在于植物体内;维生素 K_2,即多戊烯基甲萘醌,主要存在于微生物中;维生素 K_3,即 2-甲基萘醌,为人工合成的维生素 K。维生素 K 在动物体内的主要功能是参与凝血反应,同时也能调控鱼类骨骼发育、繁殖性能和抗氧化能力。目前,关于草鱼维生素 K 需要量未见报道,实际生产中草鱼一般不易出现维生素 K 缺乏症。

以不同标识确定的草鱼维生素 A、维生素 D 和维生素 E 需要量见表 5-8。一般而言,以疾病抵抗力相关指标确定的生长中期草鱼维生素 A 和维生素 E 需要量略高于以生产性能确定的需要量。

表 5-8·草鱼维生素 A、维生素 D 和维生素 E 需要量参数

脂溶性维生素种类	草鱼初始体重(g)	确定标识	需要量	参考文献
维生素 A	10	增重率	1 653 IU/kg	蒋明等,2012
		增重百分比	1 929 IU/kg	Zhang 等,2017
		肠炎发病率	2 048 IU/kg	Zhang 等,2017
	262	烂鳃病发病率	1 991 IU/kg	Jiang 等,2022
		赤皮病发病率	1 983 IU/kg	张丽,2016
		肌肉剪切力	2 080 IU/kg	Wu 等,2022
维生素 D	257	增重百分比	968.33 IU/kg	Zhang 等,2022
		饲料效率	1 005.00 IU/kg	Zhang 等,2022

脂溶性维生素种类	草鱼初始体重(g)	确 定 标 识	需 要 量	参考文献
	4.5	肌肉萎缩和组织 α-生育酚含量	200 mg/kg	Takeuchi 等,1992
维生素 E	11.2	增重	100.36 mg/kg	Li 等,2014
	266	增重百分比	116.2 mg/kg	Pan 等,2017
		赤皮病发病率	130.9 mg/kg	Pan 等,2017

▪ (2) 水溶性维生素

水溶性维生素通常包括 8 种 B 族维生素、肌醇、胆碱、维生素 C 及硫辛酸(也被归为类维生素)等,其多数易溶于水,但结构和生理功能各异。B 族维生素主要是以辅酶或辅基参与动物体内物质、能量代谢的调控;肌醇和胆碱则能参与细胞膜组成,同时参与机体多种生物学过程的调控;维生素 C 和硫辛酸主要以生物活性物质参与代谢调控。

B 族维生素包括硫胺素(维生素 B_1)、核黄素(维生素 B_2)、烟酸(维生素 B_3)、泛酸(维生素 B_5)、吡哆醇(维生素 B_6)、生物素(维生素 B_7)、叶酸(维生素 B_9)和维生素 B_{12},主要以辅酶或辅基参与动物体内氧化还原反应、羧化或脱羧反应、转氨或脱氨反应、甲基化反应等代谢过程进而调控三大营养物质代谢、能量代谢以及核酸代谢。研究发现,烟酸缺乏引起生长中期草鱼尾鳍糜烂和脊柱弯曲;而适宜水平的 8 种 B 族维生素提高了生长期草鱼增重、采食量及饲料效率,促进了草鱼生长(Chen 等,2015a;He 等,2020;Jiang 等,2014;Li 等,2015;Li 等,2016;Shi 等,2015;Wen 等,2015;Zheng 等,2017;吴凡等,2008)。同时,适宜水平的硫胺素、核黄素、泛酸、吡哆醇和叶酸提高了草鱼肌肉粗蛋白质、粗脂肪以及 Glu 等"鲜味氨基酸"含量,提高了肌肉系水力、韧性,增强了肌肉抗氧化能力,改善了草鱼肌肉品质(Jiang 等,2019;Shi 等,2020;李莉,2015;文玲梅,2015;郑欣,2017)。进一步研究发现,适宜水平的烟酸和叶酸促进了草鱼消化器官生长发育,上调了肝胰脏和肠道 TOR 和 S6K1 基因表达以及胰腺胰蛋白酶等消化酶、刷状缘酶、SLC7A7 等氨基酸转运载体基因表达,提高了草鱼消化吸收能力(Li 等,2016)。适宜水平的硫胺素、核黄素、泛酸、烟酸、吡哆醇和叶酸提高了草鱼前肠、中肠、后肠以及鳃溶菌酶等免疫因子活力和含量,上调了 Hepcidin 等抗菌肽和 IL-10 等抗炎细胞因子基因表达,下调了 TNF-α 等促炎细胞因子基因表达,抑制了过度炎症反应,增强了肠道和鳃的免疫功能(Chen 等,2015a;Li 等,2015;Shi 等,2015;Wen 等,2015;Zheng 等,2017;Jiang 等,2022;

Zheng 等,2020);提高了抗氧化酶基因表达和活力,降低了组织器官氧化损伤;下调了信号分子 MLCK 基因表达,上调了 Occludin 等紧密连接蛋白基因表达,维持了细胞间结构完整性(Chen 等,2015a;Li 等,2015;Shi 等,2015;Wen 等,2015;Jiang 等,2022;Zheng 等,2020;Li 等,2017;徐慧君,2016)。然而,水溶性维生素对 Claudins 亚型的影响存在差异。此外,适宜水平的吡哆醇和生物素也能增强草鱼头肾、脾脏和(或)皮肤抗氧化能力、抑制细胞凋亡、上调紧密连接蛋白表达,保证草鱼头肾、脾脏和(或)皮肤结构完整性(He 等,2020;郑欣,2017)。

肌醇和胆碱不仅参与生物膜的构成,而且参与机体部分代谢过程的调控,如脂质代谢、抗氧化反应、免疫应答、信号传导等。此外,肌醇还具有渗透压调节作用,胆碱则是重要的甲基供体和神经递质乙酰胆碱的前体物。在草鱼上研究发现,适宜水平的肌醇和胆碱促进了草鱼生长(Li 等,2017;Yuan 等,2020a;Zhao 等,2015);胆碱还能促进草鱼消化器官生长发育,上调肠道氨基酸转运载体基因表达,提高草鱼消化吸收能力(Yuan 等,2020a)。同时,适宜水平的肌醇和胆碱能提高生长中期草鱼肌肉蛋白质和脂肪含量,改善肌肉系水力、硬度和 pH 等理化特性,增强肌肉抗氧化能力,改善草鱼肌肉品质(Zhao 等,2015;李双安,2017)。此外,适宜水平肌醇和胆碱增强了草鱼前、中、后肠以及鳃免疫功能和抗氧化功能,抑制了细胞凋亡、上调了紧密连接蛋白表达,保证了肠道和鳃结构与功能正常(Jiang 等,2022;Li 等,2017;Yuan 等,2020b)。

维生素 C 又名抗坏血酸,通常指一类具有抗坏血酸活性的化合物,主要包括还原型维生素 C 和氧化型维生素 C(脱氢抗坏血酸)。维生素 C 是动物体内重要的抗氧化剂,在缓解重金属中毒、促进维生素 E 再生等方面有重要作用;同时,维生素 C 通过参与羟化反应,在胶原蛋白生成、类固醇合成与转变等过程中发挥调控作用;维生素 C 还具有促进铁离子吸收和利用、免疫调节等作用。在草鱼上,适宜水平维生素 C 提高了生长期草鱼增重、采食量及饲料效率;提高了生长中期草鱼肌肉营养物质(粗蛋白、粗脂肪、必需氨基酸、多不饱和脂肪酸等)含量,改善了 pH、硬度、系水力,改善了肌肉品质;同时,适宜水平的维生素 C 能提高生长中期草鱼肠道、头肾、脾脏、皮肤和鳃抗氧化能力,抑制细胞凋亡,改善细胞间紧密连接结构,增强免疫功能,从而提高草鱼疾病抵抗力(徐慧君,2016;Xu 等,2016)。

硫辛酸是一种功能性的类维生素,在动物体内主要作为丙酮酸氧化脱羧酶、α-酮戊二酸脱氢酶等酶的辅酶参与能量和氨基酸代谢,同时具有较强的抗氧化作用和免疫调节功能。研究发现,适宜水平的硫辛酸提高了生长中期草鱼生产性能;提高了肌肉营养物质(蛋白质和脂肪)含量,改善了鱼肉理化特性(嫩度、系水力和 pH)、风味(游离氨基酸)和保健性能(多不饱和脂肪酸)。此外,研究发现,适宜水平的硫辛酸还具有增强草鱼肠道、头肾、脾脏、皮肤和鳃等功能器官抗氧化功能,抑制细胞凋亡,增强细胞间结构完整性的作用;同时硫辛酸还具有提高肠道等组织器官抗菌能力,抑制炎症反应,增强器官免疫功能的作用(刘华西,2018)。

根据不同标识确定的生长期草鱼水溶性维生素营养需要参数见表5-9。以肠道免疫力确定的生长中期草鱼硫胺素和烟酸需要量略高于以生产性能确定的需要量。以疾病抵抗力相关指标确定的生长中期草鱼吡哆醇、生物素、胆碱、肌醇、维生素 C 和硫辛酸需要量略高于以生产性能确定的需要量。以增重确定的幼草鱼硫胺素和胆碱需要量略高于生长中期草鱼需要量。

表 5-9 · 草鱼水溶性维生素营养需要参数

维 生 素	鱼初始体重(g)	需 要 量 标 识	需要量(mg/kg 饲粮)	资料来源
硫胺素	10.7	增重率	1.3	Jiang 等,2014
		最大肝沉积	5.0	Jiang 等,2014
	242	增重百分比	0.90	Wen 等,2015
		肠道溶菌酶活力	1.15	Wen 等,2015
核黄素	276	增重百分比	5.85	Chen 等,2015a
泛酸	253	增重百分比	37.73	Li 等,2015
烟酸	12.43	特定生长率	25.5	吴凡等,2008
	255	增重百分比	34.01	Li 等,2016
吡哆醇	231	增重百分比	4.43	Zheng 等,2017
		肠炎抵抗力	4.75	Zheng 等,2017
		烂鳃病抵抗力	4.85	Zheng 等,2020
生物素	117	增重百分比	0.210	He 等,2020
		赤皮病抵抗力	0.230	He 等,2020
叶酸	267	增重百分比	1.60	Shi 等,2015
维生素 B$_{12}$	6	特定生长率	0.094	吴凡等,2007
胆碱	9.28	增重百分比	1 330.7	Yuan 等,2020a
		烂鳃病抵抗力	1 548.1	Yuan 等,2020b
	267	增重百分比	1 136.5	Zhao 等,2015
肌醇	221	增重百分比	276.7	Li 等,2017
		烂鳃病抵抗力	285.8	Jiang 等,2022

维 生 素	鱼初始体重(g)	需 要 量 标 识	需要量(mg/kg 饲粮)	资料来源
维生素 C	3.39	血清维生素 C 含量	334	Han 等,2019
		肝脏维生素 C 含量	307	Han 等,2019
	265	增重百分比	92.8	Xu 等,2016a
		赤皮病抵抗力	122.9	Xu 等,2016a
		烂鳃病抵抗力	156.0	Xu 等,2016b
		鳃维生素 C 含量	110.8	Xu 等,2016b
硫辛酸	216	增重百分比	315.37	Liu 等,2018
		赤皮病抵抗力	382.33	Liu 等,2018

5.2.6 · 能量需求

目前关于草鱼能量需求的研究较少。有研究表明,饲粮可消化能水平超过
12.58 kJ/g 时,降低了幼草鱼增重、饲料效率和蛋白质效率比(Tian 等,2011)。

5.3

饲 料 选 择

饲料是指在合理饲喂条件下能够被动物摄取、消化、吸收和利用,可促进动物生长或
修补组织、调节动物生理过程、保证健康,且不发生毒害作用的物质。饲料既可以是单一
原料,也可以是根据养殖动物的营养需要,把多种原料混合饲喂的配合饲料。相对于配
合饲料而言,其原材料是饲料原料。饲料原料种类繁多,国际饲料分类法根据饲料的营
养特性将其分为粗饲料、青绿饲料、青贮饲料、能量饲料、蛋白质饲料、矿物质饲料、维生
素饲料和饲料添加剂。中国饲料分类法则是在国际饲料分类法基础上将饲料分成八大
类,然后结合我国传统饲料分类习惯划分为 17 个亚类。

5.3.1 · 蛋白质饲料

蛋白质饲料是指干物质中粗蛋白含量大于或等于 20%、粗纤维含量小于 18% 的饲
料,是鱼类配合饲料中最重要且比较缺乏的饲料原料。蛋白质饲料可分为植物性蛋白质

饲料、动物性蛋白质饲料、单细胞蛋白质饲料和非蛋白氮饲料等。

▪ （1）动物性蛋白质饲料

动物性蛋白质饲料主要指水产、畜禽加工、缫丝及乳品业等加工副产品。动物性蛋白质饲料粗蛋白含量高,氨基酸组成比较平衡;脂肪含量较高,但易氧化酸败,不宜长时间贮藏。草鱼饲料中常用的动物性蛋白质饲料主要包括鱼粉、鸡肉粉,亦有少量肠膜蛋白粉和昆虫粉。研究发现,7%~25.5%脱脂黑水虻幼虫粉替代豆粕(替代比例25%~100%)对草鱼生产性能均无负面影响;1.5%黑水虻幼虫粉替代20%鱼粉能够提高草鱼生长性能,3.0%肠衣蛋白粉和3.0%黑水虻幼虫粉替代40%以下鱼粉对草鱼生长性能无显著影响,但1.5%~4.5%鸡肉粉替代20%~60%鱼粉显著降低草鱼生长性能。

▪ （2）植物性蛋白质饲料

植物性蛋白质饲料包括豆类籽实、各种油料籽实提取油脂后的饼粕以及某些谷实的加工副产品等,是动物生产中使用量最多、最常见的蛋白质饲料。目前,草鱼实际生产中常用的植物性蛋白质饲料包括大豆饼粕、菜籽饼粕、棉籽饼粕、向日葵仁饼粕、棕榈仁粕、椰子粕等。豆粕、大豆浓缩蛋白和棉粕等植物性蛋白质饲料能替代草鱼饲料中的部分鱼粉。研究发现,9.8%~39.2%去皮豆粕替代部分鱼粉(替代比例为15%~60%)对幼草鱼增重、SGR无影响,而提高了饲料效率、蛋白效率比和蛋白质沉积率;但70%豆粕完全替代鱼粉降低了草鱼增重率和饲料效率。另外,36.2%豆粕和18.0%大豆浓缩蛋白混合物完全替代鱼粉提高了生长中期草鱼生产性能(Liang等,2019)。适宜水平棉粕替代鱼粉能促进幼草鱼生长,而对生长中期草鱼生长无负面影响,以生产性能确定幼草鱼饲粮中棉粕适宜添加水平为17.59%~35.18%(Liu等,2019),生长中期和生长后期草鱼饲粮中棉粕替代鱼粉的最适比例分别为43.3%(棉粕含量24.46%)和60%(棉粕含量36.95%)(Liu等,2016)。但是,5%脱毒蓖麻粕替代鱼粉比例超过40%、27%棉粕和27%菜粕等蛋白替代部分鱼粉和豆粕均降低了草鱼生产性能(Cai等,2005)。

不同的植物性蛋白质饲料可在草鱼饲料中替换使用。研究发现,16.64%棉粕替代豆粕(替代比例35%)、55.9%棉籽粕和57.9%向日葵仁粕完全替代豆粕、14.01%~42.03%的蚕豆粕替代豆粕(替代比例分别为9%~27%、45%)、16%菜粕替代豆粕对草鱼生产性能均无负面影响(Tan等,2013;Zheng等,2012;Gan等,2017);但棉粕和蚕豆粕替代豆粕比例分别超过68%和45%、32%以上菜粕等氮替代豆粕、65.3%玉米粕完全替代豆粕则降低了幼草鱼生产性能(Tan等,2013;Zheng等,2012;Gan等,2017)。不同菜籽饼粕在草鱼饲料中的添加水平存在差异。以不影响生长为标识,草鱼饲料中印度菜籽粕添加水平应小于 20%,冷生榨菜籽饼和加拿大菜籽粕添加水平应控制在 20%～35%(陈路斯等,2020)。同时,不同棉粕对草鱼的影响也存在差异。与高蛋白棉粕和棉籽蛋白相比,饲料中添加普通棉粕能提高幼草鱼增重和 SGR。

另外,DDGS、发酵芝麻粕、酶解蛋白等经过生物处理的植物性蛋白质饲料在草鱼上也有少量应用。研究发现,20.6%DDGS 等氮替代棉籽粕、28.1%～32.1%DDGS 等氮替代菜粕均能提高幼草鱼生产性能(Kong 等,2021;Abouel 等,2021);而用 5%～15%发酵芝麻粕等氮替代菜粕(替代比例为 11.8%～35.1%)对草鱼生产性能无负面影响(宋鹏等,2019)。饲粮中添加适宜水平酶解大豆蛋白(ETSP)提高了生长中期草鱼生产性能,提高了肌肉抗氧化能力,改善了肌肉品质;同时,提高了头肾、脾脏和皮肤免疫力,缓解了炎症反应,增强了草鱼疾病抵抗力;以最佳生长、赤皮抵抗力、头肾 C3 含量和脾脏 C4 含量确定生长中期草鱼饲粮(26%粗蛋白)中 ETSP 最适添加水平分别为 1.20%、1.03%、1.48%和 1.61%(Song 等,2020a;Song 等,2020b)。

■(3)单细胞蛋白质饲料

单细胞蛋白质是单细胞或具有简单构造的多细胞生物的菌体蛋白的统称。单细胞蛋白质饲料则是由单细胞生物个体组成的蛋白质含量较高的饲料。目前可供作饲料的单细胞蛋白质微生物主要包括酵母、霉菌、藻类和非病原性细菌。草鱼饲料中单细胞蛋白质饲料应用较少。零星研究发现,5%～10%乙醇梭菌蛋白等氮替代豆粕提高了幼草鱼增重率、SGR,降低了饲料系数(魏洪城等,2018)。

5.3.2 · 油脂类饲料

油脂的化学本质是酰基甘油,主要是甘油三酯。常温下呈液态的酰基甘油称油,呈固态的称脂。饲用油脂主要成分为甘油酯,按其来源可分为动物油脂、植物油脂、饲料级水解油脂和粉末状油脂。在水产饲料中常用的油脂有鱼油、大豆油、玉米油等。在草鱼上,植物油可部分替代饲料中的鱼油。与鱼油相比,5%大豆油对幼草鱼生产性能无负面影响(Liu 等,2022),而 2%～10%玉米油和亚麻籽油混合物提高了幼草鱼生产性能(Du 等,2008)。

5.3.3 · 饲料添加剂

饲料添加剂指为了保证或改善饲料品质,促进饲养动物生产,保障饲养动物健康,提高饲料利用率而添加到饲料中的少量或微量物质。饲料添加剂一般包括营养性添加剂和非营养性添加剂,前者主要用于补充饲料营养物质的不足,如氨基酸、矿物质、维生素;

后者主要用于改善饲料品质和强化养殖动物饲养效果,如抗氧化剂、防霉剂、诱食剂、酶制剂、免疫增强剂、微生态制剂等。

■（1）氨基酸添加剂

由于鱼粉资源短缺和价格昂贵,草鱼饲料中植物性蛋白原料使用比例通常较高,常导致饲料中赖氨酸和蛋氨酸不足。目前,主要通过添加人工化学合成或微生物发酵生产的晶体氨基酸或其衍生物来平衡饲料中必需氨基酸组成,满足草鱼的营养需要。80%赖氨酸硫酸盐(简称80-Lys)是一种比赖氨酸盐酸盐生产更环保且成本更低廉的合成赖氨酸。蛋氨酸羟基类似物(MHA)、蛋氨酸二肽(Met-Met)则是蛋氨酸衍生物,均比晶体蛋氨酸更稳定。研究表明,适宜水平的 MHA 提高了草鱼增重、采食量和饲料效率,提高了肝脏和肌肉氨基酸代谢关键酶 GOT 和 GPT 活力,降低了血浆氨含量,促进了蛋白质合成;同时,提高了肌肉系水力和pH,改善了肌肉品质,且作用效果优于 DL-Met(潘飞雨,2016)。进一步研究发现,适宜水平的 MHA 提高了生长中期草鱼肠道、头肾、脾脏、皮肤和鳃抗氧化能力和免疫功能,增强了草鱼疾病抵抗力(潘飞雨,2016)。蛋氨酸二肽(Su等,2018;苏玥宁,2017)和80-Lys(胡凯等,2017)在草鱼上也有类似作用,且作用效果分别优于 DL-Met 和 98-Lys。

以 PWG 或 SGR 为标识,确定草鱼饲粮中 MHA、Met-Met 和 80-Lys 适宜添加水平分别为5.21 g/kg、1.61 g/kg 和 1.31%,以肠道等组织器官健康确定的 MHA 和 Met-Met 最适添加量略高于以生产性能确定的添加量(表5-10)。

表5-10·草鱼饲粮中合成氨基酸或氨基酸衍生物最适添加量

添加物质	草鱼初始体重(g)	确定标识	最适添加量	参考文献
MHA	255.0	增重百分比	5.21 g/kg	Pan 等,2016
		赤皮病抵抗力	5.76 g/kg	Pan 等,2016
Met-Met	10.1	增重百分比	1.61 g/kg	Su 等,2018
		肠炎抵抗力	1.64 g/kg	Su 等,2018
80-Lys	276.0	特定生长率	1.31%	胡凯等,2017
		饲料效率	1.27%	胡凯等,2017

■（2）非营养性添加剂

诱食剂主要是用于提高配合饲料的适口性,诱引和促进动物摄食。牛磺酸、DMPT、核苷酸、甜菜碱等具有很好的诱食作用,能促进鱼类摄食。研究发现,植物蛋白饲粮中添加适宜水平牛磺酸、DMPT、核苷酸、甜菜碱提高了草鱼 FI、FE 和增重百分比,促进了草鱼生长(Tie 等,2019;Liu 等,2019;Sun 等,2020;Yan 等,2019)。进一步研究揭示了牛磺酸、DMPT、核苷酸可能通过调控 NF-κB 和 TOR 信号途径上调肠道、头肾、脾脏、鳃和皮肤 IL-10 等抗炎细胞因子 mRNA 水平,提高溶菌酶等抗菌物质活力和含量,增强草鱼免疫功能;可能通过 Nrf2 信号途径提高肠道、头肾、脾脏、鳃和皮肤抗氧化能力,抑制细胞凋亡,下调 MLCK 信号分子提高紧密连接蛋白基因表达,增强组织器官结构完整性的作用机制(Liu 等,2019;Sun 等,2020;Liu 等,2020a;Tie 等,2021;铁槐茂,2018;晏良超,2017)。此外,植物蛋白饲粮中添加适宜水平牛磺酸、DMPT、核苷酸通过 Nrf2 信号途径上调了草鱼肌肉抗氧化酶基因表达和活力,改善了肌肉系水力等物化特性;提高了肌肉蛋白质、脂肪、风味氨基酸和多不饱和脂肪酸含量,改善了鱼肉品质(Tie 等,2019;晏良超,2017;Liu 等,2020b)。根据不同标识确定草鱼饲粮中牛磺酸、DMPT、核苷酸、甜菜碱适宜添加水平见表 5-11。

表 5-11·草鱼饲粮中诱食剂适宜添加水平

添加物质	草鱼初始体重(g)	确定标识	添加剂量	参考文献
牛磺酸	255	热增重系数	0.97 g/kg	Yan 等,2019
		肠炎抵抗力	1.08 g/kg	Yan 等,2019
DMPT	216	增重百分比	282.78 mg/kg	Liu 等,2019
		采食量	278.30 mg/kg	Liu 等,2019
		烂鳃病抵抗力	291.14 mg/kg	Liu 等,2020a
		肌肉剪切力	286.52 mg/kg	Liu 等,2020b
核苷酸	200	增重百分比	517.97 mg/kg	Tie 等,2019
		肠炎抵抗力	580.35 mg/kg	Tie 等,2021
甜菜碱	210	增重百分比	4.28 g/kg	Sun 等,2020

饲用酶制剂一般采用微生物发酵技术或从动植物体内提取的方式生产,主要用于促进饲料中营养成分的分解和吸收,提高营养物质的利用率。饲用酶制剂主要分为两类:一类是外源消化酶,主要是补充动物体内消化酶分泌不足,促进营养物质的消化与吸收;另一类是外源降解酶,主要是降解动物难以消化或不能完全消化的饲料成分,提高营养物质的利用率。研究发现,在粗蛋白28%、粗脂肪6%的饲粮中添加适宜水平的外源脂肪

酶(1 193 U/kg 饲粮)促进了生长中期草鱼肠道生长发育,提高了前肠、中肠、后肠 atp1a1a. 1 等刷状缘酶基因表达以及对应的酶活力,增强了消化吸收能力,促进了生长; 同时,增强了肠道免疫力和抗氧化能力,上调了肠道紧密连接蛋白表达,促进了肠道结构 完整性(Liu 等,2016)。在植物性蛋白原料为主的饲粮中添加适宜水平的木聚糖酶 (1 527~1 608 U/kg 饲粮)对生长中期草鱼肠道免疫力和结构完整性以及生产性能也有 类似的促进作用(Jin 等,2020)。

益生元是一类不被宿主消化吸收却能选择性地促进消化道内有益菌代谢和增 殖,进而改善宿主健康的有机物质,包括多糖和寡糖。研究发现,饲粮中添加适宜水 平的菊粉、低聚木糖和甘露寡糖均能促进草鱼生长(Mo 等,2015;Lu 等,2020a;Sun 等,2021)。进一步研究发现,适宜水平的甘露寡糖能抑制 NF - κB 和激活 TOR 信号 途径,增强草鱼肠道、头肾、脾脏和皮肤免疫功能;能激活 Nrf2 和抑制 p38MAPK 信 号途径,提高肠道、头肾、脾脏和皮肤抗氧化能力,抑制细胞凋亡;下调 MLCK 和 RhoA/ROCK 信号途径,提高肠道等组织器官紧密连接和黏附连接蛋白基因表达,保 证组织器官结构完整性(Lu 等,2020a;Lu 等,2020b;Lu 等,2021)。适宜水平低聚 木糖对草鱼肠道免疫功能和结构完整性有类似作用(Sun 等,2021)。以生产性能、 肠道、头肾和脾脏等器官健康相关指标确定的草鱼饲粮中低聚木糖和甘露寡糖最适 添加量见表 5 - 12。

表 5 - 12 · 草鱼饲粮中低聚木糖和甘露寡糖适宜添加水平

添加物质	草鱼初始体重(g)	确定标识	添加剂量	参考文献
低聚木糖	167	增重百分比	51. 81 mg/kg	Sun 等,2021
		采食量	51. 61 mg/kg	Sun 等,2021
甘露寡糖	215	增重百分比	428. 5 mg/kg	Lu 等,2020a
		肠炎抵抗力	499. 1 mg/kg	Lu 等,2020a

植物提取物指以天然植物为原料,采用适当方法提取加工而成的一类生物活性物 质。因绿色、安全、高效等特点,植物提取物被广泛应用于动物生产中。研究发现,添加 适宜水平大豆异黄酮、水飞蓟素、肉桂醛、姜黄素、茶多酚、槲皮苷、荷叶乙醇提取物、条斑 紫菜多糖均促进了草鱼生长(Chen 等,2019;Xu 等,2019;Zhu 等,2019)。进一步研究发 现,肉桂醛、姜黄素、条斑紫菜多糖能提高草鱼消化吸收能力(Chen 等,2019;Li 等,2020; Zhou 等,2020);大豆异黄酮增强了草鱼肠道、头肾、脾脏、皮肤和鳃免疫功能,提高了抗氧

化能力,抑制了细胞凋亡,上调了紧密连接蛋白基因表达,增强了草鱼疾病抵抗力(杨波,2018);槲皮苷、荷叶乙醇提取物、条斑紫菜多糖和姜黄素对草鱼抗氧化功能和(或)免疫功能,水飞蓟素、姜黄素、茶多酚对草鱼肠道结构完整性,肉桂醛对草鱼肠道免疫功能均有类似的促进作用(Chen 等,2019;Xu 等,2019;Zhu 等,2019;Ming 等,2020;Wei 等,2020;Ma 等,2021a;李国彰,2021;Zhou 等,2021)。此外,大豆异黄酮和茶多酚通过 Nrf2 信号途径上调了草鱼肌肉中抗氧化酶 mRNA 水平和活力,改善了肌肉物化特性;同时,提高了肌肉蛋白、脂肪、部分风味氨基酸和多不饱和脂肪酸含量,改善了肌肉品质(Yang 等,2019;Ma 等,2021b)。槲皮苷对草鱼肌肉品质有类似的改善作用(Xu 等,2019)。以不同标识确定的草鱼饲粮中大豆异黄酮、水飞蓟素、肉桂醛等植物提取物最适添加量见表 5 - 13。

表 5 - 13 · 草鱼饲粮中植物提取物适宜添加水平

添加物质	草鱼初始体重(g)	确 定 标 识	添加剂量	参考文献
大豆异黄酮	213	生产性能和肌肉品质	25~50 mg/kg	Yang 等,2019
水飞蓟素	24	增重百分比	57.63 mg/kg	Wei 等,2020
肉桂醛	227	增重百分比	76.40 mg/kg	Zhou 等,2020
		肠炎抵抗力	75.06 mg/kg	Zhou 等,2021
姜黄素	211	增重百分比	312.27 mg/kg	Li 等,2020
	5.3	增重率	438.2 mg/kg	Ming 等,2020
茶多酚	187	增重百分比	103.01 mg/kg	Ma 等,2021b
		肌肉剪切力	141.15 mg/kg	Ma 等,2021b
条斑紫菜多糖	7	生产性能和非特异性免疫力	3 g/kg	Chen 等,2019
荷叶乙醇提取物	34	生产性能、抗氧化能力、免疫力	0.14%	Zhu 等,2019
槲皮苷	13	增重率	0.37 g/kg	Xu 等,2019

酸化剂、生物活性制剂以及其他功能性饲料添加剂均在草鱼饲料中有所应用。丁酸钠是常用的酸化剂,能促进动物肠道健康。胆汁酸是重要的乳化剂,在促进饲料脂质消化吸收和调节动物脂质代谢中具有重要作用。蝎源抗菌肽是从 Isalo 蝎子中分离出来的一种 α -螺旋型细胞毒性的线性抗菌肽,具有较高的抗菌活性和较低的毒性,是潜在的抗生素替代品。酵母培养物成分复杂,常作为未知生长因子的来源应用于动物生产中。谷氨酰胺是一种功能性氨基酸,具有多种重要而独特的生理功能。胍基乙酸被认为是肌酸

的唯一前体物质,可被用作肌酸的替代品,具有多种生理功能。研究发现,饲粮中添加适宜水平丁酸钠、胆汁酸、谷氨酰胺、胍基乙酸、蝎源抗菌肽和酵母培养物促进了草鱼生长(Ma 等,2020;Peng 等,2019;Hu 等,2021;Liu 等,2017;Tian 等,2017;Yang 等,2021);同时,饲粮中添加适宜水平丁酸钠上调了草鱼肌肉中抗氧化酶 mRNA 水平和活力,提高了肌肉蛋白、脂肪、部分风味氨基酸和多不饱和脂肪酸含量,改善了肌肉品质(田莉,2017);饲粮中添加适宜水平谷氨酰胺和胍基乙酸则能激活草鱼肌肉 TGF/Smads 信号途径,促进胶原蛋白合成,改善肌肉品质(Ma 等,2020;Yang 等,2021)。进一步发现,适宜水平丁酸钠上调了草鱼肠道、头肾、脾脏、鳃和皮肤等组织器官抗炎细胞因子基因表达,提高了抗菌物质含量或活力,增强了免疫功能;提高了肠道等组织器官抗氧化酶基因表达和活力,降低了氧化损伤,抑制了细胞凋亡,上调了紧密连接蛋白基因表达,保证了组织器官结构完整性,增强了草鱼肠炎、赤皮和烂鳃病抵抗能力(田莉,2017)。饲粮中添加适宜水平胆汁酸、蝎源抗菌肽和酵母培养物对草鱼肠道健康有类似的促进作用(Peng 等,2019;Hu 等,2021;刘冠华,2020)。以生产性能、肠道健康、肌肉品质等相关指标确定的草鱼饲粮中丁酸钠等功能性物质的最适添加量见表 5 - 14。

表 5 - 14 · 草鱼饲粮中功能性添加剂适宜添加水平

添加物质	草鱼初始体重(g)	确定标识	添加剂量	参考文献
丁酸钠	255	增重百分比	160.8 mg/kg	Tian 等,2018
		肠炎抵抗力	339.9 mg/kg	Tian 等,2018
胆汁酸	180	增重百分比	168.98 mg/kg	Peng 等,2019
		肠炎抵抗力	166.67 mg/kg	Peng 等,2019
胍基乙酸	169	增重百分比	335.35 mg/kg	Yang 等,2021
		肌肉硬度	314.61 mg/kg	Yang 等,2021
谷氨酰胺	169	增重百分比	4.04 g/kg	Ma 等,2020
		肌肉剪切力	3.86 g/kg	Ma 等,2020
蝎源抗菌肽	136	增重百分比	1.52 mg/kg	Hu 等,2021
		肠炎抵抗力	2.00 mg/kg	Hu 等,2021
酵母培养物	183	增重百分比	1.72%	刘冠华,2020
		肠炎发病率	1.78%	刘冠华,2020

5.3.4 · 饲料中抗营养因子和毒素

（1）饲料抗营养因子的危害

植物性蛋白质饲料中的大豆球蛋白(11S)、β-伴大豆球蛋白(7S)、棉酚、芥酸、植酸、单宁等抗营养因子是影响植物蛋白高效利用的重要因素,同时也是破坏鱼体功能器官健康、导致鱼类生产成绩下降的主要因素。研究表明,7S 和 11S 降低了幼草鱼增重、采食量和饲料效率(Duan 等,2019;Zhang 等,2019)。进一步研究发现,7S 和 11S 的降解产物诱导草鱼肠道发生细胞凋亡和氧化损伤,降低了肠道免疫功能,破坏了肠道健康(Duan 等,2019;Zhang 等,2019;Zhang 等,2020)。棉酚、芥酸、植酸、单宁对草鱼健康和生产性能有类似的影响,一定水平棉酚、芥酸、植酸、单宁破坏了草鱼肠道等组织器官结构完整性,降低了肠道免疫功能,导致草鱼生产性能下降,但作用机制存在部分差异(Gan 等,2019;Li 等,2020;Liu 等,2014;Wang 等,2018;Zhong 等,2019)。

以 PWG 等生产性能指标为标识,确定草鱼饲粮中 11S、7S、单宁、植酸、芥酸、棉酚安全限量分别为 8%、8%、1.86%、2.17%、0.64% 和 182 mg/kg;以肠炎抵抗力等肠道健康指标为标识,确定草鱼饲粮中单宁、植酸、芥酸、棉酚安全限量分别为 1.74%、1.68%、0.53% 和 103 mg/kg(Zhang 等,2019;Gan 等,2019;Li 等,2020;Liu 等,2014;Wang 等,2018;Zhong 等,2019)。

（2）饲料霉菌毒素的危害

除了抗营养因子,植物性蛋白质饲料还易受各种霉菌毒素污染,其中黄曲霉毒素、呕吐毒素、玉米赤霉烯酮、赭曲霉毒素等广泛存在于玉米、小麦等饲料原料中。研究发现,黄曲霉毒素 B1、呕吐毒素、玉米赤霉烯酮、赭曲霉毒素能诱导幼草鱼肠道、头肾、脾脏等组织器官氧化损伤、加剧细胞凋亡、破坏细胞间紧密连接蛋白表达从而破坏组织器官结构完整,进一步诱导炎症反应降低肠道等组织器官免疫功能,降低鱼体健康导致生产性能下降,但作用机制存在部分差异(Zeng 等,2019;Huang 等,2018;Liu 等,2021;Wang 等,2019;Zhang 等,2021)。

以 PWG 和肠炎抵抗力为标识,确定幼草鱼饲粮中黄曲霉毒素 B1、呕吐毒素、玉米赤霉烯酮、赭曲霉毒素控制量应分别低于 24.98 μg/kg 和 17.72 μg/kg、318 μg/kg 和 252 μg/kg、496 μg/kg 和 400 μg/kg、804 μg/kg 和 385 μg/kg(Zeng 等,2019;Huang 等,2018;Liu 等,2021;Wang 等,2019;Zhang 等,2021)。

5.4

饲料配制与投喂

5.4.1 · 饲料配制

关于草鱼饲料配制,目前有少量关于颗粒配合饲料与膨化配合饲料在草鱼上的效果比较研究,但不同研究结果存在差异。研究报道,与颗粒料相比,膨化料提高了幼草鱼采食量、蛋白效率比和增重率,降低了饵料系数。但另一研究发现,与颗粒料相比,膨化料提高了幼草鱼饲料转化率,降低了蛋白效率比。而 Cai 等(2005)报道,膨化料和颗粒料对幼草鱼采食量、饲料效率和 SGR 无显著影响。此外,有研究发现,与配合饲料相比,饲喂草降低了草鱼增重、SGR(Zhao 等,2018)。

5.4.2 · 饲料投喂

关于草鱼投喂方式,主要有少量关于日投喂次数、投饵率方面的研究。研究发现,与每天饱食投喂 1 次相比,每天饱食投喂 3~4 次促进了幼草鱼生长,但降低了饲料效率(Wu 等,2021);长期限饲(饱食投喂量的 40%~90%)降低了草鱼采食量、增重和 SGR,但提高了饲料效率和蛋白效率比(Gong 等,2017);此外,投饵率为每天 2% 体重时,提高了幼草鱼增重、SGR 和饲料表观消化率,但降低了幼草鱼饲料效率和蛋白效率比,以 SGR 确定幼草鱼适宜投饵率为每天 1.97% 体重(Du 等,2006)。

(撰稿:周小秋、冯琳、姜维丹、吴培)

草鱼养殖病害防治

6.1

病害发生的原因与发病机理

鱼类发生疾病的原因很多,了解病因是制定合理预防措施、做出正确诊断和提出有效治疗方法的基础。水产动物疾病发生的原因基本上可归纳为下列几类。

6.1.1 · 病原的入侵和敌害的侵害

一般常见的鱼病,多数是由各种生物传染或侵袭鱼体而致病,如病毒、细菌、真菌、藻类、原生动物、蠕虫、蛭类、钩介幼虫和甲壳动物等;还有一些是各种敌害生物对多种养殖鱼类都有危害。

▤ (1) 传染性疾病

由病毒、立克次体、支原体、细菌、真菌等微生物引起的鱼病,统称为传染性疾病。

病毒因为自身结构的特殊性,没有实现新陈代谢所必需的基本系统,不能像细菌一样独立完成所有生物功能,所以当病毒接触到宿主细胞时,便会脱去蛋白质外套,遗传物质侵入宿主细胞,借助宿主细胞的复制系统,按照病毒的基因复制、组装出新的病毒。当病毒在细胞内复制以后,大量病毒释放出来,开始寻找新的目标,最终导致感染的鱼类患病。

细菌导致鱼类疾病的发生并不一定是因为细菌本身直接侵袭鱼类细胞,主要是细菌在鱼体内/外生长繁殖时代谢产物具有毒性,按照来源、化学性质与毒性作用来划分,细菌会产生内毒素与外毒素,还有一些蛋白质和酶也会具有毒性。这些毒素会引起鱼体组织或者细胞的功能发生紊乱,甚至破坏细胞结构。

真菌性致病菌的数量相较于细菌和病毒就要少得多,一般只会对那些免疫力较弱的鱼体产生危害。一些真菌与细菌类似,会产生真菌毒素,干扰细胞的正常信号传递;另一些真菌将鱼体组织的某些物质作为生存的营养来源,大多寄生在鱼类体表。

▤ (2) 侵袭性疾病

由原生动物、蠕虫、软体动物、环节动物和甲壳动物等寄生虫引起的疾病,统称侵袭性疾病。

寄生虫对寄主的影响主要是引起寄主生长缓慢、抵抗力下降,严重时可造成寄主大量死亡。其致病机理主要有以下几种。

① 夺取营养:有些寄生虫直接吸食宿主的血液,另外一些寄生虫是以渗透方式吸取宿主器官或组织内的营养物质。无论以哪种方式夺取营养,都能使宿主营养不良甚至贫血,鱼表现为身体瘦弱、抵抗力降低、生长发育迟缓或停止。

② 机械损伤:有些寄生虫(如蠕虫类)利用吸盘、锚钩、夹子等固着器官损伤宿主组织;也有些寄生虫(如甲壳类)可用口器刺破或撕裂宿主的皮肤或鳃组织,引起宿主组织发炎、充血、溃疡或细胞增生等病理症状;有些个体较大的寄生虫,在寄生数量很多时,能使宿主器官腔发生阻塞,引起器官变形、萎缩和功能丧失;有些体内寄生虫在寄生过程中,能在宿主的组织或血管中移行,使组织损伤或血管阻塞。

③ 分泌有害物质:有些寄生虫(如某些单殖吸虫)能分泌蛋白分解酶,溶解口部周围的宿主组织,以便其摄食营养;有些寄生虫(如蛭类)的分泌物可以阻止伤口血液凝固,以便吸食宿主血液;有些寄生虫可以分泌毒素,使宿主受到各种毒害。

(3) 敌害生物

如凶猛的鱼类、鸥鸟、水蛇、水生昆虫、青泥苔和水网藻等。

6.1.2 · 非正常的环境因素

养殖水域的温度、盐度、溶解氧、酸碱度(pH)、光照等理化因素的变动等超越了养殖动物所能忍受的临界限度,以及氨氮、亚硝酸盐氮、硫化氢或污染物质等有害物质超标等,都能导致鱼类死亡,或严重损害鱼类的健康。

水是养殖鱼类的生活空间和生存介质,一切外界因素和环境条件都是通过水的作用对养殖鱼类产生影响。因此,水的理化指标直接影响养殖鱼类的代谢、生长和繁殖。对养殖鱼类而言,最重要的理化因素是水温、酸碱度和溶解氧。

(1) 水温

不同的鱼类对水温的要求不同,同种鱼在不同生长阶段对水温也有不同的要求。水温的变化对养殖鱼类的影响巨大,特别是水温突变对幼鱼的影响更为严重,初孵出的鱼苗只能适应±2℃以内的温差,鱼种能适应±5℃以内的温差,超过这个范围就可能导致发病。

▤（2）酸碱度（pH）

pH 是反映水质状况的一个综合指标。鱼类对水体的酸碱度有较大的适应性，以 pH 7.0~8.5 为最适宜，pH 低于 5.0 或超过 9.5 均可能引起鱼类死亡。pH 下降是水质变坏、溶解氧降低的表现，可使有毒的硫化氢增加；pH 过高，又会使有毒的非离子氨氮升高。

▤（3）溶解氧

溶解氧（DO）是保证鱼类正常生理功能和健康生长的必需物质。在鱼类养殖的全过程中都必须保持水中有充足的溶解氧。当溶解氧不足时，鱼类的摄食量下降，生长缓慢，抗病力降低；当溶解氧严重不足时，鱼类就大批浮于水面，出现浮头现象；如果溶解氧继续下降，鱼类就会窒息而死，出现泛池情况。长期缺氧还会造成水体中好氧微生物减少，引起氨氮、亚硝酸盐氮、硫化氢等有害物质积累，引起鱼类慢性中毒。溶解氧过高，则可能导致鱼类（特别是鱼苗）患气泡病。

6.1.3 · 鱼类本身体质差或先天性缺陷

鱼病发生的原因，与品种和体质有密切关系。体质好的鱼类免疫力、抵抗力都很强，鱼病的发生率较低。尽管养殖水体本身是一个相对稳定的生态环境，但也很难避免病原体的进入。宿主对病原的敏感性有强有弱。宿主的遗传性质、免疫力、生理状态、年龄、营养条件和生活环境等，都能影响宿主对病原的敏感性。若养殖对象不是易感鱼群，则不会发生疾病；水体中易感鱼群或体质差的鱼体的存在是鱼病发生的必要条件。

鱼类体质也与饲料的营养有关。当鱼类的饲料充足、营养平衡时，体质健壮，较少得病；反之，鱼的体质较差，免疫力降低，对各种病原体的抵御能力下降，极易感染而发病。同时，营养不均衡可直接导致各种营养性疾病的发生，如瘦脊病、塌鳃病、脂肪肝等。

6.1.4 · 不合理的养殖管理方式

人为因素对鱼病的发生也有极为密切的关系，如放养密度过大、品种搭配不合理、机械性损伤、营养不良等，都使鱼病的发生率大幅度提高，也增加了防病、治病工作的难度。

▤（1）放养密度过高

一般来说，养殖密度越高，环境的不稳定性越大。随着放养密度的加大，在养殖过程中，不断投饵和施肥使水体环境越来越差，易发生流行性疾病。

（2）管理不当

人工投饵不科学,使鱼类饥饱不匀,鱼类也易发病。在施肥培养天然饵料的过程中,若施肥不当会引起水质恶化,导致鱼类流行病发生。

（3）机械性损伤

在捕捞、运输和饲养管理过程中,往往由于工具不适宜或操作不小心,使养殖鱼类身体受到摩擦或碰撞而受伤。受伤处组织损伤,功能丧失,或体液流失,渗透压紊乱,引起各种生理障碍甚至死亡。除了这些直接危害以外,伤口又是各种病原微生物侵入的途径。

（4）营养不良

投喂饲料的数量或饲料中所含的营养成分不能满足养殖动物维持生活的最低需要时,饲养动物往往生长缓慢或停止,身体瘦弱,抗病力降低,严重时就会出现明显的症状甚至死亡。营养成分容易发生问题的是,缺乏维生素、矿物质和氨基酸。其中,最容易缺乏的是维生素和必需氨基酸。投喂腐败变质的饲料,也是致病的重要因素。

（5）外来污染

除了养殖水体的自身污染以外,有时外来的污染也较为严重。工厂和矿山的排水中大多数含有重金属离子(如汞、铅、镉、锌和镍等),或其他有毒的化学物质(如氟化物、硫化物、酚类和多氯联苯等);油井和码头排水,往往有石油类或其他有毒物质;农田排水中往往含有各种农药。这些有毒物质,都可能使鱼类发生急性或慢性中毒。

6.2

养殖病害生态防控关键技术

随着我国水产养殖规模的不断扩大,以及集约化程度的不断提高,养殖生态环境遭到破坏,有害细菌、霉菌和寄生虫滋生,养殖动物的体质下降,导致了养殖动物疾病的大量暴发且难以控制,给水产养殖业造成了严重损失。因此,调控优良的生态环境和提高养殖动物体质是生态防控的关键。

6.2.1 · 生态防控技术的内涵

生态防控是病害防控技术的重要组成部分,基本原理是改善池塘养殖环境,有效抑制病原微生物的危害,同时维护水产动物的肠道健康和增强其抗病力,促使水产动物在动态平衡中健康成长,达到提高产品质量和生态环保的目的。随着社会大众对食品安全和环境保护的重视,生态防控已逐渐成为水生动物病害防控的核心理念之一。

6.2.2 · 生态防控核心技术

生态防控的核心技术主要有应激管理技术和生态位管理技术。

■（1）应激管理技术

应激管理是生态防控最核心的技术之一。暴发性鱼病一般都出现在环境突变和应激之后。因此,应激管理应贯穿于养殖的全过程。对于各种应激源,应根据天气情况和养殖经验,提前实施应激管理,采取相应的应对措施:如降低投饵量,使用分解残饵和粪便的产品,减轻水质环境压力;池塘中泼洒、拌喂葡萄糖以及高稳维生素 C 等,增强养殖动物抗病和抗应激能力;选择刺激性小、安全高效的消毒剂(如氨基酸碘)进行消毒等。

■（2）生态位管理技术

① 底质管理: 池塘底质是池塘生态系统的重要组成部分,底部的状态对池塘水质具有决定性影响。因此,要保持池塘水质良好,必须管好池塘底质。

休渔期间底部的处理:并非所有池塘底部土壤都是最佳养殖土壤,因此,在进行处理时,不同的土壤条件应该有不同的处理措施。池塘底部处理的目标是恢复或提高生产性能,包括恢复空间、清除氧债、补充氧库、保持肥力。池塘底部土壤(包括淤泥)的处理应根据具体池塘的土壤属性,以达到上述目标为基础进行灵活修复。

常规池塘土壤的处理:常规池塘的处理流程是把水排干、清淤,必要的时候推塘以便保持深度,然后晒塘。为了更全面地使土壤深度氧化,翻耕、破碎是一种有效的手段。其间,可根据土壤的 pH 和钙浓度,翻耕前适当使用碳酸钙($CaCO_3$)或白云石粉[$CaMg(CO_3)_2$]处理,并通过翻耕与土壤混合均匀。碳酸钙或白云石粉可促进有机物质分解,更有效地清除氧债,同时能有效提高池塘底部土壤总碱度和总硬度水平,有利于提高池塘生产力和 pH 缓冲能力。

养殖期间底部的管理:在养殖过程中特别是养殖中后期,由于投饵量增加、残饵增多、养殖动物粪便以及小型生物尸体等长久积聚,底质进一步恶化,极易诱发鱼类暴发疾病。池塘底质主要管理手段是再悬浮,也就是"搅动",其作用是将池塘底部的淤泥电位控制在一定范围内。搅动的方法有生物搅动和人工搅动。生物搅动是混养一些能搅底的动物,如胡子鲶、黄颡鱼等。虽然生物搅动方便,但不可靠,且难以控制。人工搅动最简单的方法是用铁链或钢绳刮底。此外,使用生物底质改良剂和底层增氧设施,也能加快物质转换效率。

② 水质管理:要养好一塘鱼,先要养好一塘水。水质改良是生态防控技术的基础,养水是清淤、暴晒及肥水、调水等结合的整个水环境改良过程。充分利用微生物制剂加强养殖全程水质管理是改良水质、促进鱼类生长和减少抗生素及消毒剂使用最有效的手段。

水中的所有生物都是互相依靠、互相制约的,水中藻类多是净水能力增强的标志。只有丰富的藻类才能充分利用微生物分解的产物,因此藻类是水体中浮游生物的主体。藻相调控目标是,以绿藻、硅藻为优势种的池塘为好,此时水质稳定、病害少;而以蓝藻为优势种的水体中,鱼生长缓慢且容易引发病害。一旦水体中优良微藻藻相生态平衡被打破,有害微藻过度繁殖或环境中的微藻种类过于单一,则既不利于促进养殖生态系统的良性循环,也不利于维持良好的水质环境,是导致应激反应和抗病力下降的主要诱因。

鱼菜共生模式。在池塘水面进行蔬菜无土栽培,水下进行水产养殖,利用蔬菜的净水作用有效调节水质,尤其对氨氮等的吸收效果较好,既减少换水次数及鱼病发生和用药次数,又能生产大量的蔬菜,增加渔民的收入。

③ 肠道管理:肠道是营养物质消化和吸收的主要场所,承担水生动物从外界获取物质、能量的重任;同时,也是鱼体内最大的内分泌器官和重要的免疫器官。鱼类的肠黏膜屏障系统具有阻碍肠腔内细菌入侵和毒素吸收的功能,对动物具有重要的屏障保护作用和多种免疫保护作用。肠道黏膜还是动物体内代谢最为活跃、机理最为复杂的代谢器官。此外,肠道微生物在肠道生理和生物功能中具有非常重要的作用和意义。肠道管理的关键是饲料中尽量少用或不用化学药品来预防病原性疾病,而多用有益的芽孢菌、寡聚糖等来提高水生动物的肠道功能和作用。

6.2.3 · 主要生态防控措施

■（1）休养、轮养和混养

如果池塘养殖某种鱼类时间较长,发生某种鱼病且发病率较高,则应对池塘采取药物消毒处理后,休养半年或更长时间,这样可使病原体找不到适宜的宿主而自灭。

利用一些病原对宿主的特异性,采用不同品种轮养的方式,可以一定程度减少病害的发生。如狭腹鳋等寄生虫病,主要寄生在乌鳢、鲫的鳃上,对寄主有严格选择的特点,可采用轮养其他鱼类的方法进行防治;如果鱼类患有小瓜虫病,可通过种植作物改变池塘环境,消灭病原体。

混养某些水生动物可杀灭病原体或吃掉某些寄生虫或敌害生物以减少鱼病。如每 667 m² 鱼池放养 10~150 g 的黄颡鱼 20~30 尾,能吃掉病鱼体表的部分锚头蚤。混养鲢、鳙等,可调节水质、改善鱼类生活环境,有利于主养鱼类生长。此外,混养可以减少同种鱼之间的接触机会,从而减少鱼病传播。

(2) 改善池塘的生态环境

用生物方法改善池塘的生态环境,保持池塘良好的水质,提供充分的天然饵料,既有利于鱼类的生长繁殖,又可减少鱼类的发病概率。

① 培育水生浮游植物:浮游植物产生氧气,吸收水中有害成分,改善水质,为鱼类提供丰富的天然饵料。

② 栽植水草等水生植物:在水面放养浮萍、空心莲,水中栽植大型水生植物,夏季可遮阳、防止水温过高及调节水质。

③ 池边搭棚遮阳:在池塘的东、南、西三面种植陆生作物,如南瓜、冬瓜、葡萄等,有利于鱼的生长。

④ 用生物制剂改良水质:使用微生物制剂是生态养殖中重要的一环,主要有枯草杆菌、EM 菌、光合细菌、酵母菌、乳酸菌等,能杀死或抑制水体中的致病菌,维持良好的水质和适宜的透明度。鱼类摄食微生物制剂后,有益微生物成为体内的优势种群,减少有害菌的侵袭机会,达到防病的目的。

(3) 加强日常管理,切断病原体传播途径

平时加强饲养管理,合理投喂适口饲料,让鱼吃饱吃好,增强鱼体抗病力,避免鱼体受伤。注意鱼池环境卫生,勤清除池边杂草、敌害和中间寄主。

及时捞出残饵、死鱼尸体及排泄物,定期清理和消毒食物。许多水生动物和食鱼动物等敌害在水体中活动,不仅伤害鱼类,而且传播病原体,应认真清除。

许多种吸虫的中间宿主是各种螺类,如人畜共患的肝吸虫病,从螺类出来的尾蚴再钻进鱼类的肌肉里形成囊蚴。因此,将池边和水中的螺类清除掉,便可切断传播途径。

(4) 利用绿色药物防治鱼病

用中草药防治鱼病,不仅取材方便、对环境污染少,而且可以调理鱼类肝肠功能、增

强抗应激能力、提高免疫力既防又治,效果明显。常用的中草药有水菖蒲、水辣蓼、地锦草、大蒜、桑叶、苦楝树枝叶、辣椒、姜、五倍子、三黄、马齿苋(马风菜)、铁苋菜(车前草)、鳢肠(旱莲草)等。施药方法有拌饵投喂法、浸汁泼洒法、糖化法、浸泡法等。

通过免疫接种疫苗预防水产动物的疾病,已经被国内外的研究结果证明是有效的。疫苗在提高动物体特异性免疫水平的同时亦能增强机体抗不良应激的能力,且符合环境无污染、水产食品无药物残留的概念,已成为当今世界水生动物疾病防治界研究与开发的主流产品。目前,我国批准使用的渔用疫苗产品有:鳜传染性脾肾坏死病灭活疫苗(NH0618 株),牙鲆溶藻弧菌、鳗弧菌、迟缓爱德华菌病多联抗独特型抗体疫苗,大菱鲆迟缓爱德华菌病活疫苗(EIBAV1 株),草鱼出血病活疫苗(GCHV - 892 株),嗜水气单胞菌败血症灭活疫苗。

草鱼主要病害防治

6.3.1 · 病毒性疾病

草鱼出血病

草鱼出血病是严重危害养殖草鱼和青鱼的一种病毒性传染病,临床以红鳍、红鳃盖、红肠子和红肌肉等其中一种或多种症状为特征,对草鱼和青鱼的鱼种生产和养殖可造成重大损失。

① 病原:草鱼出血病的病原为草鱼呼肠孤病毒(GCRV)或称草鱼出血病病毒(GCHV),属呼肠孤病毒科、刺突病毒亚科、水生呼肠孤病毒属。GCRV 病毒粒子为二十面体和 5∶3∶2 对称的球形颗粒,直径 60~80 nm,具双层衣壳,无囊膜。病毒基因组为双链 RNA,由 11 条片段组成;病毒耐酸(pH3)、耐碱(pH10)、耐热(56℃),对氯仿不敏感。

GCRV 不同分离株表现出核酸带型、基因组序列、宿主致病性、细胞敏感性等方面的明显差异。根据基因组带型和序列差异,GCRV 至少分成 3 个基因型,代表株分别为 873(Ⅰ型)、HZ08(Ⅱ型)和 104(Ⅲ型)。目前认为,在我国能够引起草鱼出血病并造成重大经济损失的流行毒株为基因Ⅱ型 GCRV,对宿主致病性强,但对细胞敏感性较差,在已有细胞中增殖不产生明显的细胞病变。

② 流行特点及危害:草鱼出血病是一种流行地区广泛、流行季节长、发病率高、死亡

率高和危害性大的病毒性传染病。该病于 1972 年在我国湖北漯口首次发现,1978 年证实由病毒引起,1983 年将其病原定名为草鱼呼肠孤病毒(陈燕燊和江育林,1983)。该病主要流行于长江中下游以南广大地区,夏季北方部分地区也有该病流行。越南也见有相关报道。

草鱼出血病主要危害当年体长为 5～25 cm 的中小规格草鱼,累积死亡率一般在 30%～50%,最高可达 70%～80%。有时 2 龄以上的草鱼也患病,但多呈亚临床或症状不明显。水温 20～30℃ 发病,其中 25～28℃ 为流行高峰。每年 4 月初至 10 月底是草鱼出血病的主要流行季节,第一个发病高峰期为 4 月初到 7 月初,主要危害春片鱼种;第二个高峰期为 9—10 月,主要危害当年草鱼种。

对草鱼出血病的流行病学调查表明,该病的主要传播途径是水平传播(通过水或外寄生虫),传染源是已经感染的或带病毒的草鱼,也可能通过卵进行垂直传播。在自然情况下,养殖草鱼、青鱼都可发病,并大量死亡;此外,GCRV 还能感染鲢、鳙、鲫、鲤等淡水鱼类,不发病但携带病毒,可能作为一种传染源传播病毒。

③ 临床症状:草鱼出血病的临床症状较为复杂,按症状表现和病理变化的差异大致可分为以下 3 个类型,病鱼可以有其中一种或几种临床症状。

红肌肉型:主要症状为肌肉明显出血,全身肌肉呈鲜红色,鳃丝因严重出血而苍白,多见于体长 5～10 cm 的小草鱼种。

红鳍红鳃盖型:主要症状为鳍基、鳃盖严重出血,头顶、口腔、眼眶等处有出血点,多见于 10 cm 以上的较大草鱼种。

肠炎型:主要症状为肠道严重充血,肠道全部或局部呈鲜红色,内脏点状出血,体表亦可见到出血点,在各种规格的草鱼种中均可见到。

④ 诊断:包括初步诊断、实验室确诊和鉴别诊断。

初步诊断:根据临床症状及流行情况进行初步诊断。水温 20～30℃,尤其 25～28℃时,草鱼、青鱼苗种大量死亡,而同塘其他鱼类并无此现象。病鱼出现红鳍、红鳃盖、红肠子和红肌肉等症状中的一种或多种,应作为草鱼出血病疑似病例。

实验室确诊:可参照《草鱼出血病诊断规程》(GB/T 36190—2018/XG1—2020)、《草鱼呼肠孤病毒三重 RT－PCR 检测方法》(GB/T 37746—2019)规定的方法,取疑似病样的肝、脾、肾等内脏组织,用草鱼卵巢细胞系(CO)或草鱼肾细胞系(CIK)对疑似病样进行病毒分离,再用逆转录聚合酶联反应(RT－PCR)鉴定或采用核酸电泳检测是否存在 11 条核酸带;或直接从病鱼组织中提取核酸,用 RT－PCR 方法或核酸电泳方法检测病毒。

2022 年《国家水生动物疫病监测计划技术规范》(第三版),草鱼呼肠孤病毒实验室检测流程采用套式 RT－PCR 方法对基因 Ⅱ 型草鱼呼肠孤病毒进行检测。引物分别为:

GCRV - Ⅱ Nest - SP：5′- CGC GAT TTC ATA CCC TTT CT - 3′；GCRV - Ⅱ Nest - OutP：
5′- TAG CTG CCG TAC TTG GGA TGA - 3′；GCRV - Ⅱ Nest - InP：5′- CAT ACG ATC GCT
CCC AAC TCC - 3′。待测样品第一步扩增出现 408 bp 或第二步扩增出现 363 bp 大小条
带，并经测序验证，结果判定为阳性；待测样品第二次 PCR 扩增无条带或者在 363 bp 大
小位置上无条带，则判定为阴性。

鉴别诊断：注意细菌性肠炎与以肠出血为主的草鱼出血病的区别。活检时，患草鱼
出血病鱼的肠壁弹性较好，肠壁内黏液较少，严重时肠腔内有大量红细胞及成片脱落的
上皮细胞；而患细菌性肠炎病鱼的肠壁弹性较差，肠腔内黏液较多，严重时肠腔内有大量
黏液和坏死脱落的上皮细胞，红细胞较少。

⑤ 防控措施：包括预防措施和控制措施。

预防措施：目前没有治疗草鱼出血病的有效药物，最有效的预防措施是注射草鱼出
血病灭活疫苗或草鱼出血病活疫苗（减毒疫苗），也有部分地区使用组织浆灭活疫苗（土
法疫苗），其中草鱼出血病活疫苗（GCHV - 892 株）已获得生产批准文号。鉴于至少存在
两种抗原性具有差异的病毒株，因此，在使用疫苗前应对当地流行株进行鉴别，以免影响
疫苗的效果。其他预防措施包括：清除池底过多淤泥，改善池塘养殖环境，并用生石灰水
或漂白粉水泼洒消毒；购买检疫合格苗种，或从国家、省级水生动物疫病监测阴性苗种场
购买苗种；加强水源管理和生产设施的消毒，对繁殖用的亲鱼和鱼卵、引进的鱼苗用聚维
酮碘溶液浸泡，减少病毒感染的概率；加强疫病监测，对养殖草鱼、青鱼进行定期或不定
期的病原监测，掌握流行病学情况，对监测结果及相关的信息进行风险分析，做好预警预
报；养殖过程中定期采用黄芪多糖和大黄粉拌料投喂，增强鱼体自身免疫力。

控制措施：一旦发现疑似草鱼出血病发生，应立即向当地水生动物疫病预防控制机
构（或水产技术推广机构）报告，并送典型发病样品到有资质的实验室诊断。同时，紧急
采取以下控制措施：减少或暂停饵料投喂；及时捞出发病和死亡鱼，进行集中消毒、深埋
或焚烧等无害化处理；对养殖场内所有工具、器皿进行彻底消毒，发病池塘尾水经消毒处
理后排放；全池泼洒氯制剂、碘制剂、表面活性剂等消毒剂进行水体消毒，降低其他病原
微生物继发感染风险。

6.3.2 · 细菌性疾病

（1）细菌性烂鳃病

引起草鱼烂鳃的病原大致可分为三类，即寄生虫、细菌、水生藻菌（或称真菌）。细菌
性烂鳃病即由细菌引起的以草鱼鳃部糜烂、溃烂为特征的疾病。

① 病原：柱状黄杆菌（*Flavobacterium columnare*），曾称为柱状屈桡杆菌（*Flexibacter columnaris*）（Buchanan 和 Gibbons，1974）、鱼害黏球菌（*Myxococcus piscicola*）（卢全章等，1975）、柱状嗜纤维菌（*Cytophaga columnaris*）（Garnjobst，1945）、柱状粒球黏细菌（*Chondrococcus columnaris*）（Ordal 和 Rucker，1944）、柱状芽孢杆菌（*Bacillus columnaris*）（Davis，1922）等。

柱状黄杆菌菌体细长，呈弯曲或直的杆状，宽度 0.3~0.7 μm，长度 6~12 μm，无鞭毛，具有滑动能力和团聚性，大多成团存在，在固体表面生长表现为滑行运动，革兰氏染色阴性。菌落在淀粉酪蛋白琼脂（SCA）培养基上呈扁平状、黄色、类根状、黏附性强的特征，散布在固体培养基表面，形成不规则的边缘；在胰胨琼脂平板上大多数菌株的菌落表现类根菌落形态，但也有一些偏差，Kunttu 等（2011）发现柱状黄杆菌具有 3 种菌落形态类型，分别为类根菌落、粗糙菌落和软菌落形态。

最近，有学者建议，柱状黄杆菌可进一步划分为 4 个独立的种：*Flavobacterium columnare*、*Flavobacterium covae* sp. nov.、*Flavobacterium davisii* sp. nov.、*Flavobacterium oreochromis* sp. nov.（Benjamin 等，2022）。

② 流行特点及危害：柱状黄杆菌广泛分布于世界范围内的淡水环境和土壤中，是一种全球性的、危害范围极广的细菌性病原。由柱状黄杆菌所致的细菌性烂鳃病已在世界范围内普遍传播，在我国更是广泛流行，全国各养鱼地区都有此病发生。

草鱼从鱼种至成鱼均可受害，一般流行于 4—10 月，以夏季最为流行。水温 15℃ 以上开始发病，20℃ 以上开始流行，流行的最适水温为 28~35℃。在水温 15~35℃ 范围内，水温越高致死时间越短。本病常与出血病、赤皮病和细菌性肠炎并发，特别是在鱼种饲养阶段，会造成大量死鱼。

鱼体与病原直接接触而感染，也可通过水体传染。若鱼鳃上有寄生虫感染或鳃丝受损后，特别容易感染发病；在水质条件好、放养密度合理且鳃丝完好的情况下，则不易感染。

③ 临床症状：柱状黄杆菌可感染鱼类的黏膜组织，包括鳃、皮肤、鳍及鳞片，并且导致严重的组织损伤。发病草鱼行动缓慢，反应迟钝，常离群独游，体色发黑，尤以头部为甚，常称为"乌头瘟"。病鱼鳃盖骨的内表皮往往充血，严重时肉眼可看到鳃盖内侧的表皮已脱落，腐蚀成 1 个或几个圆形不规则的透明小区，俗称"开天窗"；疾病初期鳃丝略微肿胀，鳃丝上常见白色或土黄色的黏液；病情进一步发展则出现鳃丝腐烂，特别是鳃丝末端黏液多，带有污泥和杂物碎屑，有时在鳃瓣上可见瘀血斑点。柱状黄杆菌对草鱼鳃的侵袭方式，一般是从鳃丝末端开始，沿着鳃瓣边缘均匀地烂成一圈，然后往鳃丝基础和两侧扩展；有的鳃丝两侧鳃小片坏死，最后全部崩溃、脱落，只剩下光秃秃的鳃丝软骨。从

鳃的腐烂部分取下一小块鳃丝放在显微镜下检查,一般可见到鳃丝骨条尖端外露,附着许多黏液和污泥,并附有很多细长的杆菌。

④ 诊断:可分为初步诊断、实验室诊断和鉴别诊断。

初步诊断:肉眼诊断的要点是鱼体发黑,鳃盖骨的内表皮往往充血,部分病鱼鳃盖骨出现"开天窗"现象;鳃丝肿胀,黏液增多,鳃丝末端腐烂缺损,严重时软骨外露。

取鳃上淡黄色黏液或剪取少量病灶处鳃丝制成水浸片,放置 20～30 min 后在显微镜下观察,见有大量细长、滑行的杆菌。有些菌体一端固定,另一端呈括弧状缓慢往复摆动;有些菌体聚集成堆,似火柴棒,菌体柔软、活动活泼。

实验室诊断:可根据农业部水产行业标准《鱼类细菌病检疫技术规程 第 2 部分:柱状嗜纤维菌烂鳃病诊断方法》(SC/T 7201.2—2006)进行。取具有临床症状的病鱼鳃丝一小块置于滴有无菌水的载玻片的边缘约 10 min,用接种环蘸水在胰胨培养基(胰蛋白胨 0.5 g,牛肉膏 0.5 g,酵母膏 0.5 g,醋酸钠 0.2 g,水 1 000 ml)平板上划线,25℃培养 2天左右,挑取疑似菌落纯化后进行革兰氏染色和生化检测,确定病原为柱状黄杆菌,可判定为细菌性烂鳃病。

鉴别诊断:应注意与下列鳃病相区别。

车轮虫、指环虫等寄生虫引起的鳃病:在显微镜下可以见到鳃上有大量的车轮虫或指环虫。

中华鳋引起的鳃病:鳃上能看见挂着像小蛆一样的中华鳋,或病鱼鳃丝末端肿胀、弯曲和变形。柱状黄杆菌烂鳃无此现象。

鳃霉引起的鳃病:在显微镜下可见到病原体的菌丝进入鳃小片组织或血管和软骨中生长。柱状黄杆菌则不进入鳃组织内部。

⑤ 防控措施:包括预防措施和治疗方法。

预防措施:彻底清塘,保持水质清洁,鱼池施肥时应施用经过充分发酵后的有机肥。

选择优质健康鱼种。鱼种下塘前,用 10 mg/L 浓度的漂白粉水溶液药浴 15～30 min,或用 2%～4%食盐水溶液药浴 5～10 min。

在发病季节,每周全池遍洒漂白粉 1～2 次,使水体漂白粉浓度达到 1 mg/L 左右;每半个月遍洒 1 次石灰水,每 667 m²(水深 1 m)用生石灰 20 kg。

治疗方法:使用氯制剂、碘制剂等化学消毒剂对池塘水体进行泼洒消毒,用法用量按使用说明书。使用中草药进行治疗,可选用双黄苦参散、青板黄柏散、三黄散、板蓝根末、大黄散、大黄芩鱼散、大黄五倍子散等中草药治疗,用法用量按使用说明进行。使用抗菌药物进行治疗,拌饵投喂恩诺沙星、氟苯尼考、盐酸多西环素,或用国家规定的其他水产养殖用抗菌药物,连用 3 天,但必须对症、对因使用。

■ **（2）细菌性肠炎**

① 病原：嗜水气单胞菌（*Aeromonas hydrophila*）、豚鼠气单胞菌（*A. cauiae*）、温和气单胞菌（*A. sobria*）等（陈翠珍等，1999）。革兰氏阴性短杆菌，两端钝圆，多数两个相连，极端单鞭毛，有运动力，无芽孢，大小为（0.4~0.5）μm ×（1~1.3）μm。

② 危害与流行特点：细菌性肠炎是我国饲养鱼类中最严重的病害之一。本病的死亡率高，一般为 50% 左右，发病严重的鱼池死亡率可高达 90% 以上。本病在全国各养鱼地区均有发生，从鱼种至成鱼都可受害。全国各地区的流行季节和严重程度随气候变化而有差异，南方 3—4 月开始发病，而北方则要到 5—6 月才会流行。发病时间北方较南方迟，而发病的严重程度则北方也较南方缓和。就全国范围来讲，每年 4—10 月为草鱼肠炎病的高发季节；常表现为两个流行高峰，1 龄以上的草鱼发病多在 5—6 月，当年草鱼种大多在 7—9 月发病。

嗜水气单胞菌和豚鼠气单胞菌等为条件致病菌，在水体及池底淤泥中常有大量存在，在健康鱼体的肠道中也是一个常居者。当条件恶化、鱼体抵抗力下降时，病菌在肠内大量繁殖，可导致本病暴发。病原体随病鱼及带菌鱼的粪便而排到水中，污染饲料，容易经口感染易感鱼发病。

③ 临床症状与病理：患细菌性肠炎的草鱼，外部病变是体表发黑，肛门红肿，严重时肛门向外突出，轻压腹部或仅将头部提起即有黄色黏液或血脓从肛门处流出。剖开鱼腹，早期可见肠壁充血发红、肿胀发炎，肠腔内没有食物或只在肠的后段有少量食物，肠内有较多黄色或黄红色黏液。

在组织病理上，患病草鱼的肝、脾、肾、肠道渗出性和出血性的炎症较为严重，肠道还出现黏膜剥离，固有层明显出血。

④ 诊断：包括初步诊断、实验室诊断和鉴别诊断。

初步诊断：根据症状可作出初步诊断。草鱼患细菌性肠炎时，一般都身体发黑，离群独游，游动迟缓，时而浮出水面，时而潜入水中。捞起临死草鱼肉眼可见病鱼肛门红肿，鳍条充血，肠道发炎并充满黄黏液或血脓，有时内脏也充血发炎。

实验室诊断：确诊则需从肝、肾或血中分离到气单胞菌。由嗜水气单胞菌及豚鼠气单胞菌感染引起的肠炎，可根据水产行业标准《鱼类细菌病检疫技术规程 第 3 部分：嗜水气单胞菌及豚鼠气单胞菌肠炎病诊断方法》（SC/T 7201.3—2006）进行。

鉴别诊断：与草鱼病毒性出血病的肠炎相区别。患细菌性肠炎时，肠道充血发红，尤以后肠段明显，肛门红肿、外突，肠道内充满黄色积液，用手轻按腹部时，有似脓状液体流出；而单纯性病毒性出血病的鱼则无此症状。与赤皮病的肠炎相区别。有时患赤皮病鱼的肠道也充血发红,但不如细菌性肠炎严重和具有特征性。其主要症状在体表,体表皮肤局部或大部分发炎、出血,鳞片脱落。单纯细菌性肠炎病鱼的皮肤鳞片一般完整无损。

⑤ 防控措施:包括预防措施和治疗方法。

预防措施:彻底清塘消毒,保持水质清洁,通过及时施放适量的净水菌等微生物制剂,以降解有害化学物质和抑制有害病原微生物繁殖。严格执行"五定"投饲技术,即定质、定量、定时、定位、定人,不投喂变质饲料。若不注意饲料质量,或时饥时饱,既不利于提高饲料利用率,也易引起肠炎等消化道疾病。培养抵抗力强的鱼种,选择优良健康鱼种,鱼种放养前用 8~10 mg/L 的漂白粉浸洗 15~30 min。发病季节,每隔 15 天用漂白粉或生石灰在食场周围泼洒消毒;或用 1 mg/L 漂白粉或 20~30 mg/L 生石灰全池泼洒,消毒池水可有效减少肠炎病的发生。由于草鱼细菌性肠炎往往与病毒性出血病并发,使用组织浆灭活疫苗(土法疫苗)不仅能预防病毒性出血病,也对细菌性肠炎等有一定的预防作用。

治疗方法:使用含氯、含碘消毒剂或表面活性剂消毒水体,如漂白粉全池泼洒,使池水成 1 mg/L 的浓度。使用中草药进行治疗,可选用山青五黄散、双黄苦参散、青板黄柏散、三黄散、板蓝根末和大黄五倍子散等中草药治疗,用法用量按使用说明进行。使用酰胺醇类药物进行治疗,每天 2~3 次,每次拌饵投喂甲砜霉素粉(规格为 100 g : 5 g)0.35 g/kg 体重,连用 3~5 天;或选用国家规定的其他水产养殖用抗菌药物,如复方磺胺二甲嘧啶粉、复方磺胺甲唑粉和恩诺沙星粉等,但必须对症、对因使用。

(3) 赤皮病

赤皮病俗称擦皮瘟,又称出血性腐败病,是草鱼的又一种比较严重的疾病。在草鱼病毒性出血病未发现以前,通常人们所说的草鱼"三大病",即肠炎、烂鳃病和赤皮病。

① 病原:荧光假单胞菌(*Pseudomonas fluorescens*)、铜绿假单胞菌(*P. aeruginosa*)等,菌体短杆状,两端圆形,大小(1.5~3.0) μm×(0.5~0.8) μm,单个或两个相连,偶尔成短链。菌体极端着生 1~3 根鞭毛,有运动力,不产生芽孢,能形成荚膜,革兰氏染色阴性。

② 流行特点及危害:赤皮病是草鱼、青鱼的主要病害之一。该病在草鱼、青鱼中很普遍,危害也很严重,且常与肠炎、烂鳃病并发。鲤、鲫、团头鲂等多种淡水鱼均可患此病,因而为我国各养鱼地区的常见病和多发病,从南到北、从东到西均有发生。赤皮病一年四季都流行,尤其在捕捞、运输、放养时鱼体受到机械损伤后,以及北方越冬冻伤后,或体表被寄生虫寄生而受损时,容易引发流行。本病虽终年可见,但主要流行期是在水温较高的春、夏、秋季。

③ 临床症状与病理:患赤皮病的草鱼体表呈局部或大部分出血、发炎,鳞片脱落,尤

其是鱼体两侧及腹部最为明显。病鱼行动缓慢,鳍条基部充血,鳍条末端腐烂,鳍间组织破坏(蛀鳍),在鳞片脱落和鳍条腐烂处往往出现水霉菌寄生。有的病鱼颌部及鳃盖部充血,有的病鱼肠道也充血、发炎。草鱼赤皮病有急性型和慢性型之分,慢性型病鱼出现腹膜炎及大量腹水。对草鱼赤皮病皮肤的组织病理观察显示,单核炎性细胞渗入皮肤,结缔组织增生,有时炎症反应发展到肌肉组织。

④ 诊断:可分为初步诊断、实验室诊断和鉴别诊断。

初步诊断:根据外表症状即可初步诊断,如鳍条末端腐烂、鳞片脱落、鳞片脱落处有出血点或出血斑等,并且患病鱼一般有受伤史。

实验室诊断:根据水产行业标准《鱼类细菌病检疫技术规程 第4部分:荧光假单胞菌赤皮病诊断方法》(SC/T-7201.4—2006)进行。

鉴别诊断:应与疖疮病相区别。疖疮病的初期体表也充血、发炎,鳞片脱落,但局限在小范围内,且红肿部位高出体表。

⑤ 防控措施:包括预防措施和治疗方法。

预防措施:对该病的预防,首先要防止鱼体受伤,拉网、运输时要小心谨慎,运输工具要合适,发现寄生虫要及时进行处理。

北方越冬池应增加水深,以防鱼体冻伤。

鱼种放养前可用3%～4%食盐水浸泡5～15 min;或用5～8 mg/L漂白粉溶液浸泡20～30 min。

治疗方法:全池泼洒消毒药物,如用1 mg/L的漂白粉等进行全池遍洒消毒,连用2～3天。使用中草药进行治疗,可选用双黄苦参散、山青五黄散、根莲解毒散、加减消黄散和青连白贯散等中草药治疗,用法用量按使用说明进行。使用磺胺类药物进行治疗,每日拌饵投喂磺胺间甲氧嘧啶钠粉(以磺胺间甲氧嘧啶钠计,规格为10%)80～160 mg/kg体重(首次用量加倍),连用4～6天;或选用国家规定的其他水产养殖用抗菌药物,如盐酸环丙沙星、盐酸小檗碱预混剂,但必须对症、对因使用。

(4) 淡水鱼细菌性败血症

淡水鱼细菌性败血症俗称淡水鱼暴发病、淡水鱼类暴发性出血病和出血性腹水病等。

① 病原:嗜水气单胞菌(Aeromonas hydrophila)、维氏气单胞菌(A. veronii)等,同属的温和气单胞菌(A. sobria)、豚鼠气单胞菌(A. caviae)等也有一定的致病性,可造成类似病症。

嗜水气单胞菌为革兰阴性短杆菌,大小为(1.2～2.2) μm×(0.5～1.0) μm,单个或成对或短链状,极端单鞭毛,无芽孢和荚膜,具有运动性,兼性厌氧,最适生长温度 22～28℃。嗜水气单胞菌存在溶血素、胞外蛋白酶等致病因子,其中溶血素是主要的致病因子,可引起血细胞溶解、肠道和肝、脾、肾等重要器官病变、坏死,最终引起鱼体死亡。

嗜水气单胞菌的 O 抗原复杂,我国鱼源株主要有 O9 型和 O5 型。根据嗜水气单胞菌 ERIC‑PCR 指纹图谱分型结果显示,我国广东、江西、湖北等 16 个省份采集的 343 株嗜水气单胞菌,基本分为 7 个大群、16 个小类。在 7 个大群中,Ⅲ、Ⅳ群占菌株的绝大多数。

② 流行特点及危害:20 世纪 80 年代末期在我国淡水鱼养殖地区开始暴发流行。该病是我国流行地区最广、流行季节最长、危害淡水鱼种类最多、危害鱼的年龄范围最大、造成损失最严重的急性传染病。危害对象主要有白鲫、异育银鲫、鲢、鳙、鲤、鲮、团头鲂等淡水鱼,少数草鱼、青鱼也会发病。从夏花鱼种到成鱼均可感染,但以 2 龄成鱼为主。可发生于精养池塘、网箱、网栏和水库等养殖模式,重症鱼池死亡率 95% 以上。该病在水温 9～36℃均有流行,流行期为 3—11 月,高峰期为 5—9 月,尤以水温持续在 28℃以上、高温季节后水温仍保持 25℃以上时最为严重。

③ 临床症状:典型病症包括病鱼出现体表严重充血及内出血;眼球突出,眼眶周围充血;肛门红肿,腹部膨大,腹腔内积有淡黄色透明腹水或红色混浊腹水;鳃、肝、肾的颜色均较淡,肝脏、脾脏、肾脏肿大,胆囊肿大,肠系膜、肠壁充血,有的出现肠腔积水或气泡。部分病鱼还有鳞片竖起、肌肉充血和鳔壁后室充血等症状。

对草鱼细菌性败血症的研究,祖国掌等(2000)认为该病病原菌为嗜水气单胞菌,其发病症状表现为:患病草鱼色素变淡,鳍基部及鱼体两侧轻度充血,濒死的鱼体严重充血甚至出血,眼眶周围明显充血,肛门红肿。解剖观察,脾、肾、肝脏明显肿大,脾脏呈微黑色,肠壁充血,肠内无食物而有很多浅黄色黏液,有的腹腔内充满黄色腹水。

④ 诊断:根据该病的流行病学、临床症状和病理变化可初步作出诊断。如需确诊,必须经实验室诊断。对于致病性嗜水气单胞菌的检测,可参考国家标准《致病性嗜水气单胞菌检验方法》(GB/T 18652—2002)。

根据症状及流行情况进行初步诊断:在诊断时,应注意与由病毒感染引起的草鱼出血病的区别。草鱼出血病主要危害草鱼、青鱼的鱼种,而细菌性败血症危害多种淡水养殖鱼类,且对鱼种、商品鱼都有危害。

病原生理生化检测:用血平板、麦康凯平板或 TSA 培养基直接分离培养,分离株革兰染色阴性,氧化酶阳性。此外,关键的生化指标为:葡萄糖产气,发酵甘露醇、蔗糖,利用阿拉伯糖,水解七叶苷/水杨苷,鸟氨酸脱羧酶阴性。也可应用 ID 32E 革兰阴性细菌鉴定试剂条在相应的细菌鉴定仪上获取鉴定结果。

分子生物学技术诊断:采用 PCR 技术,通过对分离细菌 16s rRNA 基因、气溶素基因双重 PCR 方法,诊断是否为致病性嗜水气单胞菌。

⑤ 防控措施:包括预防措施和治疗方法。

预防措施:清除过厚的淤泥是预防该病的主要措施。冬季干塘彻底清淤,并用生石灰或漂白粉彻底消毒,以改善水体生态环境。发病鱼池用过的工具要进行消毒,病死鱼要及时捞出深埋而不能到处乱扔。鱼种在下塘前注射或浸泡嗜水气单胞菌疫苗,按照产品说明书使用。鱼种尽量就地培育,减少搬运,并注意下塘前要进行鱼体消毒。可用 15~20 mg/L 浓度的高锰酸钾水溶液药浴 10~30 min。加强日常饲养管理,正确掌握投饲技术,不投喂变质饲料,提高鱼体抗病力。流行季节,用生石灰浓度为 25~30 mg/L 化浆全池泼洒,每半个月 1 次,以调节水质。食场定期用漂白粉、漂白粉精等进行消毒。

治疗方法:水体消毒,按 0.2~0.3 mg/L 三氯异氰脲酸粉使用量经水溶解、稀释后全池泼洒。使用抗菌药物治疗,每天 2~3 次,每次拌饵投喂甲砜霉素粉(规格为 100 g:5 g)0.35 g/kg 体重,连用 3~5 天;或选用国家规定的其他水产养殖用抗菌药物,如多西环素粉、氟苯尼考粉或恩诺沙星粉等,但必须对症、对因使用。

▣ (5) 白头白嘴病

① 病原:根据原湖北省水生生物研究所(中国科学院水生生物研究所)的研究(1976)认为,草鱼白头白嘴病和细菌性烂鳃病病原菌同属一种,是由柱状黄杆菌(鱼害黏球菌的异名)所引起。病菌菌体细长,柔软易弯曲,粗细为 0.6~0.8 μm,两端钝圆,革兰染色呈阴性。病原易感染体表机械损伤处或被寄生虫寄生部位。

对白头白嘴病的病原体有一个认识过程。1961 年以前,认为它是由车轮虫或钩介幼虫寄生引起。在生产实践中也往往碰到用杀灭车轮虫有良好效果的药物治疗此病达不到完全治愈的效果。直到致病菌的分离和感染成功,才对白头白嘴病有了较为明确的认识。

② 流行特点:白头白嘴病是对草鱼夏花鱼种等危害较大的一种细菌病,鱼苗培养 20 天左右以后若不及时分塘就容易发生此病。此病发生快、来势猛,一日之间能使成千上万的夏花草鱼死亡,严重发病池中的野杂鱼如花鳅、麦穗鱼等也会被感染致死。在我国长江和西江流域各养鱼地区都有白头白嘴病出现,尤以华中、华南地区最为流行,使生产遭受很大损失。该病流行季节一般从 5 月下旬开始出现,6 月是发病高峰,7 月中旬以后比较少见。

③ 临床症状与病理:病鱼自吻端至眼球的一段皮肤失去正常的颜色而变成乳白色,唇似肿胀、张闭失灵,因而造成呼吸困难,口周围的皮肤溃烂,有絮状物黏附其上,故在池边观察水面浮动的鱼时,可见"白头白嘴"症状。若将鱼拿出水面再看,则症状不明显。

用显微镜检查病灶部位的刮下物,除看到大量离散崩溃的细胞、黏液红细胞等外,还有群集成堆、左右摆动和个别滑动的黏球菌,常伴有许多运动活泼的杆菌。个别病鱼的颅顶和眼睛孔周围有充血现象,体表有灰白色毛茸物,尾鳍的边缘有白色镶边或尾尖蛀蚀,呈现"红头白嘴"症状。总之,病鱼一般较瘦,体色较黑,有气无力地浮游在下风近岸水面,对人声等反应极迟钝,不久即死亡。

组织病理观察,病鱼不仅体表、口腔、眼、鳃等上皮组织产生明显的病变,而且头部的软骨组织、横纹肌纤维也有不同程度的病变,使这些组织丧失了生理功能。病鱼鼻孔前的皮肤病变较为严重,上皮组织几乎全部坏死和脱落,甚至黏膜下层的疏松结缔组织也呈现水肿、变质、坏死现象。

④ 诊断:分为初步诊断和实验室诊断。

初步诊断:在水中,病鱼的额部和嘴的周围色素消失,呈现白头白嘴,从岸边观察在鱼池水面游动的病鱼,这种症状颇为显著。将病鱼拿出水面肉眼观察时,往往症状不明显。严重的病灶部位发生溃烂,个别病鱼的头部有充血现象。病鱼体瘦发黑,散乱地集浮在近岸水面,不停地浮头,不久即出现大量死亡。

实验室诊断:可参照水产行业标准《鱼类细菌病检疫技术规程 第2部分:柱状嗜纤维菌烂鳃病诊断方法》(SC/T 7201.2—2006)进行。

⑤ 防治措施:包括预防措施和治疗方法。

预防措施:彻底清塘。鱼池施肥时应施用经过充分腐熟发酵后的有机肥。根据有关资料报道,草食性哺乳类动物如牛、羊等的粪便,是黏细菌滋生场所,如果将未经发酵的牛、羊粪直接施入鱼池,就很可能将病原黏细菌带到鱼池水中,从而造成此病的流行。

选择优质健康鱼种。鱼种下塘前,用10 mg/L的漂白粉水溶液或15~20 mg/L高锰酸钾水溶液药浴15~30 min;或用2%~4%食盐水溶液药浴5~10 min。

合理密养。夏花应及时分塘,鱼苗长到2~3 cm便要及时疏稀。

在发病季节,每周全池遍洒漂白粉1~2次,每月在食场周围遍洒生石灰2~3次。

治疗方法:全池泼洒漂白粉,浓度为1 mg/L,连用2~3天。中药治疗,每667 m²(水深1 m)用菖蒲1.5 kg、艾叶2.5 kg,捣烂后与2.5 kg食盐混合,全池遍洒。也可使用国家规定的水产养殖用抗菌药物拌料治疗。

(6) 疖疮病

① 病原:豚鼠气单胞菌(*Aeromonas caviae*)。草鱼疖疮病又称瘤痢病,王德铭(1957)鉴定其病原菌为疖疮型点状产气单胞杆菌(*Aeromonas punctata f. furnculus*),《伯杰氏细菌鉴定手册》(1994)中,点状产气单胞杆菌(*A. punctata*)已被豚鼠气单胞菌(*A. caviae*)

的名称所取代。该菌菌体短杆状,两端圆形,大小为(0.8~2.1)μm×(0.35~1.0)μm。单个或两个相连,极端单鞭毛,有荚膜,无芽孢,革兰氏染色阴性。

大西洋鲑、虹鳟等鲑科鱼类疖疮病的病原为杀鲑气单胞菌(A. salmonicida)(李绍戊等,2015)。

②流行特点:疖疮病主要危害青鱼、草鱼、鲤、团头鲂,鲢、鳙也有发生。鱼苗、夏花未见患疖疮病,虽然数月龄的当年鱼种也有患此病的,但一般来说,高龄鱼有更易患疖疮病的倾向。此病在我国各养殖地区均有发现,但不多见,常为散发性;无明显的流行季节,一年四季都可能出现。一般水质污浊、养殖密度过大、水质较肥、鱼体受伤则容易发生。

③临床症状与病理:患病草鱼通常背鳍基部两侧和尾鳍基部皮下肌肉组织发炎,生出1个或多个有如人类疖疮相似的脓疮,隆起并红肿,用手触摸有柔软浮肿的感觉,切开患处,脓疮内部可见肌肉溶解,充满脓汁、血液,呈灰黄色的混浊或凝乳状。

病理组织切片可见患处的真皮发生肿胀、变性、充血和出血,但尚未坏死。病灶中心的骨骼肌纤维已完全解体,在其中可看到大量杆菌、脓液及少量已坏死解体的炎症细胞。

④诊断:根据症状、病理变化及流行情况即可作出初步诊断。当疖疮部位尚未溃烂时,切开疖疮,明显可见肌肉溃疡含脓血状的液体。涂片检查时,可以在显微镜下看到大量的细菌和血细胞。应注意与黏孢子虫感染导致的肌肉隆起相区分,后者显微镜观察可见患处有大量的黏孢子虫寄生。

确诊则需从脓疮或内脏中分离到病原菌——豚鼠气单胞菌,并参照水产行业标准《鱼类细菌病检疫技术规程　第3部分:嗜水气单胞菌及豚鼠气单胞菌肠炎病诊断方法》(SC/T 7201.3—2006)进行鉴定。

⑤防控措施:包括预防措施和治疗方法。

预防措施:注意保持池水洁净,使用含漂白粉、聚维酮碘等国家规定的水产养殖用水体消毒剂,用法用量按产品说明书。避免寄生虫感染。谨慎操作,勿使鱼体受伤,可减少此病发生。

治疗方法:外泼消毒药物。使用含漂白粉、聚维酮碘等消毒剂消毒水体,用法用量按产品说明书,连用3~5天。内服中草药。拌饵投喂大黄五倍子粉0.4~1 g/kg体重,连用5~7天。内服抗菌药物。拌饵投喂复方磺胺二甲嘧啶钠粉(规格为250 g:磺胺二甲嘧啶10 g+甲氧苄啶2 g)1.5 g/kg体重,每天2次,连用6天;或选用国家规定的其他水产养殖用抗菌药物,但必须对症、对因使用。

（7）竖鳞病

① 病原：一般认为是豚鼠气单胞菌（*Aeromonas caviae*）（安利国等，1998），该菌短杆状，近圆形，单个排列，有动力，无芽孢，革兰染色阴性。国内外也学者认为，嗜水气单胞菌、荧光假单胞菌、鲴爱德华氏菌等可引起不同鱼类品种发生竖鳞病（马国文等，1999）。

② 流行特点：竖鳞病又称鳞立病、松鳞病和松球病等，主要危害鲤，草鱼有时也会发生，从较大的鱼种至亲鱼均可受害。在我国东北、华北、华东及四川等养鱼地区常有发生，主要流行于静水养鱼池和高密度养殖条件下，流水养鱼池中较少发生。该病主要发生在春季，水温 17~22℃流行，有时在越冬后期也有发生。

③ 临床症状：疾病早期鱼体发黑，体表粗糙。鳞片竖立，向外张开像松球（有时不是全部而是部分，特别在前部和尾部）。鳞片基部的鳞囊水肿，内部积聚半透明或含有血的渗出液，以致鳞片竖起。严重时，全身鳞片竖立，鳞囊内积有含血的渗出液，用手指轻压鳞片，渗出液就从鳞片下喷射出来，鳞片也随之脱落。病鱼常伴有鳍基、皮肤轻微充血，眼球突出，腹部膨大，腹腔内积有腹水。随着病情发展，病鱼表现迟钝，呼吸困难，身体倒转，腹部向上，这样持续 2~3 天后死亡。

④ 诊断：包括初步诊断、实验室诊断和鉴别诊断。

初步诊断：根据眼球突出、腹部膨大、鳞片竖起、鳞囊内有液体、轻压鳞片可喷射出渗出液等症状可作出初步判断。镜检鳞囊内的渗出液，可见大量革兰氏阴性短杆菌，即可作出进一步诊断。

实验室诊断：确诊则需从肾脏、肝脏等内脏组织中分离到病原菌（如豚鼠气单胞菌、嗜水气单胞菌），并参照水产行业标准《鱼类细菌病检疫技术规程 第 3 部分：嗜水气单胞菌及豚鼠气单胞菌肠炎病诊断方法》（SC/T 7201.3—2006）进行鉴定。

鉴别诊断：应注意的是，当大量鱼波豆虫寄生在鳃部鱼鳞囊内时，也可引起竖鳞症状。用显微镜检查鳞囊内渗出液即可区别。

⑤ 防控措施：包括预防措施和治疗方法。

预防措施：鱼体受伤是引起此病的重要原因，在捕捞、运输和放养等操作过程中，尽量避免鱼体受伤。经常泼洒生石灰水（10~15 kg/667 m²）可起到预防作用；在发病初期加注或换入新水，可使病情减轻。用 3% 食盐水浸泡病鱼 10~15 min；或用 2% 食盐和 3% 小苏打混合液浸泡 10 min；或用捣烂的大蒜 250 g 加入 50 kg 水配成混浊液多次浸泡病鱼。

治疗方法：使用中草药进行治疗，可选用青板、黄柏散等中草药治疗，用法用量按使用说明进行。使用磺胺类药物进行治疗，每天 2 次，每次拌饵投喂复方磺胺二甲嘧啶钠粉 1.5 g/kg 体重,连用 6 天;或选用国家规定的其他水产养殖用抗菌药物,如盐酸环丙沙星预混剂,但必须对症、对因使用。

6.3.3 · 霉菌性疾病

(1) 水霉病

① 病原:据已有的资料可知,引起草鱼水霉病的病原体的种类隶属于卵菌纲(Oomycetes) 中的水霉目(Saprolegniales)、霜霉目(Peronosporales) 和芽枝菌目(Blaslocladiales)。其中,水霉科(Saprolegniaceae) 中的水霉属(Saprolegnia)、绵霉属(Achlya) 和丝囊霉属(Aphanomyces) 种类最为常见,也是鱼卵孵化、鱼类培育和成鱼养殖中主要的病原体。随着学科的发展,水霉、绵霉、丝囊霉等早已从真菌中划分到茸鞭生物界(Stramenopilia),该界还包括金褐藻属、硅藻属和海带等(李明春等,2006)。

② 流行特点:水霉病又称肤霉病或白毛病,是草鱼常见的疾病之一。该病在我国流行很广、危害较大,各地养殖场都可发现,尤以长江流域主要养鱼地区较为普遍。由于水霉菌对温度的适应性较宽,在 10~30℃ 内都能生长繁殖,繁殖适温为 13~18℃。每年 2—6 月、10—12 月是水霉病流行的季节,在密集的越冬池最容易发生水霉病。水霉病的发生与宿主的健康状况密切相关,特别是鱼类体表因各种原因出现外伤时,水霉菌的游动孢子可乘虚入侵并引发水霉病。对于体表完整、体质较强的个体,一般不发生水霉病。此外,水霉菌还可感染鱼卵,鱼卵感染后称太阳籽或卵丝病。

③ 临床症状与病理:在患病早期没有明显的症状,但随着病情的发展,病原迅速生长,菌丝一端深入宿主组织内,以宿主组织作为营养,造成发炎和坏死;另一端露在体表外大量生长,形成肉眼可见的灰白色棉毛状絮状物。由于病原分泌大量蛋白质分解酶,导致病鱼焦躁不安,并在池壁或网箱周围摩擦,加剧体表损伤;另外,随着病灶面积的扩大,大量棉絮状菌丝附于体表也加重鱼体负担,导致患病个体游动迟缓,食欲减退,最后瘦弱而死。

④ 诊断:根据体表形成肉眼可见的灰白色棉毛状絮状物可初步诊断。确诊需显微镜检查。若要鉴定水霉,需进行人工培养,根据其藏卵器和雄器的形状、大小和着生部位等判断。

⑤ 防控措施:包括预防措施和治疗方法。

预防措施:除去池底过多的淤泥,并用 200 mg/L 的生石灰或 20 mg/L 的漂白粉消毒。

加强饲养管理,提高鱼体抗病力。该病的发生与体表受伤密切相关,所以应尽可能避免鱼体受伤。

如亲鱼在人工繁殖时受伤，可在伤处涂抹 2% 的苯扎溴铵溶液等，或用 5 mg/L 的苯扎溴铵溶液进行浸泡。

治疗方法：该病目前尚无理想的治疗方法，只有在患病早期及时处理才有一定效果。外用复方甲霜灵粉。或选用对霉菌具有杀灭作用的含碘消毒剂，如聚维酮碘溶液；或用 8 mg/L 的食盐与小苏打合剂（1∶1）全池泼洒；根据水霉菌对盐度较为敏感的特性，采用 2%~5% 食盐溶液浸泡病鱼 5~10 min 有一定的效果。内服抗细菌的药物（如磺胺类等），以防止细菌继发感染。

（2）鳃霉病

① 病原：鳃霉属（*Branchiomyces*）的血鳃霉（*Branchiomyces sanguinis* Plehn，1921）。我国鱼类寄生的鳃霉，从菌丝的形态和寄生情况来看，有两种类型。寄生在草鱼鳃上的鳃霉，菌丝较粗直而少弯曲，分支很少，通常是单枝诞生生长，不进入宿主血管和软骨，仅在鳃小片的组织生长；菌丝直径 20~25 μm，孢子较大，直径 7.4~9.6 μm。寄生在青鱼、鳙、鲮、黄颡鱼鳃上的鳃霉，菌丝较细，壁厚，常弯曲成网状，分支特别多，分支沿鳃丝血管或穿入软骨生长，纵横交错，充满鳃丝和鳃小片；菌丝直径为 6.6~21.6 μm，孢子直径为 4.8~8.4 μm。

② 流行特点及危害：鳃霉病是危害养殖草鱼比较严重的一种病，从鱼苗到成鱼都可以被感染，尤其对鱼苗和夏花鱼种危害更大，可在数天内引起病鱼大量死亡。流行季节为水温较高的 4—10 月，尤以 5—7 月为发病高峰期，特别是在水中有机质含量较高时，容易暴发此病。鳃霉病在我国南方及东北地区均有流行，特别是在广东和广西地区采用大草堆肥养鱼的池塘易发生，是草鱼"埋坎"病的主要病原体。

③ 临床症状与病理：病鱼游动缓慢，鳃上黏液增多，鳃上出现点状出血、瘀血或缺血的斑点，呈现花鳃。病情严重时，鱼高度贫血，整个鳃呈青灰色，有的病鱼体表有点状充血现象。

病原体侵入鳃丝组织里生长发育，不断分支，破坏鳃丝组织。鳃丝组织被鳃霉菌侵蚀破坏后，呈不规整形白点状，失去正常的鲜红色，色泽苍白。病鱼失去正常游动姿态，呼吸困难，如不及时治疗，终因呼吸受阻而死亡。

④ 诊断：根据临床症状和病理变化可作出初步诊断。剪少许病鳃用显微镜检查，当发现有大量鳃霉寄生时，可作出初步诊断。确诊需进行病原分离，具体方法可参见《鱼鳃霉病检疫技术规范》（SN/T 2439—2010）。

⑤ 防控措施：该病迄今尚无有效的治疗方法，主要是预防。具体措施包括：

放养前必须彻底清淤,用450 mg/L生石灰,或40 mg/L漂白粉彻底消毒。

加强饲养管理,注意水质,尤其是在疾病流行季节应定期灌注清水。

避免采用大草堆肥的方式,而应采用混合堆肥法养鱼,应施经过充分发酵后的有机肥。

在鳃霉病初起时,用10~15 kg/667 m² 生石灰全池遍洒,对预防此病效果显著。

6.3.4 · 寄生虫病

▤ (1) 车轮虫病

① 病原:草鱼车轮虫病的病原包括显著车轮虫(*Trichodina nobillis* Chen)、眉溪小车轮虫(*Trichodinella myakkae* Muller, 1937)等。在显微镜下观察,虫体侧面观如毡帽状,运动时如车轮转动样。隆起的一面为口面,相对而凹入的一面为反口面。反口面最显著的构造是具齿轮状的齿环,齿环由齿体互相套接而成,齿体似空锥,分为锥体、齿钩和齿棘三部分。车轮虫用附着盘(反口面)附着在鱼的鳃丝或皮肤上,并来回滑动,有时离开宿主在水中自由游动。

② 流行特点及危害:显著车轮虫病是流行普遍、危害比较大的纤毛虫病。我国各养鱼地区,特别是长江和西江流域各地的养殖场,每年5—8月,在鱼苗养成夏花鱼种的池塘往往易发生严重的车轮虫病。眉溪小车轮虫病像显著车轮虫病一样流行很广泛,全国各地养殖场,特别是黄河以南的各地养殖场都有发生,尤以从夏花养至13~17 cm鱼种阶段和丰产鱼塘较普遍,有时冬末、春初的鱼种越冬池常因小车轮虫病的出现而影响鱼体成长和产量。当环境不良时,如有机质含量高、放养密度过大和连续下雨等情况下,车轮虫往往大量繁殖,引起淡水鱼苗、鱼种致死,有时死亡率较高。

此病易发生在面积小、水较浅而又不流动的鱼池,尤其是在采用大草或粪肥直接沤水来饲养鱼苗的夏花鱼池。水质比较差、含有机质高、放养密度比较大的池塘,是滋生显著车轮虫病的主要场所。离开鱼体的车轮虫能在水中自由生活1~2天之久。这种自由生活状态的虫体,可直接侵袭新的寄主,也能很快地随水流转移到别的水体。特别要注意鱼池中的蝌蚪、水生甲壳动物、扁卷螺和其他水生昆虫的幼虫,它们均是显著车轮虫的暂时携带者。

③ 临床症状:车轮虫主要寄生在鱼类鳃、皮肤、鼻孔、膀胱和输尿管等处,如大量寄生时,由于它们的附着和来回滑行,刺激鳃丝大量分泌黏液,形成一层黏液层,引起鳃上皮增生,妨碍呼吸。在苗种期的幼鱼体色暗淡、失去光泽,食欲不振甚至停止吃食,鳃的上皮组织坏死、崩解,呼吸困难,有时会出现"跑马"症状,终因衰弱而死。

显著车轮虫病主要寄生在鱼的体表、鳍条、口腔和鼻腔,也寄生于鳃上。由于虫体附着在体表皮肤,刺激皮肤组织分泌较多的黏液,严重影响到鱼的呼吸和行动。鱼体一般身体发黑,游动迟缓。有时在鱼的头部也因车轮虫的大量存在而出现所谓的"白头"病,这时如不及时处理,会造成鱼种死亡。

眉溪小车轮虫主要寄生在草鱼的鳃丝和鼻腔内,当被其感染时,病鱼鳃丝分泌黏液多,将鳃丝彼此包裹起来。由于虫体充塞在鳃小片和鳃丝之间,致使呼吸困难,鱼体呈黑色,常在水面缓慢游动,并时有挣扎现象。

④ 诊断:在虫体寄生的鳃部或其他部位取少许样品置于载片上,制成涂片,在显微镜下观察到虫体且数量较多时即可诊断。

⑤ 防控措施:包括预防措施和治疗方法。

预防措施:鱼池在放养前用生石灰 125~150 kg/667 m² 彻底清塘,用混合堆肥法代替直接用大草或粪肥沤水法饲养夏花鱼种,抑制车轮虫大量繁殖。苗种培育期加强观察,判定感染强度。在低倍镜下 1 个视野达到 30 个以上虫体时,应及时采取治疗措施。

治疗方法:可用 2% 食盐水浸泡病鱼 15~20 min,或用 8% 硫酸铜溶液浸泡 15 min。全池泼洒硫酸铜、硫酸亚铁粉(5∶2),使池水浓度达 0.7 mg/L。每次使用雷丸槟榔散 0.3~0.5 g/kg 体重,拌饲投喂,隔日 1 次,连用 2~3 次;或用苦参散 1~2 g/kg 体重,拌饲投喂,连用 5~7 次。

(2) 斜管虫病

① 病原:淡水鱼类斜管虫病的病原体只有一种,即鲤斜管虫(*Chilodonella cyprini* Moroff, 1902)。虫体腹面观卵圆形,后端稍凹入。侧面观背面隆起,腹面平坦,活体大小为(40~60)μm×(25~47)μm。背面前端左侧有一行刚毛;腹面左侧有 9 条纤毛线,右侧有 7 条纤毛线。腹面有一胞口,由 16~20 根刺杆作圆形围绕成漏斗状的口管,末端弯转处为胞咽。大核椭圆形位于虫体后部,小核球形,一般位于大核的一侧或后面;伸缩泡 2 个,分别位于虫体前部和后部。以横二分裂及接合生殖繁殖。

② 流行特点及危害:斜管虫病的流行地区较为广泛,我国各养鱼地区都有发生,为一种常见的多发病。斜管虫适宜繁殖水温为 12~18℃,但水温低至 8~10℃仍可大量出现。因此,在江苏、浙江和湖北等地,在当年 10 月至翌年 4 月斜管虫病最易流行,而水温 28℃以上此病不易发生。鱼种越冬时,因斜管虫发生引起鱼种死亡较为常见,甚至越冬池中的亲鱼也发生死亡,为北方地区越冬后期严重的疾病之一。

③ 临床症状:斜管虫对草鱼鱼苗的侵害主要是损害皮肤和鳍条,而对鱼种和成鱼,除皮肤外,也侵袭鳃、口腔黏膜和鼻孔。当鱼体皮肤和鳃丝部位受大量病原体刺激时,引

起分泌大量的黏液,体表形成苍白色或淡蓝色的一层黏液层,各鳃小片黏合起来束缚鳃丝的正常活动。严重时,鱼体消瘦变黑,漂游于水面或停浮在鱼池的下风处,之后出现死亡。

④ 诊断:在虫体寄生的鳃部或其他部位取少许样品置于载片上制成水浸片,在显微镜下观察到虫体即可诊断。根据虫体的数量和密度,确定病害程度。

⑤ 防控措施:125~150 kg/667 m² 生石灰带水清塘。鱼种进池前要经过严格的检疫,如发现有病原体,要用 8 mg/L 硫酸铜浸洗 10~15 min,或用 2% 食盐水浸泡 10~20 min。越冬前应将鱼体上的病原体杀灭,再进行育肥;同时,尽量缩短越冬期的停食时间,开始摄食时,要投喂营养丰富的饲料。全池遍洒 0.7 mg/L 的硫酸铜、硫酸亚铁粉,水温在 10℃ 以下时,注意适当降低药物浓度。

(3) 小瓜虫病

小瓜虫病又称白点病,是寄生于淡水鱼类体表和鳃部的一种纤毛虫病,以病鱼体表或鳃呈现小白点为特征,对淡水养殖鱼类危害严重。

① 病原:多子小瓜虫(*Ichthyophthirius multifiliis* Fouquet,1876)。生活史分为成虫期、幼虫期和包囊期。

成虫期:成虫卵圆形或球形,大小为(350~800)μm×(300~500)μm,肉眼可见;虫体柔软,全身密布短而均匀的纤毛,大核呈马蹄形或香肠形,小核圆形。

幼虫期:体呈卵形或椭圆形,前端尖,后端圆钝;前端有 1 个乳突状的钻孔器;全身披有等长的纤毛,在后端有 1 根长而粗的尾毛;大核椭圆形或卵形,大小为(33~54)μm×(19~32)μm。

包囊期:离开鱼体的虫体或越出囊泡的虫体,沉入水底的物体上,分泌一层胶质厚膜将虫体包住,即是包囊。包囊圆形或椭圆形,白色透明,大小为(0.329~0.98)mm×(0.276~0.722)mm。

② 流行特点及危害:小瓜虫的地理分布甚为广泛,我国主要养鱼地区的池塘、湖泊和河川等水体中都有发现,对宿主无选择性,各年龄组的鱼类都能寄生,尤以鱼苗、鱼种及越冬后期的鱼种受害严重。小瓜虫繁殖最适水温一般为 15~25℃,当水温降低到 10℃ 以下和上升至 28℃ 时,发育即停止。因此,小瓜虫病的流行具有比较明显的季节性,主要流行于春、秋季;但当水质恶劣、养殖密度高、鱼体抵抗力低时,在冬季及盛夏也有发生。

③ 临床症状:多子小瓜虫是一种体型较大、肉眼能见的纤毛虫,寄生在草鱼的皮肤、鳍条和鳃组织里,对宿主上皮的不断刺激,引起上皮组织持续增生和病态浮肿,严重时全身皮肤和鳍条满布白色的包囊,故有"白点病"之称。

病鱼的主要症状表现为体表形成小白点。病情严重时,躯干、头、鳍、鳃和口腔等处都布满小白点,有时眼角膜上也有小白点。病鱼体色发黑,消瘦,游动异常,表皮糜烂,鳞片脱落,鳍条开裂,鱼体常与固体物摩擦,最后因病鱼呼吸困难而死亡。

④ 诊断:根据临床症状及流行情况可进行初步诊断。因鱼体表形成小白点的疾病,除小瓜虫病外,还有黏孢子虫病、打粉病等多种疾病,需用显微镜进行确诊。如没有显微镜,则可将有小白点的鳍剪下,放在盛有清水的白瓷盘中,在光线好的地方用2枚针轻轻将小白点的膜挑破,连续多挑几个,如看到有小球状的虫滚出并在水中游动,也可作出诊断。将有小白点的鳍或鳃剪下制成水浸片,在显微镜下检查可见球形滋养体,胞质中可见马蹄形的细胞核。

⑤ 防治:包括预防措施和治疗方法。

预防措施:防止野杂鱼类进入养殖体系,以免养殖鱼类受到小瓜虫感染。鱼塘灌满水之后至少要自净3天以后才能放入鱼苗,因为随水源引入的小瓜虫幼虫在没有找到宿主感染时,2天后会自行死亡。

曾经发生过小瓜虫病的鱼池,要清除池底过多淤泥,水泥池壁要进行洗刷,用生石灰或漂白粉进行消毒,并且在烈日下暴晒1周。

鱼下塘前进行抽样检查,如发现有小瓜虫寄生,应采用药物药浴。

保证鱼群的营养,如饲喂全价饲料和充足的多种维生素,可提高鱼体的免疫力,以减少鱼群发生小瓜虫病的机会。

治疗方法:小瓜虫病目前尚无理想的治疗方法,在疾病早期采取以下措施有一定效果。

幼虫孵化通常在夜间(即午夜至凌晨),刚孵出的幼虫对硫酸铜等药物敏感,故用药最好在夜间进行,以便杀灭抵抗力相对较弱的幼虫。

用盐度为20~30的盐水浸泡,对治疗和预防均有效;或将水温提高到28℃以上,以达到虫体自动脱落而死亡的目的。

在治疗的同时,必须将养鱼的水槽、工具进行洗刷和消毒,否则附在上面的包囊孵化后又可再感染其他鱼。

(4) 指环虫病

① 病原:草鱼指环虫病的病原主要是鳃片指环虫(*Dactylogyrus lamellatus*,也称页形指环虫)和鲩指环虫(*D. ctenopharyngodontis*),均属单殖吸虫纲、指环虫目、指环虫科、指环虫属中的成员。其中,鳃片指环虫寄生于草鱼鳃、皮肤和鳍条,虫体扁平,大小为(0.192~0.529)mm×(0.072~0.136)mm;具4个眼点,2对头器,后固着器上有1对中央

大钩,中央大钩具 1 对三角形的附加片。

② 流行特点:指环虫病是鱼类一种常见的多发病,也是一种全球性的鱼类寄生虫病,在我国各地均有指环虫存在的记录。指环虫可感染各种规格的草鱼,尤以鱼种最易感染,大量寄生可使苗种大批死亡。4~6 cm 草鱼寄生 400~500 个指环虫,在 15~20 天后死亡。指环虫生活史简单,幼虫发育不需经过变态,也不需中间宿主,在鱼鳃上直接发育为成虫,主要靠虫卵及幼虫传播。多数种类的指环虫适宜繁殖的水温为 20~25℃,因此,指环虫病多流行于春末、夏初。

③ 临床症状与病理:草鱼指环虫病主要发生在夏花和春片草鱼种,少量寄生时没有明显症状,大量寄生时病鱼体色变黑、身体瘦弱、游动缓慢、食欲减退,鳃部显著浮肿、黏液增加、鳃丝张开并呈灰暗色,最终死亡。指环虫的中央大钩刺入鱼鳃组织,边缘小钩刺进上皮细胞,造成鳃组织撕裂,妨碍呼吸,引起鳃出血,鳃丝苍白;机械损伤,还通常引起细菌和真菌的继发性感染。

急性型病鱼鳃的毛细血管充血、渗出,嗜酸性粒细胞和淋巴细胞浸润严重,呼吸上皮细胞肿胀、脱离毛细血管,以至坏死、解体;严重时,鳃小片坏死、解体一大片,附近的软骨组织也发生变性、淡染,但尚未坏死。慢性型的则增生较明显。

④ 诊断:严重感染指环虫的病鱼,在放大镜下仔细观察可看到鳃丝上布满灰白色群体。将这些白色群体用镊子轻轻取下,置入盛有清水的培养皿中,明显可见蠕动的虫体,由此可作初步诊断。

用显微镜检查鱼鳃的临时压片,当发现有大量指环虫寄生(如每片鳃上有 50 只以上,或在低倍镜下每个视野有 5~10 只)时,可确定为指环虫病。

指环虫与三代虫在外形和运动状态上相似,应注意区分。主要区别是指环虫的头部分为 4 叶,具 2 对眼点,后固着器有 7 对边缘小钩。

⑤ 防控措施:防治原则是防重于治。首先加强饲养管理,开展综合防治,防患于未然;同时,积极寻找新药和新措施,以提高防治效果。

常年发生指环虫病的鱼池,必须进行一次比较彻底的清塘消毒,以消除沉积于淤泥和悬浮于水中的虫卵。

鱼种放养前用 5 mg/L 精制敌百虫粉水溶液药浴 15~30 min,以杀死或驱除鱼种上寄生的指环虫。

全池遍洒精制敌百虫粉水溶液,使池水达 0.3~0.7 mg/L 浓度;或用阿苯达唑粉 0.2 g/kg 体重,拌饵投喂,连用 5~7 天;或用甲苯咪唑 1~1.5 g/m³ 水体,稀释 2 000 倍后均匀泼洒。

■ （5）三代虫病

① 病原：三代虫（*Gyrodactylus* spp.），泛指单殖吸虫纲、三代虫目、三代虫科、三代虫属中的一些种类。寄生于草鱼的主要是鳤三代虫（*Gyrodactylus ctenopharyngodontis*），虫体较大，大小为（0.33~0.57）mm ×（0.09~0.15）mm，身体前端有 1 对头器，后端的腹面有 1 个圆盘状的后固着器。后固着器由 1 对锚钩及其背腹联结棒和 8 对边缘小钩组成。三代虫为雌雄同体，胎生，胚胎内往往还有第二代和第三代胚胎，所以称为三代虫。

② 流行特点及危害：三代虫是一类常见的鱼类体外寄生虫，危害绝大多数野生及养殖鱼类。主要寄生在鱼的体表和鳃，病灶部位容易继发致病菌感染。我国各淡水区域均有发现，以湖北、广东及东北地区较为严重，在每年春季、夏季和越冬之后，饲养的鱼苗最为易感。

由于子代三代虫在母体内就孕育有自身的胎儿，出生后 24 h 内就可产出自身第 1 胎子代 ，以此类推。所以，三代虫繁衍能力很强，能产生大量后代。三代虫繁殖适宜水温为 20℃左右，故三代虫病主要发生在春、秋季及初夏，在苗种和成鱼的体表、鳃部都可寄生。感染途径主要是宿主间的直接接触感染。

③ 临床症状与病理：鳤三代虫主要寄生于草鱼的体表及鳃部，以大钩和边缘小钩钩在上皮组织及鳃组织上，利用头器的黏着作用在鱼体表或鳃上做尺蠖虫式运动，对鱼的体表及鳃部造成创伤。大量寄生时，幼鱼体色失去光泽，皮肤上有一层灰白色的黏液，食欲减退，鱼体瘦弱，呼吸急促，最终导致死亡；其病理与指环虫病类似。

④ 诊断：三代虫病没有特征性临床症状，确诊这种病最好的办法是通过镜检。刮取患病鱼体表黏液制成水浸片，置于低倍镜下观察，每个视野有 5~10 个虫体时，就可引起病鱼死亡。如将病鱼放在盛有清水的培养皿中用手持放大镜观察，也可在鱼体上见到小虫体在做蛭状活动。

三代虫与指环虫在外形和运动状态上相似，应注意区分。三代虫没有眼点，头部仅分为 2 叶，据此特征容易与指环虫区分开来。

⑤ 防控措施：同指环虫病。

■ （6）头槽绦虫病

① 病原：草鱼中寄生的有鳤头槽绦虫（*Bothriocephalus acheilognathi* Yamaguti，1934）和马口头槽绦虫（*B. opsariithchdis* Yamagutii）两种。鳤头槽绦虫，又名九江头槽绦虫。虫体带状，体长 20~250 mm，头节有一明显的顶盘和 2 个较深的吸沟，其生活史包括卵、钩球蚴、原尾蚴、裂头蚴和成虫 5 个阶段。虫卵随终末宿主鱼的粪便排入水中，卵在水中发

育为钩球蚴,钩球蚴被中间宿主剑水蚤吞食后约经 5 天发育为原尾蚴;感染了原尾蚴的剑水蚤被草鱼鱼种吞食后,在其体内发育为裂头蚴,最终变为成虫。

② 流行特点及危害:头槽绦虫主要引起夏花和春片草鱼发病,在鱼苗培育阶段常在 4 cm 左右的草鱼肠内可找到数以百计的裂头蚴及部分成虫,尤其对越冬的草鱼鱼种危害最大,死亡率可达 90% 左右。草鱼在 8 cm 以下受害最盛,当体长超出 10 cm 时,感染率即开始下降。在 2 龄以上的鱼体内,只能偶然发现少数的头节和不成熟的个体,这可能与草鱼在不同发育阶段摄食对象不同有关。

头槽绦虫病主要流行地区在广东、广西地区,湖北、福建及东北等地因引进广东草鱼夏花而有此病发生的报道,但未形成大范围流行。近年来,四川、贵州等地有报告此病严重发生的病例,应予以重视。

③ 临床症状与病理:头槽绦虫寄生于肠道内。严重感染的小草鱼体重减轻,显得非常瘦弱,不摄食,体表的黑色素增加,离群至水面,口常张开,故又称"干口病"。当严重寄生时,鱼肠前段第一盘曲膨大成胃囊状,直径较正常增大约 3 倍,肠壁的皱褶萎缩,表现出慢性肠炎症状,食欲减退或完全丧失。病鱼伴有恶性贫血现象,红细胞数仅为 96 万 ~ 248 万个/ml,而健康鱼为 304 万~408 万个/ml。

④ 诊断:纵向剪开肠道扩张部位,可见到白色带状绦虫即可确诊。

⑤ 防控措施:苗种池在培育苗种前用 0.05% 的生石灰或 0.02% 的漂白粉清塘,杀灭虫卵和剑水蚤。用 90% 精制敌百虫粉 50 g 与面粉 500 g 混合制成药面进行投喂,连喂 3 ~ 6 天。吡喹酮预混剂,每次 0.05 ~ 0.1 g/kg 体重,拌饵投喂,间隔 3 ~ 4 天使用 1 次,连续投喂 3 次。使用雷丸槟榔散等中成药拌料投喂,用法用量按使用说明进行。

■ （7）锚头鳋病

① 病原:草鱼锚头鳋(*Lernaea cteno pharyngondontis* Yin, 1960)。锚头鳋只有雌性成虫才营永久性寄生生活,无节幼体营自由生活,桡足幼体营暂时性寄生生活;雄性锚头鳋始终保持剑水蚤型的体形。在雌性锚头鳋在开始营永久性寄生生活时,体形发生巨大的变化,虫体拉长,体节融合成筒状,胸部和头胸部之间没有明显的界线,在生殖季节常带有 1 对卵囊,内含卵几十个至数百个。

② 流行特点及危害:锚头鳋病是一种常见病,分布广泛,全国都有该病流行,尤以广东、广西和福建最为严重,感染率高,感染强度大,对当年夏花鱼种危害最大,但在一般情况下对 2 龄以上的草鱼不引起大量死亡。锚头鳋在水温 12 ~ 33℃ 都可以繁殖,故该病主要流行于夏季。在长江流域一带,每年有两次发病高峰,第一次是 5 月中旬至 6 月中旬,第二次是 9—10 月。据潘金培等(1979)对多态锚头鳋雌性成虫寿命的研究结果,在鱼种

阶段的 7 月中旬至 9 月中旬,当水温 25~37℃时,成虫平均寿命为 20 天。春季多态锚头蚤的寿命要比夏季稍长,可达 1~2 个月。秋季感染的虫体能越冬的可活到翌年 4 月,越冬虫最长的寿命为 5~7 个月,但仅有少数虫体能够越冬,大部分成虫在冬季脱落死亡。

③ 临床症状:发病初期,病鱼通常烦躁不安、游动迟缓、食欲减退,继而逐渐消瘦。草鱼锚头蚤以其头胸部插入草鱼的鳞片下,鳞片被蛀成缺口,色泽较淡,在虫体寄生处出现充血的红斑。由于锚头蚤头部插入鱼体肌肉、鳞下,身体大部分露在鱼体外部且肉眼可见,犹如在鱼体上插入小针,故又称之为"针虫病";当锚头蚤逐渐老化时,虫体上布满藻类和固着类原生动物,鱼体犹如披着蓑衣,故又有"蓑衣虫病"之称。

④ 诊断:肉眼可见病鱼体表在红肿处有细针状的虫体,即为锚头蚤的雌性成虫;草鱼锚头蚤寄生在鳞片下,检查时仔细观察鳞片腹面或用镊子取掉鳞片即可看到虫体。

⑤ 防控措施:用生石灰或漂白粉清塘,杀灭水中锚头蚤幼体以及带有成虫的鱼和蝌蚪。利用锚头蚤对宿主的选择性,可采用轮养法达到预防的目的。在锚头蚤繁殖季节,用精制敌百虫粉溶水后全池泼洒,使池水浓度达 0.5 mg/L,间隔 1 周 1 次,连泼 2~3 次。

■ (8) 中华蚤病

① 病原:大中华蚤(*Sinergasilus major* Markewitsch,1940)。中华蚤只有雌蚤成虫营寄生生活,雌蚤幼虫营自由生活,雄蚤则一生营自由生活。虫体较大,分节明显,头部呈三角形或半卵形。卵随脱落的卵囊进入水体孵化成无节幼体,经 4 次蜕皮后形成桡足幼体,再经 4 次蜕皮形成幼蚤。

② 流行特点及危害:大中华蚤虫体寄生于鳃,主要危害 2 龄以上的草鱼,是最常见和分布最广的一种寄生虫,北起黑龙江,南至广东,都可发现其踪迹。在长江流域一带,每年 4—11 月是大中华蚤的繁殖时期,但以每年 5 月下旬至 9 月上旬最甚,严重时可引起病鱼死亡。

③ 临床症状与病理:轻度感染时,一般无明显症状;严重感染时,病鱼呼吸困难,焦躁不安,在水表层打转或狂游,尾鳍上叶常露出水面,故称为"翘尾巴病"。雌蚤用爪状的第二触角钩在草鱼鳃上,大量寄生时鳃上似挂着许多小蛆,因此又称"鳃蛆病"。病鱼鳃上黏液很多,鳃丝末端膨大成棒槌状、苍白而无血色,膨大处上面则瘀血或有出血点。

据郑德崇等(1984)的研究,患大中华蚤病的病鱼鳃上黏液增多,鳃丝末端膨大成棒槌状,鳃组织的病理变化主要表现为炎性水肿和细胞增生,细胞增生的结果使鳃小片融合,毛细血管萎缩甚至消失。

④ 诊断:用镊子掀开病鱼的鳃盖,肉眼可见鳃丝末端内侧有乳白色虫体;或用剪刀将左右两边鳃完整取出,放在培养皿内将鳃片逐片分开,在解剖镜下观察,统计数量和

鉴定。

⑤ 防控措施：鱼种放养前用生石灰带水清塘，用量为每 667 m²（水深 1 m）用 125～150 kg，能杀死大中华鳋幼体及带虫者。根据大中华鳋对寄主有严格选择性的特点，可采取轮养其他种鱼的方法进行预防。用精制敌百虫粉全池遍洒（浓度达 0.5 mg/L），具有很好的疗效。

6.3.5 · 其他疾病

▪ （1）肝胆综合征

随着高密度、集约化养殖模式的发展，养殖的草鱼、鲫等普遍存在不同程度的、以肝脏（肝胆）损伤为主要特征的新疾病，即鱼类肝胆综合征，成为草鱼的"新三病"之一。

① 病因：从目前研究结果来看，引起肝胆综合征的原因主要有以下几种。

过量投喂：肝胆是鱼类消化食物以及排毒解毒的主要器官。一些养殖户为了加快生产周期、提高出售规格，往往长期超量投喂饲料，导致鱼类肝胆长期处于超负荷的状态下工作，必然对肝胆功能造成严重的损害。

养殖密度过大：过量投喂，残饵和粪便在水中腐败变质，容易导致水体环境恶化。当水体中的非离子氨、亚硝酸盐氮、硫化氢等有毒有害水质因子长期偏高，会引起鱼类代谢失衡并诱发肝胆疾病。

饲料质量问题：配合饲料给水产养殖业带来了一场深刻的变革，但对鱼类的营养需求研究还有待深入。有些配合饲料配方不合理，蛋白含量过高、碳水化合物含量偏高、维生素添加不平衡或缺乏，会造成鱼体内脂肪代谢障碍，容易导致脂肪在肝脏中积累而诱发肝病。此外，棉粕中的棉酚、菜粕中的硫葡萄糖甙等有毒有害物质也能引发鱼类的肝胆疾病。

长期或过量使用药物：许多渔用药物会不同程度地引起鱼类肝胆的损伤。如多西环素、磺胺类等长期大剂量内服，对鱼类肝、胆、肾有较强的毒副作用；硫酸铜在水中残留超标，铜离子在肝肾中明显富集，直接造成肝肾的损伤；外用药如氯制剂与水中腐殖质作用易产生卤代烃，对肝胆产生伤害。

② 流行特点：目前该病已普遍见于全国各地，可发生于不同阶段的草鱼（苗种到成鱼），以 2 龄草鱼和当年夏花为易感群体。流行季节为 5—10 月，发病水温为 20～28℃，其中以季节过度或昼夜温差大时易暴发，如"白露"时节。高密度养殖、大量投饵、养殖环境条件恶化时此病易发生。发病草鱼多会并发感染细菌性肠炎或病毒性出血病等。

③ 临床症状：患病初期一般无明显症状，体表大多完整，尾鳍、背鳍的鳍条尖发白，

体表黏液较厚且容易脱落。严重时,鱼体发黑、有浮肿感,反应呆滞,呼吸困难甚至昏迷翻转。解剖发现,病鱼肝脏多数肿胀,体积显著增大,局部颜色呈白色、绿色、黄色或两种以上变化(俗称"花肝"),易碎或产生豆腐渣样病变;胆囊明显肿大或萎缩。

④ 诊断:肝胆综合征最典型的特征是肝胆肿大和变色,应以解剖发现肝胆病变特征为主要依据,并结合临床表现作出初步诊断。

⑤ 防控措施:主要从以下几方面进行防控。

改善养殖环境:严格按照科学养鱼的要求,改良底质,培育良好的水质,使用微生态制剂或水质改良剂稳定水质。

保持饲料新鲜,科学投喂:使用营养丰富而全面、品质优良的饲料;防止蛋白质变质和脂肪氧化,以及饲料受潮而发霉变质;切忌过量投喂。

添加胆汁酸:饲料中添加胆汁酸可促进极低密度脂蛋白的合成、加速脂肪由肝脏向脂肪组织运输、降低脂肪在肝脏中的沉积,以达到预防脂肪肝和肝胆综合征的目的。

补充维生素及其他营养元素:维生素可以改善鱼体的营养状态,加强鱼体的抗病能力,同时具有治疗作用,促进肝脏损伤的修复和肝细胞的再生,促进机体康复。在饲料中添加适量的甜菜碱、氯化胆碱、肉毒碱、甲硫氨酸、磷元素等,可以促进鱼类肝脏的脂肪代谢,降低脂肪在肝脏内的含量,防止脂肪肝的形成。适当搭配青草、粗饲料等以满足草鱼的生长需求。

正确用药:做到合理用药,不要低剂量、长期使用对鱼类肝脏有损害的药物(如磺胺类、多西环素、硫酸铜等)。

(2)越冬综合征

近几年全国各地越冬后的淡水鱼出现了大规模的暴发性死亡,尤其是大规格草鱼死亡较多,主要症状为眼球突出、体表充血及溃烂,部分病鱼伴随水霉继发感染,统称为"越冬综合征",或"淡水鱼春瘟病"。

① 病因:近年来大宗淡水鱼越冬综合征暴发严重,病因众说纷纭,有病原说、环境说、种质说、饲料说等多种推断,至今尚无权威论断。综合全国多地发生、同池混养的多种淡水鱼患病、低水温时不投饵的大水面拉网后暂养淡水鱼也会出现类似病症等情况,病原(特别是低温病菌)说的可能性更大。

鱼体受伤后未及时处理。几乎所有发生越冬综合征的池塘,都在越冬前或越冬时有过拉网、转塘、运输等操作。此外,锚头鳋等寄生虫会用头部插入鱼体内造成伤口,继发细菌性疾病及水霉感染。

水质管理不到位。秋、冬季节水温较低,藻类生长缓慢,不少养殖户忽略了对池塘的水质管理,没有将池水调好,为一些低温病原菌的生长繁殖提供了条件。

鱼体营养不良。秋季是鱼类生长的高峰季节,应适当加大投饵量。如果鱼类摄食不足,尤其是过冬前过早停食,导致鱼的体质不佳,难以安全度过越冬能量消耗多这样一个阶段。

② 流行特点:由于南北方温度差异较大,各地发病时间不同。长江中下游地区发病高峰在 2—4 月,发病水温在 $10 \sim 20$℃。

大规格的草鱼高发,鳙、鲫、鲤、斑点叉尾鮰、黄颡鱼等也有类似情况发生。

早期低温时,体表一般出现烂鳃、赤皮症状,后期随着温度的升高会有水霉等症状。

具有一定的传染性,及时清除病鱼可减缓病情的发展。

③ 临床症状:感染初期头部眼眶周围肿胀、充血,肿嘴肿脸,个别出现嘴唇发白情况;体表病灶部位鳞片脱落、赤皮及溃烂,偶见伴随竖鳞的情况;鳍条基部充血或出血,部分鱼鳍条腐蚀。随着病程的发展,患病鱼体表溃烂加深,形成深浅不一的溃疡灶(有的表面皮肤呈灰白色),严重时烂及肌肉甚至露出骨骼。后期水霉病状明显。

④ 诊断:目前只能根据发病季节(或发病水温)及体表溃烂作出初步诊断。

⑤ 防控措施:目前尚无有效的治疗措施,需加强对此病的预防工作。

尽早完成鱼种购买或大规格草鱼下塘前的准备,严格做好消毒、杀虫措施,必要时内服抗菌药物,以促进拉网、运输等操作造成的细微伤口愈合,避免越冬后的进一步感染。4 月份前尽量不要捕捞、运输、投放鱼种。

加强秋、冬季水质管理,保持池塘良好藻相和肥力,维持优质、稳定的水环境。

科学合理地投喂优质的越冬料,可以拌喂优质发酵饲料或者优质乳酸菌等有益菌,不要过早停料,也不要过量投喂。

病情出现后不能盲目消毒和杀虫,应根据具体情况采取相应的措施。若以细菌感染为主,可选用碘制剂进行泼洒;若体表继发水霉感染,可以先用复方甲霜灵粉或五倍子末加盐外泼。

注意及时将患病及已死亡的鱼捞出,并进行无害化处理,避免造成对尚未发病鱼类的感染。

（撰稿:石存斌、张德锋）

贮运流通与加工技术

我国是水产大国,水产品总产量稳居世界前列,但我国水产品加工率仅 37.8%,远低于世界发达国家 70% 的平均加工率,其中淡水水产品加工率更低,仅占 17% 左右,严重限制了淡水渔业的健康可持续发展(农业农村部渔业渔政管理局等,2023)。草鱼作为淡水鱼中产量第一的品种,肉多刺少,味甘性温,肌肉中富含鲜味氨基酸,滋味鲜美;草鱼营养物质丰富,优质蛋白、氨基酸含量及不饱和脂肪酸含量高。但是,草鱼也具有保藏期短、易腐败变质等缺点。受贮藏和物流等因素影响,目前草鱼以鲜销为主,具有典型的地域和季节特点。草鱼加工产品少,且以初加工居多,种类少,加工率低。然而,随着人们生活节奏的加快和生活水平的提高,消费者对安全、方便、优质的草鱼加工品的需求日益增加,草鱼加工逐渐由初级向深、细、精加工转变。对草鱼进行加工可显著拓宽其食用范围和时长,具有广阔的市场潜力和前景。

加 工 特 性

我国草鱼加工量、加工产品和产业规模不断壮大,草鱼加工除了蒸、煮、炖、煎和烤等简单的烹饪加工外,结合传统加工工艺先后研发出低温冻鲜品、鱼糜制品、干制品、腌制品、熏制品、罐制品等不同草鱼肉加工技术,此外还有草鱼副产物(鱼头、鱼鳞、鱼皮、鱼骨、鱼鳔、内脏等)的高值化利用技术。目前,草鱼加工产品主要以初加工产品为主,精深加工产品占比较低,分割、调制草鱼、"三去"(去头、去内脏、去磷)草鱼等冷冻、冷鲜产品占 50% 以上,风味熟食鱼制品和风干腌制鱼制品共占 30% 以上,鱼糜制品约占 10%,其他占 10%(国家现代农业产业技术体系草鱼产业发展报告,2021)。在草鱼加工之前,了解草鱼的加工特性,将有助于研发草鱼精深加工产品和提升草鱼加工率。根据草鱼的营养特点和主要的加工方式,草鱼的加工特性主要可分为物理特性、化学特性、感官特性和凝胶特性。由于凝胶特性既涉及物理特性,如保水性、质构、色泽,又涉及化学特性,如 pH、肌原纤维蛋白相关指标,还涉及感官特性,因此单独将草鱼的凝胶特性作为另一典型的加工特性。

7.1.1 · 物理特性

草鱼的物理加工特性主要包括鱼肉的持水力、质构、色差值等。

（1）持水力

持水力是指鱼肉在加工处理过程中对水分的保持能力,其大小会显著影响草鱼肉的多汁性和产率,通常采用解冻损失率、滴水损失率、蒸煮损失率、离心损失率来评估。研究发现,在经过不同热处理过程中,草鱼的持水力会发生变化,微波处理的草鱼块与水浴加热比较,显著降低了鱼块的蒸煮损失,导致鱼块咸度高于水浴加热,且含有更多的游离氨基酸,鱼块更多汁、嫩度更高(Wang 等,2019、2021)。此外,在腌制过程中不同配方的浸渍液对草鱼肉的持水性有不同影响,无色紫苏提取物为主的浸渍液可显著提高草鱼片的持水性。

（2）质构

质构是评价鱼肉品质和鲜度变化的重要因素之一。国家标准化组织规定,食品的质构是指"用力学的、触觉的、可能的话还包括视觉的、听觉的方法能够感知的食品流变学特性的综合感觉",可通过硬度、咀嚼性、凝聚性、黏附性、弹性、回复性和剪切力等参数评价。加热方式和时间对草鱼片的质构影响显著,研究发现,草鱼片经过沸水加热 15 min 后,草鱼片的硬度、断裂性、弹性、咀嚼性、回弹性和内聚性较生草鱼片分别提高了 6.3%、9.0%、27.0%、71.8%、9.4% 和 23.9%,草鱼片的硬度因加热时间延长而增加,与间质间隙结缔组织凝固程度增加密切相关,尤其与肌纤维直径变小、密度增大有关(Lin 等,2016)。

（3）色差值

鱼肉的色泽差异可直观地反映鱼肉的品质变化,一般采用色差计测定,包括 L(亮度)、a(红度)、b(白度)三个评价指标,其中 L 代表明暗度(也可说黑白)、a 代表红绿色、b 代表黄蓝色。研究报道,鱼肉色泽的影响因素包括鱼肉中肌红蛋白的含量及其存在形式、脂肪氧化程度、酶促褐变程度等(张晋,2021)。不同腌制方法对草鱼肉的物理特性影响不同,尤其是对草鱼肉色泽的影响显著。湿腌、干腌、混腌和超声辅助腌 4 种方式腌制后草鱼的 L 值、a 值增大,b 值减小,但不同腌制方式下色差变化程度不同。其中,超声辅助腌制的腌制速率最快,草鱼色泽最亮,草鱼肉的 L 值显著高于其他三种腌制方式,可能由于超声波作用促进了胶黏物质的产生;干腌后草鱼肉的 b 值显著高于其他三种方式,说明干腌环境导致脂肪的氧化程度较高,促使草鱼肉颜色偏黄;由于混腌时草鱼中的肌红蛋白与亚硝基反应程度较小,导致混腌草鱼的 a 值显著降低(高凯日,2020)。

不同加工方式不仅对单一的物理特性有影响,而且会同时影响多种物理特性。对草鱼而言,用不同加工方式处理草鱼时,不仅影响草鱼的持水性,同时也会影响草鱼的质构、色泽。质构和色泽被作为草鱼肉脯关键工艺——干燥和油炸的重要评价指标,研究发现,50℃热风干燥 2 h 后草鱼肉脯呈现软硬适度的状态,并略带微黄色;120℃空气油炸20 min 后的草鱼肉脯色泽金黄,软硬适度,利于咀嚼,且具有较好的组织形态,经感官评价得分最高(王淑好,2018)。此外,草鱼鱼糜的物理特性深受贮藏温度和冻融循环等因素的影响。研究发现,贮藏温度越低,鱼糜品质变化越小;随低温冻融循环次数的增加,草鱼鱼糜质构(包括硬度、咀嚼性、凝胶强度)呈现先下降后增加的趋势。−18℃和−35℃条件下冻融循环 5 次后,冷冻损失、解冻损失分别为 2.18%、22.87%和 2.38%、10.20%;鱼糜持水性降低,分别由 80.04%降低至 73.51%和 75.33%(余璐涵等,2022)。鱼糜的质构特性与持水性具有较强的相关性,冻融循环条件下贮藏温度能够直接影响水分流失的速度,贮藏温度越高,水分流失越严重。

7.1.2 · 化学特性

pH、挥发性盐基氮值(total volatile basic nitrogen, TVB − N)、生物胺、K 值、硫代巴比妥酸值(thiobarbituric acid reactive substances, TBARS)、挥发性有机化合物、肌原纤维蛋白相关指标等是草鱼肉品质和鲜度的重要化学特性指标,常用于评价草鱼经过加工后和贮藏过程中品质和鲜度的变化。通常屠宰后鱼类的 pH 取决于肌肉的质量、贮藏时间及贮藏过程中发生的糖酵解反应、ATP 及其产物的降解和微生物繁殖等因素。TVB − N 是指蛋白质分解产生三甲胺、二甲胺、氨及其他挥发性含氮有机物,常在贮藏后期发生显著变化;生物胺是由氨基酸脱羧形成的含氮化合物,通常包括组胺、腐胺、尸胺、酪胺、亚精胺、精胺等,其中尸胺、腐胺和组胺是草鱼鲜度和鱼体中微生物腐败程度的衡量指标,是用于判断草鱼安全与品质的重要化合物,分别是由赖氨酸、鸟氨酸和组氨酸脱羧生成。K 值是体内核苷酸降解产物肌苷和次黄嘌呤占 ATP 降解的所有关联物总量的比值。肌苷和次黄嘌呤是体内核苷酸降解产物中带有苦味和不愉快气味的两种核苷酸,因此,K 值是评价鱼肉新鲜度的常用指标。TBARS 值反映的是鱼肉中丙二醛的含量,用于表征草鱼肉脂质氧化程度,进一步影响草鱼肉的品质。挥发性有机化合物是由自溶反应、酶促反应、微生物反应等产生的低分子有机化合物,其种类和含量决定了草鱼的新鲜度和腐败程度,主要包括醇类、醛类、酯类、酮类、胺类、硫化物等。肌原纤维蛋白相关指标包括冻结率、活性巯基、$Ca^{2+}-$ATPase 酶活,表征了肌原纤维蛋白的完整性或损伤程度,可用于评价草鱼肉的品质变化。

在草鱼加工制品的保鲜贮藏过程中常需测定其化学特性的变化,以确保其品质。当前有大量研究在探索功效俱佳的草鱼制品保鲜剂，其中发现壳聚糖及其复合物具有良好的保鲜作用。壳聚糖可食性涂层能显著抑制草鱼鱼片核苷酸和蛋白质降解，改变鱼片化学特性，包括 pH、TBARS 值、TVB－N 值、三甲胺氮值、K 值，显著改善草鱼片的品质，延长草鱼片的保质期。研究发现，2%的壳聚糖涂层可将草鱼片的保质期延长 6~7 天（Yu 等，2017）。张晋（2021）通过分析草鱼片的化学特性，包括 pH、TVB－N、离心损失率、TBARS、肌原纤维蛋白和活性巯基含量及 $Ca^{2+}-$ATPase 酶活等的变化，发现壳聚糖季铵盐复合薄荷提取物涂膜可有效提高冷藏草鱼片货架期 4.5 天，有效抑制草鱼片气味劣变和脂肪氧化变质。此外，也有报道其他的保鲜方式具有良好的效果，如微酸性电解水可有效抑制草鱼肉在冷藏期间的微生物生长和变质情况，其中微酸电解水中的有效氯离子浓度（ACC）、温度、料液比和处理时间均对草鱼肉的化学特性（pH、TVB－N 和 TBARS）有重要影响，并明确最佳保鲜参数为 ACC 40 mg/L、温度 4℃、料液比 1∶15、浸泡时间 6 min（刘慧，2021）。

7.1.3 · 感官特性

感官特性是评价鱼类的新鲜度和货架期的最好指标之一，被广泛应用于鱼类加工品质的监测。草鱼在加工贮藏过程中会经历一系列包括外观、颜色、质构、气味和味道等感官变化，而这些属性的综合评定则可以作为草鱼新鲜度的评判标准。目前，欧盟法和质量指标法被广泛应用于评价草鱼品质检测，此外也需借助设备如电子鼻、电子舌、气相色谱-质谱联用等综合评价草鱼的感官特性（方林，2018；张晋，2021）。感官评价是草鱼制品加工或研发过程中对产品品质进行评价的重要方法，对于日后产品的推广具有重要指导意义。

研究发现，不同加工方式对草鱼肉的感官特性影响显著，如腌制、蒸煮、保鲜等均会影响草鱼的感官特性。感官评价发现，添加 6%和 8%盐腌制的草鱼肉品质优于 10%，腌制时长 16 h 内的草鱼肉品质较好，结合电子舌、等效鲜味浓度和味觉活动值指标的综合分析得出添加 8%盐腌制 4~8 h 的草鱼肉味道更好，食用时间不应超过 16 h（Yang 等，2020）。尹敬等（2019）发现，采用低钠盐代替食盐可显著影响风干草鱼加工过程中背侧肌和腹侧肌的感官特性，与食盐相比，100%低钠盐对风干草鱼的咸味有显著影响，但对风干草鱼的鲜味无显著影响；而 75%低钠盐制备的风干草鱼感官特性与食盐组相比无明显差异，但具有更纯正的咸味，咸度适中且并无异味，鲜味浓郁，具有良好的色泽和口感。结合感官评估、电子舌、等效鲜味浓度和味觉活动值等指标综合分析发现，蒸煮时间对草鱼肉的风味具有显著影响，草鱼肉在蒸 6 min 后苦味氨基酸显著降低，蒸 9 min 内核苷酸呈现出的风味更好，因此认为加工过程中蒸 6~9 min 时草鱼肉味觉差异明显，鱼肉品质最好（Yang 等，2019）。此外，据研究报道发现，保鲜剂在保鲜过程中同样会影响草鱼的感官特性，如壳聚糖-丁香精油-月桂酸单甘酯复合涂膜在延长草鱼片保质期的同时，还能减少草鱼片鲜味物质（次黄嘌呤核苷酸、鲜味游离氨基酸等）的损失和异味物质（肌苷、次黄嘌呤、组氨酸等）的积累，减少了不愉快气味的挥发性化合物种类及相对含量，其气味组成更接近新鲜草鱼，从而实现保持草鱼片滋味和风味品质的目的。

7.1.4 · 凝胶特性

凝胶特性是指变性蛋白质发生有序聚集的过程，蛋白质凝胶后可形成三维网络结构，具有容纳其他物质的性质。凝胶特性是鱼糜加工的重要特性之一，而草鱼鱼肉盐溶性蛋白质在大宗淡水鱼中含量最高，且鱼肉 pH 呈中性，被认为是生产优良鱼糜的鱼种，因此凝胶特性也是草鱼重要的加工特性之一。鱼糜制作过程中盐溶性蛋白质在热或其他外力作用下，通过分子间和分子内的氢键、静电相互作用、疏水相互作用和共价键相互作用聚集，形成稳定有序的三维网络结构，从而形成凝胶。鱼糜溶胶经过加热形成凝胶的过程主要包括凝胶化、凝胶劣化和鱼糕化 3 个阶段。

根据鱼糜的制作工艺，鱼糜凝胶特性的影响因素主要包括漂洗方式、漂洗次数、擂溃环境、擂溃时间、热加工方式和添加剂（淀粉、亲水胶体、谷氨酰胺转氨酶、多糖、盐等）的使用等。此外，鱼的鲜度同样也会影响鱼糜的凝胶特性，随着鲜度不断降低，鱼糜凝胶形成能力和弹性也逐渐降低。研究发现，草鱼鱼糜制作过程中采用臭氧水进行漂洗处理，当臭氧水浓度在 1~7 mg/L 时可显著改善草鱼鱼糜的白度和风味，引起肌原纤维蛋白发生交联和聚集，促进形成凝胶，提高鱼糜的凝胶强度、硬度、胶着度、持水性和不易流动水的比例，且与臭氧水浓度成正比，主要的作用机制是臭氧介导肌原纤维蛋白质氧化，通过提高鱼糜凝胶分子间二硫键使鱼糜凝胶结构更加均匀有序、致密、孔洞变小（Liu 等，2021）。Pi 等（2022）发现氯化钾、肌苷-5′-单磷酸二钠、罗勒较氯化钠可显著加强未洗涤草鱼鱼糜的凝胶强度和白度，改变凝胶结构，但氯化钾会引起风味恶化，而 25% 的氯化钾和 5% 的肌苷-5′-单磷酸二钠的组合效果较佳，可作为草鱼鱼糜制作过程中 30% 钠盐的替代物。此外，研究发现草鱼肌原纤维蛋白热诱导凝胶特性受磷酸盐和加热影响显著，加热使凝胶具有更强的弹性、保水性和流动性，而磷酸盐在不同温度下影响不同，在 4℃ 和 40℃ 时，磷酸盐作为主要因素降低了凝胶的弹性和阻力，并随着磷酸盐含量的增加而增加流动性（Huang 等，2019）。

保鲜贮运与加工技术

7.2.1 · 低温保鲜技术

低温环境贮藏保鲜主要影响鱼的体表微生物生长繁殖速度和肌肉组织中内源酶的活性,进而维持鱼肉品质,达到保鲜作用。

低温可抑制鱼体表微生物的生长与代谢。每种微生物都有自己适合生长的温度,当环境温度低于微生物生长的最低温度时,微生物的生长和代谢就会受到抑制。环境温度在冰点左右或冰点以上 $1\sim2℃$,适冷菌缓慢生长繁殖,导致鱼体变质,可能是鱼类冷藏保鲜期较短的原因。在低温贮藏过程中,通过控制适冷优势腐败菌的生长繁殖,可以有效地控制低温贮藏草鱼肉品质变化,从而抑制草鱼肉腐败,延长货架期。

低温可降低鱼体内源蛋白酶活性。一般来说,只有将温度降低到 $-18℃$ 以下才能有效抑制蛋白酶活性,但温度回升后,蛋白酶活性恢复甚至高于冷却处理前的蛋白酶活性,从而加速水产品变质。故一些水产品在低温保鲜前需要进行灭酶活处理,以防止产品质量下降。草鱼中,组织蛋白酶在冷藏中与蛋白质水解以及鱼片的结构降解有很大关系,用碘乙酸溶液处理草鱼片,通过使草鱼组织蛋白酶失活,能有效抑制草鱼肉在冷藏过程中结构软化。酶活受温度影响较大,可通过调节温度来调控内源酶活性,对延长鱼片的贮藏期具有重要意义。在草鱼的低温保鲜中,影响较大的酶有内源组织蛋白酶 B、内源组织蛋白酶 L 和内源钙激活蛋白酶等。

草鱼低温保鲜技术可划分为冷却保鲜($0\sim5℃$)、冰温保鲜(冰结点至 $0℃$)、微冻保鲜($-5℃$ 至冰结点)、冻藏保鲜($-18℃$ 及以下)、气调低温保鲜和生物保鲜剂辅助低温保鲜。

■（1）冷却保鲜技术

鱼类的冷却保鲜是将鱼体的温度降低到接近液汁的冰点但不冻结的加工工艺,一般在 $0\sim5℃$ 范围内贮藏。冷却可以在一定程度上抑制微生物的生长代谢,但并不能完全抑制微生物的有害活动和鱼体死后蛋白降解的过程。因此,用冷却保鲜的方法,草鱼贮藏期为 $7\sim10$ 天,一般不超过 3 周。冷却保鲜又可分为淡水冷藏和冷海水冷藏。淡水鱼冷却保鲜大致可分为在空气中冷却淡水鱼保鲜、用冰冷却淡水鱼保鲜两种。草鱼等淡水鱼在海水或盐水中会发生色泽变化等不良变化,影响质量,因此不适宜用冷海水或冷盐水冷却保鲜法。草鱼 0℃ 碎冰冷却保鲜保藏期 5 天内为新鲜,保藏期 10 天内为次新鲜。鱼体本身菌体含量低,则冷却保鲜的效果会更好,国内外用冷却保鲜时多结合不同减菌化前处理技术。草鱼在紫外杀菌、^{60}Co 辐射的减菌化处理后进行冷却保鲜取得的效果更佳。

▤ (2) 冰温保鲜技术

根据国标,0℃ 至冰点之间的温度范围称为冰温。鱼体液汁的冰点在 -2~-0.5℃ 的范围内,一般可采用 -1℃。新鲜草鱼片的冰点为 -1.1℃。冰温贮藏有两个优点:一是保持食品在冰温区的温度,可以维持其细胞的存活状态,既能增加食品风味,又可以有效抑制食品中微生物的生长代谢,还可以减少挥发性含氮物质的产生;二是,如果食物的冰点较高,也可以人为添加一些有机和无机物质,以降低冰点、扩大冰温带。与其他保鲜技术相比,冰温保鲜可避免冰晶对组织的损伤,将水产品的贮藏期延长至冷却保鲜的 1~1.5 倍。

冰温保鲜中,开发不同物理加工方式来降低产品的冰点、扩大冰温带是研究的热点与难点。盐浸和脱水结合可以降低草鱼冰点,新鲜草鱼片用 4% 盐水在 -0.5℃ 下浸渍 10 h,然后冰温真空脱水,冰点由新鲜草鱼片的 -1.1℃ 降低到 -4.2℃。-0.5℃ 与 -3.5℃ 冰温贮藏的草鱼样品贮藏期分别为 50 天和 60 天(蔡广来等,2020)。降低冰温贮藏的温度对草鱼片的腐败变质有显著的抑制效果,并能提升草鱼片的口感。冰温贮藏温度越低,越能有效减缓草鱼片菌落总数、TBRAS 和 TVB - N 的上升速度,抑制脂肪氧化,显著延长贮藏期,同时也有利于游离氨基酸的生成,增强草鱼的风味(Ruiz-Capillas 和 Moral,2001)。

▤ (3) 微冻保鲜技术

微冻保鲜又称过冷却冷藏保鲜或部分冻结保鲜,是将鱼体的环境温度降至低于冰点以下 1~2℃(冰结点至 -5℃)的一种低温保鲜方法。微冻保鲜有一定的局限性,由于冰点的温度正好处于 -5~-1℃ 之间,在冻结时,为了保持冻结过程最大的可逆性,鱼体温度应当迅速通过最大冰结晶生成带温度范围,以防止由于冰结晶的生成而使鱼的品质下降。鱼类的微冻保鲜主要有鼓风冷却微冻法、低温盐水微冻法和冰盐混合微冻法三种类型,其中鼓风和冰盐混合微冻保鲜适用于淡水鱼及其制品。

相比一般冷却保鲜,微冻保鲜的最大优势就是显著延长保鲜期。在微冻及更低温度条件下,大肠杆菌、沙门菌和弯曲菌属是鱼体常见的微生物。一般微冻条件难以抑制嗜冷微生物的繁殖,但微冻保鲜比冷却保鲜更能有效抑制微生物生长代谢,使草鱼贮藏期延长至冷却保鲜的 1.5~4.0 倍。草鱼在-2.5℃±0.5℃冰盐混合物中微冻保鲜,贮藏期 11 天内为新鲜,贮藏期 18 天内为次新鲜(朱文广等,2012)。草鱼在-3℃±0.1℃下微冻贮藏,鱼体感官变化很慢,即使贮藏 30 天,草鱼品质仍属感官 1 级(熊光权等,2007)。

（4）冻藏保鲜技术

冷却保鲜、冰温保鲜和微冻保鲜的货架期均较短,一般分别只能保藏 7~10 天、10~15 天和 15~20 天。为了实现长期贮藏,必须将鱼体温度降低至-18℃以下进行冻结贮藏,这类保鲜方法称冻藏保鲜。在冻藏前,鱼肉内源组织蛋白酶 B、D 和组织蛋白酶 L 从溶酶体释放,活性先下降再上升,这一变化导致鱼肉中半胱氨酸蛋白酶抑制剂活性呈现先下降再上升的趋势。冻藏半天后,钙激活内源蛋白酶迅速被激活,活性先上升后下降再失活,失活后导致腐败微生物滋生,从而引起鱼肉变质,故通过快速调节冻藏温度可以有效维持鱼肉内源酶的活性,延长货架期。对鱼体冻藏来说,只有通过快速降至-5~0℃温度区间并快速达到冻藏所需温度之后,才能确保解冻后的鱼体肌肉组织新鲜度高、品质好,而耗时较长易造成冰晶长大、汁液流失、干耗严重、脂肪氧化、色泽劣变等问题。因此,在使用冻藏保鲜这一技术时,快速降低鱼体温度是关键。草鱼冻藏后,在-18℃冻藏期能达到 8 个月以上,而在-86℃超低温冷冻的保存时间可超过 1 年。

（5）气调低温保鲜技术

气调低温保鲜是指使用一定阻隔性的包装材料对食品进行密闭低温贮藏。密闭环境中用不同于大气组成的混合性气体替换包装食品周围的空气,从而减缓甚至抑制酶促反应、微生物生长代谢及营养成分的氧化变质,以此来延长食品货架期的一种低温保鲜技术。空气主要由 21%O_2、78%N_2 和 0.03%CO_2 等组成,降低 O_2 含量、提高 N_2 和 CO_2 的含量,可以有效抑制生物的呼吸代谢及氧化代谢等生理化学反应。因为 CO_2 对以适冷菌为代表的大多数霉菌、需氧细菌具有较强的抑制作用(Gill 和 Tan,1980);而 N_2 是惰性气体,在气调低温保鲜中用作混合气体的充填气体,防止汁液渗出或包装变形。在对草鱼进行保鲜时,采用 N_2 和 CO_2 混合气体来代替空气,能更显著地抑制以假单胞菌为代表的需氧型微生物的生长繁殖,从而减缓 Ca^{2+}-ATP 酶活性的下降和肌原纤维蛋白的分解,延长草鱼的货架期(张晋,2021)。研究表明,50%CO_2+50%N_2 混合气体包装可以有效延缓草鱼品质变化和细菌生长,最终使草鱼片的保鲜期延长至 33 天(龚婷,2008)。

（6）生物保鲜剂辅助低温保鲜技术

从动植物和微生物中提取出的天然产物或利用生物工程技术培养而获得的对人体

相对安全的保鲜剂称为生物保鲜剂。如微胶囊中的精油经过稀释用作生物活性剂保鲜垫,草鱼在(4±1)℃的温度下冷却,可有效延缓肉类的变质,延长货架期2~3天(唐海冰等,2021)。复合生物保鲜剂保鲜是指将具有不同效益的生物保鲜剂进行复配,协同形成更强、更高效、抗氧化、杀菌及降酶活性效果更好的复合保鲜剂,并运用包埋、覆盖等不同处理技术的保鲜方法。常见的复合保鲜方法有活性保鲜垫、复合精制保鲜液和复合涂膜技术。相比于单一保鲜剂的低温保鲜技术,复合保鲜剂保鲜的效果更为显著,也是目前市场上研发保鲜技术的整体趋势。如对比单品种的香辛料液提取液保鲜剂,姜葱蒜-黄酒复合保鲜液结合低温更可通过延缓TBA值、鱼肉pH、TVB-N值的改变以及微生物菌落总数的升高来增强草鱼肉的抗氧化性,进而延缓鱼肉的腐败变质(吴涛和茅林春,2009)。

草鱼各种低温保鲜的研究均取得了一定成效,可延长草鱼货架期,其中尤以生物保鲜剂辅助低温保鲜和气调低温保鲜最为突出。但在这些草鱼保鲜方法中仍存在许多不足,比如生物保鲜剂辅助低温保鲜使用的生物保鲜剂若过多添加会严重影响草鱼肉质感官、口感、风味。另外,超高压辅助保鲜、电磁辅助保鲜、冷等离子体杀菌、生物酶保鲜、脉冲电场处理保鲜和栅栏技术保鲜等新型保鲜技术还不成熟,对其原理和作用条件了解尚不清楚,未能真正开展实践,因而限制了它们在鱼类保鲜中的应用。

7.2.2 · 生鲜制品加工技术

随着草鱼生鲜加工技术的产业化升级和新产品的不断研发,我国草鱼加工规模不断壮大。我国的草鱼加工企业主要分布在湖北、广东、安徽、江西和湖南等省,其中湖北的草鱼加工量最大。目前,我国草鱼的流通方式仍以活鱼流通为主,草鱼初加工产品占比高而精深加工产品较少。随着居民消费方式的升级和生活节奏的加快,以及速冻锁鲜、冷链物流、电商等技术的配套,小包装冷冻生鲜和调理制品的发展进入了快车道,草鱼的广域流通不断加强,特别是草鱼预制菜,是非常有希望的阳光产业。

(1)草鱼冷冻生鲜制品加工技术

冷冻草鱼生鲜制品,是指新鲜鱼经冲洗、宰杀、"三去"(去鳞、去内脏、去头)处理、清洗、整形、切片或切块、检片、漂洗脱腥、装盘、速冻、包装、检验和冷藏等工序加工而成的产品(夏文水,2014)。生鲜草鱼的加工技术包括前处理和切片技术、脱腥技术、微生物控制技术和冻藏技术等。草鱼的冷冻生鲜制品以草鱼片为主,其可分为3个鲜度等级:0~1天(一级鲜度);2~7天(二级鲜度);8~10天(三级鲜度)。草鱼片的感官、理化和安全指标的检测可参照冻淡水鱼标准(SC/T 3116—2006),其操作规范标准可参考食品安全管理体系水产品加工企业要求(GB/T 27304—2008)、水产品加工质量管理规范(SC/T

3009—1999)和出口水产品质量安全控制规范(GB/Z 21702—2008)等。以下主要介绍草鱼片冷冻生鲜制品的关键加工技术。

① 生鲜草鱼的前处理和切片技术:为保证品质和口感,在前处理过程中,草鱼鱼鳞、血污和腹部黑膜等要清洗干净,以减轻其苦腥味和防止致病菌的生长。当前,草鱼前处理和切片方法分为人工法和机械法两种,用到的机械设备包括去鳞机、去头机、剖腹去内脏机、洗鱼机和切片机等。但是,目前草鱼前处理设备功能较为单一,成套的处理设备少、成本高。刘敬等(2018)研发了鱼鳞内脏清洗一体机,基本实现了前处理的自动化,但尚处于初步阶段,缺乏生产经验。未来,我国草鱼的前处理和切片设备的发展方向应侧重于大型化、智能化和自动化,以达到国际领先水平。

② 生鲜草鱼的脱腥技术:草鱼脱腥的方法主要包括酸法、碱法和生物法,其常用的处理物质分别为柠檬酸、碳酸氢钠和活性干酵母,可通过浸泡和反复漂洗等工序而达到脱腥的目的。生物脱腥法相比其他脱腥方法具有明显的优势,其能产生特殊香味并减少鱼肉蛋白的损失,应用最为广泛。如在活性干酵母溶液浓度为 1.20 g/100 ml、浸泡温度为31℃的条件下,浸泡草鱼 51 min 后,草鱼的腥味显著减轻且品质完好(杨兵等,2015)。

③ 生鲜草鱼的微生物控制技术:在草鱼的加工过程中,控制微生物生长的方法包括减菌化处理、气调包装和低温贮藏等,均可达到很好的效果。常用的减菌剂和保鲜剂有植物多酚、精油和多糖等,其能显著抑制草鱼中腐败菌和致病菌生长,处理的方式主要有浸泡、涂抹和覆膜。常用的减菌化技术有壳聚糖复合抑菌膜处理、复合磷酸盐处理和紫外线杀菌处理等,其能防止草鱼肉腐败并延长货架期。除了常规的处理方法,许多新技术也不断涌现,如脉冲电场、等离子体、酸性电解水处理等,在降低草鱼片的菌落总数和腐败菌数量的同时还能产生一些特殊风味物质,增加鱼片的香味。但这些新技术大多处于研究阶段,其条件还需要进一步优化。

④ 生鲜草鱼的冻藏技术:草鱼生鲜制品在装盘速冻之后要进行冻藏处理,以确保其品质。普通的冻藏方法虽然能延长草鱼的货架期,但会使其营养物质流失,口感和风味也会降低。为了防止这种现象出现,冻藏前要进行预处理,常用的方法有涂抹保鲜液、加保鲜垫、非热加工技术处理等。如草鱼经超高压技术处理后,肉质好且持水率高,解冻后能较好地保持其风味和品质。β-环糊精-精油微囊活性保鲜垫能延长草鱼的货架期 2~3 天。

(2) 草鱼冷冻调理制品加工技术

草鱼冷冻调理制品是指原料鱼经过宰杀、"三去"和整形等前处理之后,加入调味料进行调味,再经滚揉塑型和调理加工等工艺处理,包装和贮存在低温(一般为-18℃)下进行运输和销售的一类淡水鱼冷冻制品。草鱼的调理制品包括调理鱼排、调理鱼片、调理鱼柳和调理鱼脯等,按照其加工程度又可分为生制品、半熟制品和全熟制品。冷冻调理制品是在冷冻生鲜制品的基础上增加了浸渍处理和熟制技术,其前处理和切片技术、脱腥技术、微生物控制技术和检验标准与生鲜制品相同,但其包装和冷冻处理技术要求更高。以下主要介绍草鱼冷冻调理制品的浸渍处理和熟制技术、包装和冷冻处理技术。

① 浸渍处理和熟制技术:调理草鱼制品的调味方式包括常压、真空浸渍处理。浸渍的调味料主要有食用盐、料酒、辣椒、姜片、植物活性物质等,常采用滚揉等方式使其在草鱼片上涂抹均匀。与常压浸渍相比,真空浸渍的渗透效率更高、鱼肉品质更好。如在浸渍真空度为 80 kPa 的条件下,草鱼处理 6 h 后,其色度、持水率和感官品质显著优于常压浸渍。

草鱼的熟制方法包括烘烤、油炸和蒸煮等,用到的机械设备有烘干机、油炸锅、蒸锅和烤箱等。调理半熟和全熟鱼制品可通过变换调味品和熟制方式而达到多样化,弥补许多消费者烹饪知识的短板,迎合其消费需求,市场前景广阔。目前市场仅有酸菜鱼、烤鱼等调味制品,比较单一,需要更加多样化和个性化产品。

② 包装和冷冻处理技术:草鱼制品的包装包括普通包装、真空包装和气调包装等。普通包装调理草鱼片的菌落数增长最快,货架期最短;气调包装调理草鱼片的菌落数少且增长慢,能显著延长产品的货架期,且优于真空包装,应用最为广泛。

草鱼调理制品的冷冻设备主要以低温冷风为介质,解冻后质地和口感均较差。为解决这一问题,液氮冻结、超声处理等新技术逐渐运用于草鱼冷冻调理制品加工产业。与传统技术相比,液氮喷淋技术能显著加快调理草鱼片的冻结速度,提高其质构特性,减少解冻和蒸煮损失率,延长货架期;超声处理能显著缩短冻结时间,保护草鱼肌肉纤维结构,减少解冻损失,保持草鱼的品质。

(3)草鱼冰温保鲜制品加工技术

冰温保鲜技术是继冷藏和冻藏之后的第三代保鲜技术,可将草鱼生鲜制品的贮存温度控制在冰点范围内,能有效改善草鱼风味并提升其产品的品质,延长货架期。草鱼冰温保鲜制品主要是在冷冻生鲜和调理制品的基础上运用冰温保鲜技术对草鱼制品进行了处理。由于冰温设备成本较高,常加入糖和食用盐等冰点调节剂或者用真空脱去部分水分来降低草鱼肉的冰点,提高草鱼的贮藏温度。研究发现,降低草鱼片的冰点能提高其贮藏温度,减缓草鱼片的腐败和变质,显著延长其贮藏期,且以 $-3.5℃$ 贮藏的草鱼片保鲜效果最优、感官评价最好(蔡广来等,2020)。

7.2.3 · 鱼糜及鱼糜制品加工技术

鱼糜制品是国际上重要的水产加工品,深受亚洲、欧洲和美洲消费者欢迎。近年来,以鱼糜为原料加工的鱼糜制品,因具有风味独特、无刺骨、无腥味、保质期长以及含有高度不饱和脂肪酸等特点,年产量逐年增加,2020 年我国鱼糜及其制品年产量高达 126.77 万吨(中国渔业统计年鉴,2021),前景广阔。尽管鱼糜的生产原料主要是海水鱼,但是由于近年来过度捕捞以及环境污染等问题,以海水鱼为原料的鱼糜生产受到了一定程度的限制。而产量高、肉厚、色白且高蛋白低脂肪的淡水草鱼可以作为我国鱼糜生产的另一种原料来源。草鱼不仅适应能力强、生长快、产量高,而且肉质肥嫩、肉味鲜美、价格低廉,因此草鱼可成为淡水鱼鱼糜加工的主要原料。近年来,为了提高草鱼的经济价值,充分利用我国的渔业优势,将草鱼加工为鱼糜制品的研究也越来越多。

▪ (1)草鱼鱼糜及制品的加工概述

研究者们对占全国淡水鱼产量 80% 以上的 7 种淡水鱼的鱼糜品质进行了评定,结果表明,淡水鱼和海水鱼成分一致,不同品种鱼类制得的鱼糜具有不同的凝胶特性,但总体评价结果显示,鲢、鳙、草鱼、罗非鱼完全适合用作冷冻鱼糜的原料(段传胜和单杨,2007)。刘海海等(2007)研究发现,在鱼糜凝胶形成过程中,虽然不同加工阶段均会引起鲢、鳙、草鱼、鲫的鱼糜不溶性蛋白含量比例不断增加、水溶性蛋白含量和盐溶性蛋白含量不断下降的现象,导致鱼糜凝胶强度下降,但草鱼鱼糜凝胶强度的下降程度最低且弹性最好。王利琴等(2002)研究了不同温度的漂洗水对青鱼、草鱼、鲢、鳙、鲫的鱼糜蛋白质稳定性的影响,结果发现,漂洗水温在 5~15℃ 区间内,随着温度升高,5 种淡水鱼鱼糜 Ca^{2+}-ATPase 活性均降低,但草鱼鱼糜 Ca^{2+}-ATPase 活性降低程度最小。综上可知,草鱼鱼肉蛋白可以作为一种潜在的替代海水鱼蛋白且品质相对较好的淡水鱼类蛋白。

草鱼鱼糜制品的制作流程:草鱼→预处理→清洗→采肉→漂洗→脱水→绞碎→精滤→擂溃→成型→胶凝→加热→包装→速冻→检验→成品。近年来,为了提高产品品质,越来越多的新技术和添加剂被广泛应用于改善草鱼鱼糜制品中。

▪ (2)草鱼鱼糜及制品加工的关键技术

① 草鱼盐溶蛋白溶出技术:鱼肉中的盐溶蛋白(即肌原纤维蛋白)是鱼糜形成弹性凝胶的主要成分。草鱼在制备鱼糜及其他产品过程中,其盐溶蛋白的浸出率对后序加工过程及制品的品质有举足轻重的作用。盐溶蛋白的高浸出率有利于改良鱼糜质构和提高鱼肉的加工性能。除了盐溶性蛋白含量外,肌动球蛋白 Ca^{2+}-ATPase 活性也与鱼糜弹

性强弱呈正相关性,肌动球蛋白 Ca^{2+} - ATPase 活性越大,则其相应的凝胶强度和弹性也越强(于巍,2008)。

② 漂洗技术:漂洗对于鱼糜加工是至关重要的一步。漂洗的目的是除去鱼肉中的有色物质、腥臭成分、脂肪、血液、代谢酶、水溶性蛋白质等,从而获得色白、无腥味或腥味低、富有弹性的鱼糜。漂洗条件(漂洗时间、漂洗次数、漂洗水温、漂洗料液比等)能对草鱼鱼糜色泽、凝胶性能等产生显著性影响。漂洗时间和漂洗次数过多会导致肌原纤维蛋白损失;漂洗水温一般为 4~10℃,水温过高会导致蛋白变性。除了清水漂洗,学者们进一步研究了漂洗液的 pH、盐离子种类及浓度对漂洗效果的影响。汪英等(2013)研究发现,清水和盐水漂洗可以提高草鱼鱼糜的凝胶强度,但碱水漂洗会降低草鱼鱼糜的凝胶强度。Cheng 等(2013)研究发现,与未水洗草鱼鱼糜相比,采用水、0.5% NaCl、0.5% NaHCO$_3$、0.6% CaCl$_2$、0.1% NaCl、0.2% NaHCO$_3$ 等 6 种不同水洗处理均能有效提高鱼糜的白度,其中 0.6% CaCl$_2$ 溶液漂洗后鱼糜的白度最高且凝胶强度有所提高。袁美兰等(2011)采用水温差阶段漂洗(先用 3℃ 自来水漂洗再用 10℃ 自来水漂洗)对草鱼鱼糜进行漂洗,研究结果发现,与未漂洗鱼糜相比,水温差阶段漂洗可显著提高草鱼鱼糜凝胶的白度和凝胶强度,改善草鱼鱼糜凝胶的质构特性,提高鱼糜凝胶的保水能力。由此可知,水温差阶段漂洗是一种简便、有效的鱼糜漂洗方法。此外,臭氧水也被用于研究草鱼鱼糜的漂洗过程,Liu 等(2021)研究发现臭氧水漂洗可以改善草鱼鱼糜的感官品质,生产出优质淡水鱼糜和鱼糜制品,但在草鱼鱼糜生产过程中会引起蛋白质氧化,臭氧水漂洗对草鱼鱼糜产品的影响应在未来进行详细评估。

③ 热加工技术:采用热加工技术处理擂溃、成型后的鱼糜,不仅能使蛋白质受热变性凝固而形成具有一定弹性的热不可逆凝胶体,而且还可以杀灭致病微生物,使鱼糜制品食用安全放心。当加热温度低于 50℃ 时,转谷氨酰胺酶催化加强肌球蛋白的交联作用,生成分子内或分子间的共价键,促进鱼糜凝胶的形成;在 50~70℃ 时,组织蛋白酶又会导致鱼糜中蛋白质降解,产生凝胶劣化或软化,因此一般要快速通过这个温度带。目前常采用的加热方式是二段加热,而一段加热与持续加热均较少使用。一段加热法是指鱼肉经过擂溃、成型后一直置于 90~95℃ 下进行加热的方法;二段加热是指将鱼糜先在较低的温度下(<50℃)加热一段时间,然后跳过鱼糜易凝胶劣化的温度区域,再放到一个温度较高(85~95℃)的环境中进行加热的方法;持续加热是指将鱼糜以一定的升温速度进行加热的方法。

加热的时间和温度直接影响鱼糜中肌原纤维蛋白凝胶化程度,因此,学者们更深入地研究了不同加热方式对鱼糜凝胶性能的影响。梁燕等(2015)研究发现,400 MPa 超高压处理能很好地改善草鱼鱼糜的凝胶特性,可抑制引起鱼糜凝胶劣化的内源性蛋白酶的活性,且压力越大对酶活的抑制越大。与热处理对比,超高压处理有利于形成凝胶弹性好、色泽佳、质地柔软的鱼糜凝胶,且与热处理凝胶形成机理有所不同。吴晓丽等(2015)研究了不同升温速率对草鱼鱼糜凝胶性能的影响,结果表明,在较低的加热速率下可以促进草鱼鱼糜蛋白交联,提高鱼糜凝胶的强度。

④ 凝胶性能提升技术:以草鱼为代表的淡水鱼类,因鱼肉本身含水量高、肌肉保水性差、组织蛋白酶活性偏高等因素,鱼糜凝胶性能较差。添加淀粉、多糖等辅料能最大化地改善鱼糜的凝胶特性,并降低鱼糜制品的生产成本。

淀粉:淀粉作为一种食品添加剂被广泛应用于水产品的品质改良当中,并且其自身具有很高的持水性以及保持蛋白质特性的能力。尽管淀粉在提高鱼糜制品凝胶性能方面展示出了很大的优势,但淀粉的种类及其本身功能性质的差异(如淀粉颗粒粒径、支链淀粉含量等)也将对鱼糜凝胶特性的改善产生不同程度的影响。李阳等(2021)研究了5种淀粉(马铃薯淀粉、玉米淀粉、木薯淀粉、乙酰化二淀粉磷酸酯、醋酸酯淀粉)对草鱼鱼糜品质的影响,结果表明,醋酸酯淀粉对草鱼鱼糜凝胶品质的改善效果最好。袁美兰等(2011)研究了支链淀粉含量的不同对草鱼鱼糜凝胶性质的影响,发现添加不同含量的支链淀粉均可改善草鱼鱼糜凝胶的质构性质,支链淀粉含量高的淀粉如红薯淀粉对草鱼鱼糜凝胶性质的改善效果比支链淀粉含量少的如玉米淀粉更明显。红薯淀粉添加量以鱼糜制品的7%左右为宜,过多的淀粉使产品发硬,有橡皮感。鱼糜凝胶硬度的增加与淀粉粒子在介质中的分布有关,由于淀粉颗粒加热过程中能够吸水膨胀,填充到草鱼肉肌原纤维蛋白网络结构中,起到增强鱼糜凝胶网络结构的作用,因而增加鱼糜凝胶性能。Li等(2022)研究了不同淀粉粒径对草鱼肌原纤维蛋白凝胶性能的影响,发现微米和纳米淀粉均能提高草鱼的凝胶性能,其中纳米淀粉效果更显著,原因在于纳米淀粉具有更高的比表面积,表面有更多的活性基团,形成的疏水相互作用促进了凝胶形成,同时纳米淀粉与草鱼肌原纤维蛋白有良好的物理相容性,可以有效锁住肌原纤维蛋白凝胶基质中的水分并使其在凝胶中分布均匀。

多糖:针对草鱼鱼糜,向其加入适量的魔芋葡甘露聚糖(KGM)及酶解物能够显著提升鱼糜的凝胶性能,可以有效提高鱼糜的稳定性等。阚凤等(2022)研究葡聚糖、蔗糖、海藻糖、低聚木糖和低聚果糖对草鱼鱼糜凝胶的影响,结果表明,糖的加入促进了蛋白质的交联和凝胶网络结构的紧密性,改善了鱼糜制品的凝胶特性。

其他物质:一些食品组分如植物油、小分子化合物或复合磷酸盐等,对草鱼鱼糜凝胶结构和强度也有作用,主要是会与草鱼肉蛋白质分子发生相互作用,改变网络结构。

⑤ 草鱼鱼糜蛋白质的抗冻技术:鱼糜制品是鱼类深加工的重要产品,因其具有高蛋白、低胆固醇、低脂肪、口感鲜嫩、食用方便等特点,利用价值广阔,越来越受到消费者的

重视。为了延长鱼糜制品的货架期,最常用的方法是低温贮存;虽然鱼糜可以在-20℃下长期贮存,但冷冻鱼糜容易发生蛋白质变性,降低鱼糜的凝胶能力。另外,在实际生产过程中,鱼糜的加工、贮藏、运输、销售等环节存在温度控制不稳定现象,这会引起鱼糜出现反复冻融现象,造成鱼糜中的冰晶重结晶,加剧鱼糜中蛋白变性,最终导致鱼糜凝胶能力下降。

在冻藏过程中鱼糜蛋白变性有两种,一是蛋白质多肽链的展开,二是蛋白质分子的聚集。水分冻结时,首先是自由水开始冻结,蛋白质的水化程度下降,如果冻结速率较低,将形成大冰晶。而大冰晶的相互挤压会引起蛋白质高级结构发生开链变性,导致蛋白质多肽链的展开,非极性氨基酸暴露,蛋白疏水性增加;随着低温冻藏时间的延长,有一部分与鱼糜蛋白结合的结合水冻结,水分子脱离蛋白质分子,最终蛋白质分子中侧链因某些反应基团聚集,并通过形成疏水键、二硫键、氢键等使蛋白凝聚变性,其中二硫键是蛋白质聚集的主要因素。鱼糜中蛋白质发生冷冻变性后,会严重影响鱼糜凝胶品质。因此,找到防止草鱼鱼糜冷冻变性的技术对于提升草鱼鱼糜品质及后续加工性能、满足市场及消费者的需求都具有现实意义。

通常采用添加抗冻剂的方式防止鱼糜蛋白质冷冻变性,当前商用抗冻剂主要包括4%蔗糖和4%山梨糖醇的混合物(简称"商业抗冻剂")。在工业化生产的鱼糜中添加4%~8%的蔗糖作为冷冻保护剂,但是蔗糖的甜度和热量较高,不符合现代生活中人们对健康饮食的追求,关于开发低甜度、低热量抗冻剂的研究有待进一步深入。冷冻鱼糜抗冻剂的种类较多,主要分为糖类、多聚磷酸盐类、乳蛋白和蛋白酶解物。用于抗冻的糖类主要有海藻糖、壳聚糖、壳寡糖、麦芽糖、乳糖、蔗糖、多聚葡萄糖、山梨糖醇及乳糖醇等,一般添加量在5%~8%,在冻藏期间起缓冲、降低水分子冻结温度、保持 pH 中性范围内的作用。另外,糖类含有大量游离羟基,可与鱼糜中的自由水结合,转变为结合水,减少冰晶的形成。苏赵等(2017)研究表明,添加 6%海藻糖能抑制草鱼鱼糜蛋白在冷冻过程中的变性,改变了草鱼鱼糜蛋白的结构,使其变得更稳定,从而表现出更好的冻藏稳定性,延缓鱼糜冻藏品质的下降。糖类能在一定程度防止冷冻鱼糜蛋白变性,但一般与其他类别抗冻剂复合使用效果较好。潘洪民等(2021)研究表明,复合抗冻剂对草鱼冷冻鱼糜的凝胶特性有积极的影响,6%聚葡萄糖+0.5%乳糖醇+8%丙二醇的复配抗冻剂对草鱼冷冻鱼糜的抗冻效果最好,并且符合健康生活"高效低甜"的理念。

多聚磷酸盐类主要使用 Na_2HPO_4、NaH_2PO_4、$Na_5P_3O_{10}$、NaO_3P、$(NaPO_3)_6$ 等。多聚盐酸盐一般复合使用效果较好,能提高蛋白的离子强度;也能结合 H^+,使蛋白 pH 偏离等电点,使蛋白之间产生更大的空间,提高蛋白的持水力;还能螯合金属离子,与肌原纤维蛋白的 Ca^{2+}、Mg^{2+} 结合,导致蛋白结构疏松,提高蛋白的吸水力。

Wu 等(2012)利用分子动力学模拟法研究了丝胶蛋白防冻肽抑制冰晶生长的机理,发现其可以抑制草鱼鱼糜的冷冻变性,能够作为有效的抗冻剂。林昊(2020)研究发现,草鱼鱼肉蛋白水解物及其糖基化物可以保持冻藏草鱼鱼糜制品的 $Ca^{2+}-$ ATPase 活性、盐溶性蛋白含量及凝胶强度,从而有效抑制蛋白质的冷冻变性,在草鱼鱼糜冻藏期间对鱼糜的保护效果优于商业抗冻剂和维生素 C,且糖基化反应能提升鱼肉蛋白水解物、抑制鱼糜蛋白冷冻变性的能力。

⑥ 草鱼鱼糜蛋白质与脂质的抗氧化技术:由于鱼糜脂肪中不饱和脂肪酸占比较高,鱼糜脂肪易氧化且氧化分解后会产生分子量低的醛、酮类等有害产物。这些物质还会与鱼糜中的蛋白质、糖类反应,影响鱼糜的风味和弹性(Decker 等,1993)。在冻藏期间产生的自由基会使鱼糜中的蛋白质发生链式反应,自由基作用于氨基酸侧链会引起蛋白质聚合,作用于肽键骨架会使蛋白片段化。另外,鱼糜中的蛋白质与脂质之间存在促进氧化的相互作用,也会引起蛋白质的变性。据 Sante-Lhoutellier 等(2007)报道,蛋白质侧链的氨基、巯基、咪唑环等基团容易与脂类或脂类氧化产生的醛类物质发生反应,导致蛋白质的物理性质发生变化,如溶解性和疏水性。以上反应都会加速鱼糜盐溶性蛋白含量、$Ca^{2+}-$ ATPase 活性、总巯基含量等指标的下降,以及鱼糜蛋白硫代巴比妥酸(TBA 值)、羰基含量等指标的上升,进而导致鱼糜凝胶性能下降,降低鱼糜制品的品质、口感和风味,影响其营养价值和商品价值。

周明言(2017)向草鱼鱼糜中添加不同抗氧化剂(没食子酸丙酯、抗坏血酸钠、竹叶抗氧化物)后进行冻藏,研究发现在冻藏过程中蛋白质也会发生氧化,影响其结构和鱼糜凝胶特性。但是,添加抗氧化剂组鱼糜相比于未添加抗氧化剂组的氧化程度低,其中添加竹叶抗氧化物的鱼糜氧化程度最低,说明抗氧化剂在一定程度上可减缓蛋白氧化。Sun 等(2017)研究发现,添加苹果幼苗多酚可以有效延缓冷藏草鱼鱼糜制品的脂质氧化,并且含有苹果幼苗多酚的鱼糜与未添加组相比具有更好的凝胶性能。因此,可以将苹果幼苗多酚开发为一种天然抗氧化剂,以保持草鱼鱼糜的质量并延长其保质期。

近年来,为了提高草鱼的经济价值,国内外学者运用不同方法从多个方面研究了提高草鱼鱼糜品质的关键技术,新技术和添加剂被广泛应用于改善草鱼鱼糜制品中,且主要集中在生化方面,其分子作用机制仍需进一步研究。这些对于提升鱼肉及鱼肉制品品质及后续加工性能、满足市场及消费者的需求都具有现实意义。

7.2.4 · 脱水干制技术

(1) 自然干燥技术

自然干制就是在自然环境条件下干制食品的方法,通常包括晒干、晾干、阴干等方法。这是一种最为简便易行的对流干燥方法。自然干燥与一个地区的温度、湿度和风速等气候条件有关,炎热和通风是最适宜干制的气候条件,我国北方地区的气候具备这样的特点。自然干燥不需特殊设备,干燥成本低,是最经济的干燥方法,但完全依赖自然条件不能根据鱼品的特性人为控制干燥条件,如果在干燥过程中遇较长时间的恶劣天气,制品会变质而造成损失。

在自然干燥过程中,鱼制品的品质变化及辅助处理技术已有许多研究报道。马敏杰等(2019)以草鱼为原料,在 5~6℃ 、20 mg/100 g 盐含量下腌制后,研究常温风干(22~25℃)和低温风干(6~10℃)对草鱼理化性质与食用品质的影响,结果表明,在两种风干温度下,草鱼的水分含量呈下降趋势,盐含量、蛋白水解指数、总挥发性盐基氮(TVB-N)含量和硫代巴比妥酸反应物(TBARS)值均呈上升趋势,常温风干草鱼的 TVB-N 含量与TBARS 值在风干结束后明显高于低温风干草鱼,且常温风干草鱼的感官品质逊于低温风干草鱼。尹敬等(2019)以新鲜草鱼为原料,食盐组为对照组,研究不同比例低钠盐替代食盐对风干草鱼加工过程中背侧肌和腹侧肌理化特性以及感官品质的影响,结果表明,低钠盐替代组的 pH、色泽和质构与食盐组的变化趋势相似。75%低钠盐替代制备的产品咸味纯正,无异味,具有较高的接受度,且背侧肌和腹侧肌钠含量分别降低了 31.88% 和47.64%。低钠盐部分替代食盐制备的风干草鱼在保证理化和感官特性不受影响的基础上,极大地降低了钠含量,具有较好的应用前景。

(2) 热风干燥技术

热风干燥是以热空气为媒介,将物料加热,从而去除其中水分的干燥方法。热风干燥设备投资少,适应性强,操作、控制简单,卫生条件较好。由于热风干燥是由外向内逐渐将物料加热,必须建立和保持一定的温度梯度才能保证水分由内向外的扩散,所以热风温度是影响干燥速度的主要因素。如果热风温度过高,会产生表面干燥效应,即在鱼体表面形成硬壳,内部水分难以扩散。因此,热风干燥所需的干燥时间一般较长,制品的品质得不到很好的保证。

热风干燥是鱼制品生产过程中常见的干制技术,干燥工艺及处理方式的差异将对鱼制品的品质和理化性质产生重要影响。张琼等(2008)以草鱼鱼片为研究对象,对其热风干燥特性进行了研究,结果表明,温度和厚度对鱼片的干燥速率影响非常显著;热风干燥温度与干燥速度呈显著正相关性,鱼片厚度与干燥速度呈显著负相关性,但冷冻处理对鱼片热风干燥速度的影响不显著。Luo 等(2013)建立了热风干燥轻腌草鱼片的扩散模型。顾赛麒等(2018)研究了干制过程中的温度和光照对腌腊草鱼脂肪氧化和挥发性风味成分的影响,结果表明,热风联合光照能有效降低腌腊草鱼的菌落总数,同时会改变腌腊草鱼的过氧化值、硫代巴比妥酸含量、挥发性风味物质、感官评分等指标。邓祎等（2022）以草鱼为原料，研究了超高压预处理草鱼块干燥前后其品质和气味的变化，结果表明，草鱼块干燥速率随着压力的增高而加快，400 MPa 处理的草鱼块干燥速率最快，300 MPa 处理可以延缓草鱼块脂肪氧化。

（3）热泵干燥技术

热泵干燥是一种温和的干燥方式，表面水分的蒸发速度与内部水分向表面迁移速度比较接近，可保持干燥物品的品质、色泽。热泵干燥过程中，循环空气的温度、湿度可得到精确、有效的控制，且温度调节范围较宽，适合热敏性物料的干燥。王腾等（2017）采用超声波辅助盐渍，然后利用低温热泵干燥方式（湿度为 50%、温度为 20℃）进行干燥，结果表明，超声波辅助盐渍可以明显加快鱼块的盐渍和干制速率，提高鱼干产品的品质。肖波等（2020）以草鱼和罗非鱼整鱼为主要研究对象，运用最新研制的低温热泵干燥机（干燥温度范围为 0~18℃）开展试验，确定了低盐（3%）腌制条件下适宜的热泵干燥温度。

（4）微波干燥技术

微波是一种频率为 300 MHz~300 GHz、波长为 1 mm~1 m，其方向和大小随时间作周期性变化的电磁波。微波干燥是一种内部加热的干燥技术，当湿物料处于振荡周期极短的微波高频电场内，其内部的水分子会发生极化并沿着微波电场的方向整齐排列，而后迅速随高频交变电场方向的交互变化而转动，并产生剧烈的碰撞和摩擦，结果一部分微波能转化为分子运动能，并以热量的形式表现出来，使水的温度升高而离开物料，从而使物料得到干燥。

微波干燥技术具有干燥速率大、生产效率高、节能、清洁生产等优点，可用于草鱼制品的干制过程。吕顺等（2017）以草鱼肉为原料，利用微波干燥的方法加工草鱼松，以草鱼松的感官评分为主要评价指标，考察了草鱼松加工过程中的蒸煮时间、微波干燥功率、微波干燥时间、炒制时间和粉碎次数对草鱼松品质的影响，并通过正交试验确定了最佳加工工艺。齐力娜等（2016）为完善草鱼等淡水鱼的深度加工工艺和干燥工艺，对草鱼鱼片的微波干燥和热风干燥特性进行了研究，并确定最佳干燥模型。Wan 等（2013）对比了真空微波干燥和热风干燥处理下轻腌草鱼片的干燥动力学和品质特性，结果表明，与热风干燥相比，真空干燥能显著降低草鱼片的干燥时间，使产品拥有更高的亮度。

（5）喷雾干燥技术

喷雾干燥是利用不同的雾化器将溶液、乳浊液、颗粒的悬浊液或含有水分的糊状物料在热风中喷雾成细小的液滴,在其下落过程中,水分被迅速汽化而成为粉末状或颗粒状的产品。

喷雾干燥技术可用于草鱼制品(如草鱼多肽、鱼油微胶囊、汤料等固体产品)的干制环节。例如:李猷等(2007)应用膜分离技术改进传统工艺,对鱼蛋白水解液进行除杂浓缩,并经喷雾干燥得到鱼多肽产品;刘晓丽等(2019)采用喷雾干燥技术制备以草鱼鱼油为芯材、壳聚糖和大豆分离蛋白为壁材的鱼油微胶囊;冯雨(2020)研究了喷雾干燥技术制备鱼头汤粉的最佳工艺条件,并指出以喷雾干燥方式制得鱼头汤粉速度快、能耗小,适合工业化生产。

▪ (6) 真空干燥技术

一些食品在温度较高的情况下干燥时易发生褐变、氧化、分解等反应而引起产品风味、外观(色泽)和营养价值的影响或损害,因而希望在较低的温度下进行干燥。但低温时水分蒸发慢,如果降低大气压,在低压下则水分的沸点相应降低、水分沸腾易产生水蒸气,真空干燥就是基于这样的原理进行的。真空干燥被报道应用于草鱼制品的干燥,并对干燥后的产品品质进行了研究。高凯日(2020)分别采用真空、热风、微波、热风-微波联合干燥工艺对腌制草鱼进行干燥研究,结果表明,真空干燥后草鱼的硫代巴比妥酸值最小、优质脂肪酸最多,但硬度、弹性和咀嚼性较差,色泽中红度最高。赵品(2016)利用真空干燥制得酒糟草鱼、酒糟罗非鱼和酒糟鲟鱼,并对三种酒糟鱼冷藏特性进行了研究,确定了冷藏期和品质变化规律。张楠等(2018)对比研究了冰温(-0.5℃)真空干燥+冰温腌制贮藏、低温(12℃)真空干燥+低温腌制贮藏、热风干燥(30℃)+常温腌制贮藏对草鱼鲜度和滋味的影响,结果表明,冰温真空干燥联合冰温腌制贮藏草鱼片的鲜度最高,滋味最好,货架期最长。

▪ (7) 冷冻干燥技术

冷冻干燥是利用冰晶升华的原理,在高度真空的环境下将已冻结了的食品物料的水分不经过冰的融化直接从固体升华为蒸汽的干制技术。由于经冷冻干燥后的物料具有干燥彻底、复水性能好、呈现多孔介质性状等特点,自冷冻干燥技术被发明以来,已经广泛应用于食品、医药、化工、材料、航空航天等众多领域。在草鱼制品的加工过程中,冷冻干燥技术已被用于制备酶类、胶原蛋白等成分,可以较好地保持产品的活性和品质。任涛等(2014)以草鱼内脏为原材料,采用超滤法提取消化酶,经除杂、分级纯化、脱盐浓缩后,再经真空冷冻干燥制得低水分、高活性的酶制剂。罗灿(2015)利用冷冻干燥制备了草鱼鱼鳞胶原蛋白和角蛋白,并对其结构进行了鉴定分析。为保持磷脂的品质,王文倩

(2018)将草鱼、鲢、小龙虾三种淡水鱼、虾副产物进行冷冻干燥后再用于提取磷脂产物。

（8）联合干燥技术

以上介绍了热风干燥、微波干燥、冷冻干燥等多种干燥技术,在草鱼加工生产和研究中有着较为广泛的应用。值得说明的是,不同的干燥技术有着不一样的特色,同时也存在各自的缺点。因此,在实际应用过程中,根据草鱼制品的特点和干燥需求,有时需将两种或两种以上的干燥技术联合起来用于干制环节,这种方式称为联合干燥,目的在于提升草鱼制品的干燥效率并保持产品的良好品质。目前,已报道的联合干燥技术包括微波-热风联合干燥技术、微波-真空冷冻联合干燥技术、热泵-热风联合干燥技术等。例如,Qin 等（2020）采用微波-热风联合干燥技术干制草鱼片,并研究了微波时间对草鱼片品质（色泽、硬度、感官性能等）的影响。

随着科技的高速发展和消费者对产品要求的不断提升,以提质增效、节能减耗为导向,越来越多的干燥技术更新迭代,并被应用于生产营养好、品质佳的产品。同时,各种预处理手段也被探索应用于提高干制效率。例如,Wang 等（2018）运用超声波技术预处理腌干草鱼块,能促进鱼块中水分的流失,加快干燥过程,缩短干燥时间。

7.2.5 · 腌制发酵技术

腌制和发酵作为我国传统的水产品加工和保藏技术,可用于改善淡水鱼产品的口感和风味、提高其营养价值、延长其货架期。其中,腌制工艺作为烟熏、干制、卤制等处理的前期处理步骤,是延长鱼体货架期的古老而传统的方法之一,在水产加工业中占有相当重要的地位。发酵鱼作为我国的传统食品,如江苏、浙江地区的糟鱼、徽州地区的臭鳜鱼和黔东南地区的酸鱼,因其独特的风味而备受消费者喜爱。发酵技术不仅可以有效地保存鱼产品,并且可以改善鱼肉的品质和风味、控制危害物质的积累。

传统的食盐腌制方式（包括干腌和湿腌）和自然发酵在鱼类加工和保藏方面做出了非常重要的贡献,但是两者均存在一些不足之处。例如:传统腌制食盐添加过量,产品品质较差;自然发酵依赖工人经验和自然条件,具有发酵周期长、发酵条件不易掌控、产品品质可变性高、安全性低等缺点,难以进行工业化的大规模生产。随着食品加工业技术的发展和人们对食品营养、品质的追求,在传统腌制技术的基础上,将低钠盐、酸/酒辅助、高压、真空、超声波等方法应用到腌制技术中,延伸出多种草鱼腌制技术;借助优良菌株的优势,以接种发酵代替自然发酵,使其在室温下的保藏时间延长并产生良好的风味,提高了产品品质的稳定性。

因此,在传统工艺基础上,将现代加工技术应用于草鱼的传统腌制和发酵工艺中,不断推动草鱼加工技术的发展和创新,有效提高其营养价值和经济附加值,为人们提供更加美味、营养、安全的草鱼制品。

(1) 草鱼的腌制技术

① 干腌和湿腌技术:干腌和湿腌为最传统的腌制方式。干腌是将食盐撒在鱼肉表面进行腌制,由于生产操作简便,经常用于工业生产,干腌时间较长,最终产品水分含量较低,但腌制品多存在含盐量高、鱼肉质地硬和贮藏过程脂肪容易氧化导致腐败变质等问题。湿腌是将鱼肉置于盐水中腌制,盐水的浓度对产品影响极大,在实际操作过程中含盐量、含水量易控制,产品得率高。湿腌法虽然能够提高腌制品的均匀性,但由于水分含量高,产品易腐败,存在腌制品的食品安全无法保障的问题。

② 低钠盐替代食盐腌制技术:世界卫生组织(WHO)指出,减少钠的摄入可降低冠心病及中风的风险,建议每人每日食盐摄入量不超过 5 g。《中国居民膳食指南(2022)》推荐,我国居民每周至少 2 次水产品,每日食盐摄入量不超过 5 g。为了降低食盐的添加量,国内外学者探索采用钾盐、钙盐、镁盐、特征风味氨基酸和动植物提取物代替钠盐进行腌制(Martínez-Alvarez 等,2005;Alino 等,2010)。研究发现,采用含 70%氯化钾、氨基酸的食盐替代物腌制草鱼不仅可以在保证鱼产品质构的前提下降低 50%以上钠含量,降低氧化程度,而且增加了产品的感官和风味(尹敬,2019)。低钠盐部分替代食盐制备的风干草鱼在保证理化和感官特性不受影响的基础上,极大地降低了钠含量,具有较好的应用前景。

③ 酸/酒辅助腌制技术:酸/酒辅助腌制在改善草鱼肉质构、抑制微生物繁殖、延长货架期方面具有显著优势,也是当下水产腌制中盛行工艺之一。其工序是,在传统的盐腌工序过程中进行酸/酒辅助腌制。研究发现,盐腌液中添加 3%的食醋助腌,可缩短腌制时间,降低挥发性盐基氮(TVB - N)含量,草鱼肉的感官品质、质构和保藏性等方面的综合效果最佳(吴晓琛,2008)。此外,酒辅助腌制[2%食盐+5%乙醇(体积分数为 65%的白酒)]可减缓冷藏草鱼片质构劣化,具有提质保鲜作用(胡丹等,2020)。

④ 超声波辅助腌制技术:相比传统干腌和湿腌方法,超声波辅助腌制的草鱼肉盐分吸收速度快,TVB - N 含量和菌落总数低,多不饱和脂肪酸含量高,但鱼肉的硬度和咀嚼性下降,黏着性提高(高凯日等,2020)。采用盐水注射、滚揉、超高压、超声波等辅助腌制方法,可以不同程度地缩短产品腌制时间,但这些方法仍存在生产成本高、产品品质差、易被污染的缺点。

⑤ 真空辅助腌制技术:近年来,真空辅助腌制技术已被广泛应用在鱼类和肉类加工中。研究发现,真空辅助加压腌制技术可在提升食盐渗入速度的同时,保障草鱼块的质

构品质(夏雨婷等,2023)。相比常压腌制,真空辅助加压腌制后的草鱼肉食盐含量逐渐升高,产品得率下降,白度上升;当真空辅助加压 6.9 kPa 处理时,鱼肉的剪切力、硬度、内聚性、弹性、黏性最低,TVB－N 无明显变化,汁液渗出率升高,鱼肉的嫩度得到了改善,提高了鱼肉的品质。

(2) 草鱼的发酵技术

① 单一乳酸菌接种发酵:植物乳杆菌(*Lactobacillus plantarum*)、戊糖片球菌(*Pediococcus pentosaceus*)和副干酪乳杆菌(*L. paracasei*)等是常用的优良乳酸菌发酵剂,分别接种发酵草鱼肉后,pH 显著降低,总酸含量增加,可有效抑制腐败菌的繁殖;同时,鱼肉白度和氨基酸态氮含量提高,水分含量和 TVB－N 的生成量降低。研究表明,接种以上 3 种乳酸菌发酵均可减少发酵开始的滞后时间,延缓鱼肉腐败变质,有助于营养价值的提高和色泽的改善,提高发酵草鱼的品质。目前,对植物乳杆菌接种发酵草鱼的研究报道较多,经 5% 食盐和 3% 蔗糖腌制后,接种 6% 从自然发酵泡菜中分离到的植物乳杆菌,发酵后草鱼产品不仅香气浓郁、质构改善,还能有效抑制芽孢杆菌、肠杆菌、霉菌和酵母菌的生长(韩姣姣,2012)。电子鼻和气相色谱-质谱等现代分析检测技术分析发现,经植物乳杆菌发酵后,草鱼中具有土腥味的己醛、庚醛等醛类物质逐渐减少,而呈蘑菇香味的 1－辛烯－3－醇含量逐渐增多,到发酵后期产生了有薄荷香味的丙酮及有奶油香味的乙偶姻等增香成分(裴迪红等,2015;明庭红等,2017),揭示了植物乳杆菌发酵草鱼香气增加的机制。

② 混合菌接种发酵:研究报道显示,与自然发酵相比,草鱼经 30 g/kg 食盐腌制 6 h,混合接种酵母、红曲和乳酸菌后于 30℃发酵 12 h,鱼肉中的组胺、酪胺、腐胺、亚精胺和精胺的含量显著降低,pH 下降,可抑制大肠菌群的生长,保证发酵草鱼的卫生品质(谢诚等,2010)。在以上相同的加工工艺基础上,混合接种干酪乳杆菌、乳酸链球菌、酵母菌和红曲,于 30℃条件下发酵 12 h,显著抑制了肠杆菌和假单胞菌的生长,发酵后草鱼肉色泽、外观、风味和整体接受度均显著提高,而危害物质生物胺的含量显著降低。与单一乳酸菌接种发酵相似,混合菌接种发酵也可显著抑制有害菌生长和危害物生物胺的产生,只是不同菌株代谢途径不同,草鱼产品的风味和质构等感官品质会有所差异。

7.2.6 · 罐藏加工技术

随着人们生活水平的提高,出行、旅游人次不断增加,生活节奏加快,食品消费观念也正在改变,越来越多的家庭试图从厨房中解放出来,除了食用新鲜蔬果外,对于一些速食食品也提出了新的要求。罐头食品以其方便、卫生、易贮存的特点,顺应了现代人们的日常需要,日益受到欢迎。食品罐藏是将通过预处理的食品装入玻璃罐、镀锡薄板罐等包装容器内,通过密封杀菌使罐内微生物死亡、酶失活,集中消除食品腐败问题,能使食品在室温环境中长期保存。

(1) 罐头食品

罐头食品长期被人们误认为是不健康的。在这些消费者眼中,动物性食品刚刚宰杀或植物性食品刚刚采摘的则为新鲜。事实上,有一些水果,如菠萝含有菠萝蛋白酶,立即食用会损伤黏膜;黄桃经过"后熟",口味更佳。制成水果罐头后,菠萝蛋白酶被灭活,黄桃中的植物纤维被柔化,因而味道、口感都得到提升,主要营养成分也没有减少。对新鲜玉米和罐头玉米的胡萝卜素研究也表明,罐藏加工并不降低叶黄素、玉米黄质、胡萝卜素的含量(Martín-Belloso 等,2001)。再者,如金枪鱼等鱼类,一旦死亡,其营养成分迅速流失。然而,平常人很难吃到鲜活的金枪鱼,如果捕捞后立即处理并制成罐头,更大程度上保持了营养成分。在罐头加工的初始热处理阶段,可能会导致水溶性的和氧不稳定性的营养物质损失,但在后期的罐头产品贮藏过程中由于缺乏氧气,这些物质是相对稳定的。与家庭烹饪相比,工厂化加工制作质量稳定的罐头产品历时更短、损耗更少、营养物质保留更充分。因此,罐头加工是整个食物供应链中营养物质有效保留的方式之一。

(2) 鱼罐头加工

鱼罐头食品历史悠久,北魏时期的《齐民要术》就有鱼罐藏方法的相关描述,"一层鱼、一层饭、手按令紧实、荷叶闭口、泥封勿令漏气"。鱼罐头是世界重要贸易水产制品,作为世界渔业大国,我国鱼罐头已远销欧美地区,以及日本、南非等地(付才力等,2014)。鱼罐头是以新鲜或冷冻的鱼为原料,其基本工艺流程一般包含原材料的处理、杀菌、包装等一系列的过程,处理工艺又包括发酵、腌制、干燥、油炸等。任华等(2015)以鲟鱼肉为原料,通过剖割切块、盐渍、油炸、调味、真空罐装、杀菌冷却等流程,研发出香辣、酱香、茄汁、豆豉、麻辣 5 种鲟鱼罐头产品。李秋玲等(2020)通过研究不同的加工条件(卤制时间、酱油与水的体积比、油炸温度、油炸时间)及调味料配比(白砂糖、味精、花椒粉、辣椒粉)对罐头感官品质的影响,研制出了色泽金黄、富有嚼劲、口感麻辣鲜香的香辣公干鱼罐头。林莉莉和姚春霞(2018)介绍了黄豆油浸金枪鱼罐头生产技术,金枪鱼经去鳃、去头等处理后,通过蒸煮脱水、金属探测、装罐、辅料验收、配注调味液(管道输送)、抽真空密封等工序,可完成黄豆油浸金枪鱼罐头的生产。王爱霞(2014)通过建立武昌鱼热风干燥数学模型,采用 $L_9(4^3)$ 法对武昌鱼罐头调味配方进行正交试验,分析不同贮藏温度条件下水分、感官、质构变化,全面研究了酸甜味风干武昌鱼软罐头加工工艺及贮藏性。除了罐头整体工艺研究,科研工作者还进一步研究了不同处理方法对罐头品质的影响。将沙丁鱼在含有碎冰的料液中浸泡并在冷库中储存一段时间,然后再封油、灭菌、罐装,结果表明,低温料液浸泡对沙丁鱼罐头品质具有明显提升作用。

■（3）草鱼罐藏加工技术

当前市场中的草鱼罐头大多是传统制法,如江浙特色的草鱼糟制品,经过酒、香料和糖等调味料进行腌制,加工成风味独特的特色罐头食品。在传统制法的基础上,加入包含甘草、紫苏、菊花、薄荷等中草药的腌制液,可生产出具有独特风味的草鱼罐头。随着生活品质的提高,人们对食品品质的要求也越来越高,简单的加工技术开始渐渐被新技术替代。极端条件处理技术在食品领域引起了广泛的关注,包括超高压、强磁场、超声波等。针对现有技术生产的鱼罐头存在不饱和脂肪酸容易被破坏、香辛料功效成分保留率不高的缺陷,采用热压膨化技术,借助 $4.0 \sim 4.3$ MPa、$130 \sim 140$℃的加压过热蒸汽处理草鱼 $4 \sim 5$ min,然后在 0.4 s 内释放压力至 0.1MPa。采用热压膨化处理鱼体,且鱼体的油炸在杀菌过程中完成,可以减少鱼体中不饱和脂肪酸在油炸过程中的损失、增加鱼骨的钙溶出、提升香辛料功效成分的提取效率和保留率,制得的鱼罐头香味浓郁。超微细化技术可以将草鱼鱼骨与鱼肉整体进行综合利用,制作高钙营养午餐鱼肉罐头,制备流程包括带骨鱼糜制备和午餐鱼肉制备两部分。在提高淡水鱼精深加工利用率的同时,既能丰富午餐肉的营养价值,又能有效解决淡水鱼腥味及鱼骨、鱼刺问题。

近年来,大量的水产品罐头产品,在人们的营养供给中扮演重要角色。草鱼罐头工艺也在逐步完善,新的工艺和加工设备不断出现,但是仍然有诸多问题亟待解决和完善。如草鱼罐头的包装、工艺、风味都较为单一,罐头含油多、肉干等,并且大多是豆豉、油炸、麻辣等风味鱼。采用包装大多为马口铁罐装、玻璃罐装,从品牌形象角度看,没有差异化的外包装,在一定程度上降低了竞争力。

7.2.7 · 副产物利用技术

和其他鱼一样,草鱼在初加工过程中会产生大量副产物,通常包括头、骨、鳞、皮、尾、鳍和内脏等,各种副产物的产量以及主要成分如表 7-1 所示。

由表 7-1 可知,草鱼在初加工过程中产生超过 50% 的副产物,其中含有丰富的营养物质,如蛋白质、脂肪、钙磷等矿物质以及风味物质等,可用于食品、制药和饲料工业。随着科技的进步,这些副产物的资源化利用已经由过去单纯炼制鱼油、鱼粉、鱼蛋白等粗放模式逐渐向活性物质提取和制备水解蛋白、明胶以及生物活性肽等精细模式转变(周德庆等,2019)。

表7-1 · 草鱼各部位的重量占比及主要营养物质含量

(Okanović 等,2017;田丽和罗永康,2020;黄春红等,2008)

部 位	重量占比(%)	粗蛋白(%)	总氨基酸(%)	粗脂肪(%)
活体草鱼	100	14.80±0.64	18.77±5.33	2.17±0.68
鱼肉	47.26±3.56	16.70±0.14	20.93±2.32	0.12±0.01
鱼头	21.63±1.49	13.81±1.14	33.72±1.52	10.79±0.65
鱼骨	9.92±0.92	15.70±0.16	16.24±2.99	2.98±0.49
鱼皮	4.52±0.63	22.50±1.87	17.16±3.97	2.41±0.94
内脏	9.35±0.58	7.73±1.03	9.07±1.15	26.90±7.52
鱼鳞	3.28±0.12	31.30±2.30	28.83±5.42	0.12±0.08
尾鳍	2.73±0.24	16.10±0.75	17.52±5.66	0.38±0.15

(1) 鱼头加工利用技术

在我国,将淡水鱼的鱼头作为营养滋补品已有悠久的历史。与其他三大家鱼相比,草鱼鱼头中不仅必需氨基酸和鲜味氨基酸的百分含量最高,而且还拥有最高含量的粗脂肪和矿物质元素等,通常用于制作汤品和调味料。除常规的熬煮法外,岳大鹏等(2020)通过乙醇法提取草鱼鱼头中的磷脂,发现其多以不饱和脂肪酸为主,其中 EPA 和 DHA 含量均较高,同时草鱼鱼头中的磷脂还具有显著的羟自由基清除和还原能力。此外,优化草鱼鱼头的酶解技术可能在获取可溶性蛋白以及氨基酸方面存在一定潜力。

(2) 鱼骨加工利用技术

草鱼鱼骨富含钙质且骨刺相对细小,因此多被直接烘干粉碎后制成鱼骨粉,但研究发现,草鱼鱼骨中结晶态磷灰石和无定形 $CaHPO_4$ 的存在会对肠道消化吸收造成较大负担(郭洪壮等,2020),于是相继开发了酸解、碱解、酶解和发酵法等技术,以解决钙吸收难的问题。陈铭(2015)采用乳酸菌发酵酶解草鱼鱼骨,发现优化发酵酶解工艺后可以提高3倍以上的可溶性钙含量,且主要以乳酸钙、醋酸钙、氨基酸钙和小分子肽钙等易吸收形式存在。同时,微米、纳米化技术以及高压热处理技术也有助于草鱼鱼骨中的游离钙释放。

草鱼骨还富含胶原蛋白,胶原蛋白的提取包括酸碱法、酶解法和高压蒸煮法。研究发现,草鱼鱼骨的酸溶性胶原蛋白热变性温度高于鱼皮和鱼鳞,但其胶原提取率却较低。同时,草鱼骨胶原蛋白含有 17 种氨基酸(除色氨酸),其中甘氨酸和脯氨酸含量丰富。此外,经过脱钙处理后,发现草鱼鱼骨通过碱法(3%,w/w,NaOH)提取的大多为 B 型明胶,且结果显示,鱼骨明胶中较高的脯氨酸含量有助于增强其澄清果汁的能力(Baziwane,2004)。

作为重要的生理活性多糖,草鱼骨中硫酸软骨素通常通过酸解、碱解、酶解和盐解等技术进行提取(李银塔和王本新,2016),但受限于软骨组织含量较少和提取率较低,目前尚未被有效开发利用。

草鱼鱼骨含有丰富的脂质,目前可通过蒸煮、超临界流体萃取、固相萃取、酶水解萃取和溶剂萃取等技术提取水产品中的脂质。相对而言,蒸煮法易造成热敏成分的损失,超临界萃取法和酶法成本均较高,而溶剂法是目前较常用的方法。Lv 等(2022)通过溶剂萃取脂质后,结合组学分析发现草鱼鱼骨中的长链 n-3 和 n-6 多不饱和脂肪酸含量较高。

在环境治理方面,草鱼鱼骨通过热解后获得的生物炭在重金属和有机染料吸附中显示出良好的性能,可为鱼骨进一步的高值化利用提供一定参考。

(3) 鱼皮加工利用技术

草鱼鱼皮含有胶原蛋白、脂肪、色素等营养物质,其杂蛋白少,胶原蛋白占其蛋白总量的80%以上,并且在草鱼各部位中有害物质积累量最少,是提取胶原蛋白的理想部位。鱼皮胶原蛋白常见的提取方法以酸法、酶法或者多级提取技术为主,其中酶法提取的草鱼鱼皮胶原蛋白肽在抗氧化、血管紧张素转换酶(ACE)抑制等功能活性方面显示出巨大潜力。此外,草鱼鱼皮以 I 型胶原蛋白为主,有可能通过控制如温度、pH 等条件调节其自聚集行为,最终提高其作为胶原基材料的生物性能。进一步研究发现,草鱼鱼皮通过酸提(5%,v/v,H$_2$SO$_4$)可获得 A 型明胶。蔡路昀等(2017)采用碱性蛋白酶水解草鱼皮,然后通过超滤截留不同分子量肽段,发现小于 3 kDa 的肽段组分具有明显的清除 DPPH、ABTS 和超氧阴离子自由基能力。

研究发现,草鱼鱼皮的拉伸强度由大到小依次为尾部>腹部>头部(Ye 等,2018),其质地柔软、富有弹性、透气性强、耐久性优异、防水效果好,是作为动物皮革的良好原料。

(4) 内脏加工利用技术

在我国,鱼内脏的开发利用程度并不高,大多数仍然以制取粗提鱼油、鱼饲料和鱼粉为主。实际上,草鱼内脏组分复杂,含有丰富的蛋白质、油脂、磷脂、软骨素、胰岛素、黏多糖、维生素 A、维生素 D 等,可深度开发利用方向多。草鱼内脏蛋白在组成上除了少量的胱氨酸外,其他必需氨基酸均接近全蛋蛋白,并且草鱼内脏水解蛋白被发现具有较好的肉品保水性能。目前已开发出溶剂法、酶解法等技术用于精提鱼油,并且发现精提鱼油中富含油酸和亚油酸等不饱和脂肪酸。从草鱼内脏中的消化道部分经过超滤技术也已成功提取出具有较高活性的胰蛋白酶、淀粉酶和脂肪酶。除了提取功能性成分外,利用草鱼内脏进行食品开发也正在被尝试,包括发酵制备鱼露、复配开发内脏蛋白调味基料和功能性多肽饲料等。

▪ (5)鱼鳞加工利用技术

草鱼鱼鳞不仅富含胶原蛋白,而且灰分含量显著高于其他部位,因此鱼鳞往往也被用于煅烧制取羟基磷灰石或者开发钙补充剂。除此之外,鱼鳞中还含有如壳聚糖、硫酸软骨素、鸟嘌呤和卵磷脂等具有功能活性的高附加值成分,通常采用酸法、碱法、酶法等技术进行初步提取,再结合醇沉法、层析法等技术进一步分离纯化。值得注意的是,草鱼鱼鳞的胶原蛋白含量在鱼体各部位中最高,更有利于胶原蛋白的提取和纯化,而且比猪、牛皮等原料拥有更广的受众面。为了避免鱼鳞中过高的灰分与胶原蛋白之间互相黏附,往往需要对鱼鳞进行预脱灰和脱钙处理,相较于盐酸法和 EDTA 法,采用柠檬酸进行脱灰脱钙处理显示出一定的经济性和环保性,并且可达到 99.6% 的灰分脱除率。

经过脱灰后的鱼鳞可用于提取明胶,制备的草鱼鱼鳞明胶可直接用于食品相关生产以及创口愈合缓释膜材料。相较于鲫、鳙以及哺乳动物明胶,草鱼鱼鳞明胶膜具有更优异的溶解性和透油率,可进一步提升其替代哺乳动物明胶的潜力。现阶段研究已尝试采用物理法、化学法、酶法等改性技术用来提高鱼鳞明胶的凝胶性能。除了明胶应用外,草鱼鱼鳞胶原还可通过酶法深度水解以获得具有功能活性的水解产物,除了具有常见的抗氧化、ACE 和抑菌等生物活性的多肽外,Hu 等(2022)还通过生物亲和超滤技术筛选出具有抗黑色素功效的肽段,极大地拓展了其应用范围。

草鱼鱼鳞还具有轻薄以及良好的柔韧性,其坚硬的骨质外层和柔软的胶原内层为其作为新型仿生复合材料提供了可能性。类似于鱼骨,草鱼鱼鳞经过热解后同样可以作为优秀的有机染料吸附剂。

▪ (6)尾鳍加工利用技术

由于草鱼尾鳍部分相对产量是副产物中最低的,虽然目前相关资源化研究较少,但参考其他淡水鱼类资料,草鱼尾鳍作为富含大量钙质、胶原蛋白和多糖的部分,仍然可以采用上述一些技术将其用于食品开发和作为食品原料。值得关注的是,草鱼鱼鳍部分对于重金属的富集较其他部位更加显著,因此在食品应用过程中应更加关注草鱼的栖息地以及生长环境因素。

品质分析与质量安全控制

7.3.1 · 草鱼品质评价及影响因素

草鱼是我国淡水养殖产量最大的鱼类。草鱼肉厚刺少、肉质肥嫩、韧性好,深受消费者喜爱。随着生活水平的提高,消费者不只满足于能吃上鱼肉,对草鱼的品质也有了更高的要求,不仅要求安全、绿色,还要营养好、口感佳。因此,鱼肉的品质直接影响草鱼的商品价值。一般来讲,草鱼肌肉的颜色、系水力、嫩度、多汁性、香味、鲜味和营养成分等是草鱼重要的食用品质指标,受养殖过程、加工过程等多方面因素影响。

在养殖过程中,草鱼鱼肉品质会因品种基因特性、养殖环境、饲料种类、养殖操作等理化因素影响而表现不同的品质特性(方林,2018)。为了解不同生境来源草鱼肉营养品质的差异,李忠莹等(2021)选取了来源于河流、湖泊、高密度池塘养殖与低密度水库养殖4种不同生境草鱼,对其肌肉营养成分含量、颜色、质构特性、氨基酸、脂肪酸的组成与含量进行测定和比较分析。结果表明,不同生境来源草鱼肌肉的营养品质差异显著,两种自然生境草鱼肌肉脂肪酸中 n-3 系列脂肪酸含量较高,脂肪酸组成较好;两种养殖生境草鱼氨基酸组成比自然生境的更合理,草鱼养殖过程中可以适当补充苏氨酸、甲硫氨酸和半胱氨酸,以满足草鱼生长发育的需求。周彬等(2020)比较循环流水槽养殖草鱼与池塘精养草鱼营养品质,结果发现,相比于池塘精养草鱼,循环流水槽养殖草鱼体形更好,肌肉硬度、黏性、咀嚼性、回复性和剪切力更高,口感更好;肌肉水分和粗脂肪含量较低,粗蛋白质和粗灰分含量较高;肌肉氨基酸总量、必需氨基酸总量和呈味氨基酸总量更高,氨基酸平衡效果更好,不饱和脂肪酸和单不饱和脂肪酸含量更高。目前,我国的草鱼养殖方式主要是投喂商业配合饲料,配合饲料的设计、组成和添加量直接影响草鱼的生长性能和肌肉品质。Chen 等(2021)研究发现,在草鱼饲粮中添加膳食抗氧化剂可有效提高淡水鱼肌肉组织品质和活性氧水平,进而改善草鱼的肌肉结构品质。

草鱼鱼肉高蛋白、低脂肪,是一种比较优质的蛋白质资源。另外,由于草鱼肉质细嫩、营养丰富、水分含量高、鱼体内组织酶活跃、容易腐败,加上草鱼肌原纤维蛋白质抗冻性能较差,在冷冻过程中容易变性。因此,草鱼品质也因贮藏和加工方式的不同而有所差异。草鱼常见的传统加工方式中有加热、腌制、烟熏、煎炸等。陈惠等(2017)研究了热加工对草鱼鱼肉品质及风味成分的影响,结果表明,随着热处理温度的增加,鱼肉的 L*

值升高,a* 值降低,硬度、内聚性、氨基酸含量总体呈上升趋势。冯佳奇等(2021)在探讨草鱼块干腌过程中的传质动力学规律时发现,加盐量和干腌时间能改变传质动力学参数,显著提高烧烤草鱼块的品质。薛永霞(2019)在研究烟熏工艺对草鱼气味物质含量和气味轮廓的影响时发现,不同加工阶段草鱼挥发性物质含量均显著增加,鱼体腥味得以明显改善。浸渍是改善腥味和丰富风味的重要条件,不同辅料对风味均有重要贡献。Li等(2017)研究了煎炸对草鱼鱼片脂肪酸结构、游离氨基酸和挥发性化合物的影响,结果发现,煎炸可以改善草鱼鱼片的口感和风味,显著提高游离氨基酸的含量,但在一定程度上导致草鱼鱼片大部分脂肪酸降解,降低了其营养价值。

草鱼传统加工方法多样,鱼肉制品品质风味也不同,然而传统的草鱼加工技术常常具有原料利用不完全、草鱼营养成分遭到破坏和加工过程中产生有害成分等诸多缺点。为了满足消费者对高品质和安全食品的需求,近些年来,在草鱼生产加工过程中,很多新的食品加工技术,如超声技术、低温等离子体技术、微波技术、超高压技术等也不断被应用,进而最大限度地保证草鱼产品的安全和品质,同时延长产品的货架贮藏期。Shi等(2019)研究了超声处理对冷冻草鱼背部肌肉的冷冻速度、理化性质和微观结构的影响,结果表明,鱼背部肌肉的冷冻速度、理化性质和微观结构的变化与超声功率呈正相关;在一定超声功率范围内,超声处理可以显著缩短草鱼预冷阶段的长度、相变、总冻结时间,保护肌肉纤维结构,进而减少解冻损失。斯兴开等(2018)研究了低温等离子体对草鱼鱼肉品质的影响,结果表明,低温等离子体处理后草鱼肉的菌落总数明显下降,感官评分和持水性略有下降,硫代巴比妥酸值在适宜范围内增加但并不明显,且鱼肉的弹性和咀嚼性显著提高,黏附性变化不明显。Esua等(2021)研究了一种功能化等离子液体结合超声杀菌处理对草鱼氧化性能和物理性能的影响,研究结果表明,功能化等离子液体与超声技术联合应用于草鱼去污,能显著减少大肠杆菌和腐败希瓦氏菌数量。此外,处理后草鱼肉亮度增加,$n-3/n-6$ 比例更加均衡,营养价值得到提高,且蛋白质二级结构被展开、功能性得到改善。马海建等(2015)研究了超高压处理对草鱼鱼肉品质的影响,结果表明,超高压处理具有显著的杀菌作用,可提高草鱼的食用品质质量,且压力越高灭菌效果越好,因此,超高压处理在改善鱼肉品质、加工和保鲜贮藏等方面有着广阔的应用前景。邓祎等(2022)研究了超高压预处理草鱼块干燥前后品质和气味变化,结果表明,超高压处理可以加快草鱼干燥,且经过热风干燥颜色无显著变化;300 MPa 超高压处理可以延缓草鱼块脂肪氧化,且处理的草鱼块硬度、咀嚼度、硫代巴比妥酸值和己醛含量均为最低。闫春子等(2018)研究了超高压对草鱼肌原纤维蛋白结构的影响,结果表明,超高压处理导致草鱼肌原纤维蛋白空间构象显著变化;随着压力的增大、Ca^{2+}-ATPase 活性、总巯基含量均显著下降,活性巯基先增加后降低;肌原纤维肌球蛋白的球状头部结构在压力作用下展开,疏水基团暴露,二硫键增多,并随着压力的进一步增大,蛋白质出现聚集;超高压处理还会改变肌原纤维蛋白二级、三级结构,导致蛋白质变性。Qin 等(2020)研究了微波-热风联合干燥对草鱼鱼片品质的影响,研究表明,微波配合热风干燥对草鱼干鱼片品质的影响优于单纯热风干燥,还保留了相当多的甜味氨基酸,可以大大提高鱼片的整体味道。

7.3.2 · 草鱼质量安全控制

（1）草鱼质量安全存在的风险

① 草鱼养殖环境存在的风险:目前,我国草鱼养殖多以池塘养殖为主,而且小而散,不能形成规模;老旧池塘居多,易造成池塘污泥积淤、草鱼排泄物、残留鱼饵及部分死亡鱼体等废物沉积,久之会因天气、温度等变化而大量分解,产生有毒有害物质。另外,一些工业废水、城市生活污水、农业投入品等废水、废液流入河流、水库等水域,也是造成草鱼养殖环境恶化的原因。

② 草鱼苗种繁育存在的风险:草鱼苗种繁育最为突出的问题是良种短缺和药物滥用。养殖的草鱼种大部分是外来购买,就导致养殖用鱼种在苗种培育时期存在使用禁用渔药的可能。调查发现,在鱼卵解化、培育及运输、销售过程中,均有可能使用禁用渔药提高鱼种存活率和抗病力的行为存在(穆迎春等,2021)。

③ 草鱼生长、贮运过程存在的风险:草鱼的生长主要依赖饲料,草鱼饲料主要的隐患是违规添加药物(抗生素、促生长剂、防腐剂、抗氧化剂、激素等)、环境或饲料原料带入的农药与重金属残留,以及在原料、生产工艺、管理、贮存等环节中引起的生物源性毒素和微生物污染。其次,一些草鱼养殖企业(户)在草鱼养殖过程中安全养殖意识较差,养殖过程中未能按照标准化养殖技术养殖,禁用药物屡禁不止,限用药物不能严格按照规定使用剂量、给药途径和用药部位给药,未达到休药期要求,非规范渔药使用混乱,尤其是鱼体病害发生严重时,用药频繁且种类多,不能科学规范使用渔药,而且对一些假劣渔药的识别能力低,都是造成草鱼质量安全存在的风险。再次,在草鱼运输及销售过程中,一些不法商贩为保持草鱼的个体鲜活,防止鱼体死亡甚至腐败,违法在鲜活草鱼中使用违禁渔药等投入品。

④ 草鱼加工过程存在的风险:草鱼肉厚刺少、肉质肥嫩、韧性好、味鲜美,可提供丰富的蛋白质,深受消费者喜爱。然而,在草鱼生产加工过程中,由于人员、环境、设备设施、原辅料和包装材料等与产品接触面、生产加工工艺等多方面因素的影响,容易在草鱼中引入致病菌。因此,在草鱼加工时要切实遵守食品安全管理体系以及危害分析与关键

控制点(HACCP)体系,对草鱼中的微生物水平进行严格控制和管理,从而预防因致病菌导致食品安全事故的情况发生。此外,应注意选择合理的草鱼加工方式及加工工艺,避免过度加工造成其营养流失甚至产生有害物。Wu 等(2022)研究了不同煎炸条件下油炸草鱼块中食品危害因子的形成,结果表明,油炸草鱼样品表面检测到糖基化终端产物、丙烯酰胺、5-羟甲基糠醛、反式脂肪酸和苯并芘,且产生量随着煎炸时间的延长而增加。

(2) 草鱼质量安全控制措施及建议

从草鱼风险来源的分析可以看出,草鱼的安全风险存在于养殖环境、生产、加工、贮运及销售、食用的全过程,因此相关安全措施也要贯穿草鱼生产至消费的始终。

① 加强草鱼养殖环境的检测及管理,建立示范性养殖基地。草鱼生长离不开养殖环境,优良的养殖环境直接关系到草鱼的安全及可持续发展。因此,有必要对草鱼养殖环境进行定期检测、综合治理,控制外源性污染,科学规划养殖环境,合理调整养殖密度、推进示范性养殖基地的标准化建设。

② 加大对草鱼安全检测技术的投入,建立完善的检测体系。依托高校、科研院所在设备、技术研发等方面的优势,加大对草鱼安全检测技术的投入。在发挥政府主导作用的同时,推动草鱼生产加工相关企业、协会、民间组织等积极参与到检测标准和技术的制定及改进工作当中去。

③ 加强草鱼化学投入品的控制,确保抽样检测和监督检查的制度化、规范化。草鱼从生产、加工到贮运的各个环节都可能涉及化学品的投入。因此,为确保化学投入品得到规范科学的使用,可建立草鱼化学投入品生产企业登记制度、销售企业专营专供制度,形成对草鱼化学投入品产、供、销全程有效控制体系;同时,定期进行抽样检测,使其制度化、规范化,以确保草鱼的安全。

④ 加强草鱼安全的培训及科普宣传工作,开通服务热线。我国当前的草鱼生产和加工规模化程度较低,部分养殖和加工人员安全意识淡薄,因此有必要加强对一线养殖、加工和管理人员的草鱼安全法律法规、滥用药物的危害等知识的培训;同时,通过电视、网络、报纸等媒体扩大宣传,设立公共信息平台,定期发布水产养殖、加工相关科技信息,开通电话热线服务等。

⑤ 建立可追溯制度,强化草鱼的安全执法。建立草鱼可追溯制度,即实现草鱼从"养殖场到餐桌"全过程,包括养殖环境、投入品、生产者、加工者、包装、贮存、运输、销售等的信息跟踪,一方面可以确保草鱼从生产到销售的各个行为主体责任,另一方面也有助于消费者了解草鱼从养殖场到市场的全过程信息,维护自己的合法权益。同时,健全草鱼每一阶段的安全监管岗位责任制度,确保执法的高效、合理。

⑥ 建立监控、风险评估和预警机制以及突发事件的应急控制体系。按照"预防为主,防治结合"的原则,依据草鱼养殖、销售区域获取的各类信息,对其进行风险评估,判断其严重程度,及时向政府、养殖人员及公众等发出预警,以期有效预防、控制及化解草鱼安全风险;同时,建立突发事件的应急管理机制及工作透明机制,及时告知公众事态发展进程,最大限度减少负面影响。

（撰稿：涂宗财、沙小梅）

参考文献

［1］安利国,傅荣恕,邢维贤,等.鲤竖鳞病病原及其疫苗的研究[J].水产学报,1998,22(2)：136－142.

［2］白俊杰,叶星,李英华,等.草鱼胰岛素样生长因子－Ⅰ基因克隆及序列分析[J].水产学报,2001,25(1)：1－4.

［3］蔡广来,万金庆,童年.贮藏温度对草鱼片冰温保鲜的影响[J].安徽农业大学学报,2020,47(3)：380－385.

［4］蔡路昀,冷利萍,李秀霞,等.草鱼鱼皮不同分子量肽段体外抗氧化性能的研究[J].食品工业科技,2017,38：58－64.

［5］曹婷婷,白俊杰,于凌云,等.草鱼醛缩酶 B 基因部分片段的 SNP 多态性及其与生长性状的关联分析[J].水产学报,2011(4)：4－11.

［6］曹婷婷,白俊杰,于凌云,等.草鱼羧肽酶 A1 基因(CPA1)部分片段的单核苷酸多态性(SNP)多态性及其与生长性状的关联分析[J].农业生物技术学报,2012a,20(3)：301－307.

［7］曹婷婷,刘小献,白俊杰.草鱼羧肽酶 A4 基因部分序列多态性及生长性状关联分析[J].南方农业学报,2012b,43(3)：380－384.

［8］陈翠珍,张晓君,房海.草鱼肠炎病原菌检验与分析[J].中国兽医科技,1999,29(1)：5－7.

［9］陈惠,刘焱,李志鹏,等.热加工对草鱼鱼肉品质及风味成分的影响[J].食品与机械,2017,33(9)：53－58.

［10］陈路斯,王恒志,米海峰,等.不同类型菜籽粕对草鱼生长、抗氧化能力、非特异性免疫力及肝脏组织形态的影响[J].动物营养学报,2020,32(9)：4260－4276.

［11］陈铭.草鱼骨乳酸菌发酵液的制备及钙生物利用率的研究[D].青岛：中国海洋大学,2015.

［12］陈燕燊,江育林.草鱼出血病病毒形态结构及其理化特性的研究[J].科学通报,1983,(18)：1138－1140.

［13］陈永坡.饲粮中添加磷脂对幼草鱼生长和肠道免疫功能的影响及作用机制研究[D].雅安：四川农业大学,2015.

［14］邓祎,陈方雪,杜柳,等.超高压预处理草鱼块干燥前后品质和气味变化[J].食品科技,2022,47(2)：161－167.

［15］邓祎,陈方雪,杜柳,等.超高压预处理草鱼块干燥前后品质和气味变化[J].食品科技,2022,47(2)：7.

［16］邓玉平.亮氨酸对生长中期草鱼生长、肌肉品质、肠道免疫和鳃屏障的影响研究[D].雅安：四川农业大学,2014.

［17］丁淑荃,祖国掌,韦众,等.草·鲢·鳙和青鱼形态及其生长发育的比较研究[J].安徽农业科学,2005,33(9)：1660－1662.

[18] 董小林,钱雪桥,刘家寿,等.饲料蛋白质和小麦淀粉水平对中大规格草鱼生长性能及肝脏组织结构的影响[J].水生生物学报,2019,43(5):983-991.

[19] 段传胜,单杨.淡水鱼鱼糜加工的研究进展与关键性技术探讨[J].农产品加工(学刊),2007,(7):52-58.

[20] 樊佳佳,陈柏湘,白俊杰,等.不同地理来源草鱼群体杂交后代的生长性能分析[J].中国农学通报,2015,31(29):28-32.

[21] 樊佳佳,梁健辉,白俊杰,等.长江和珠江水系1龄草鱼生长性能分析[J].大连海洋大学学报,2016,31(6):598-601.

[22] 樊佳佳,刘小献,白俊杰,等.草鱼柠檬酸合酶基因SNP筛选及与生长性状的关联分析[J].华中农业大学学报,2014,33(3):84-89.

[23] 樊佳佳,唐小红,白俊杰,等.草鱼PKMa基因SNPs筛选及与耐糖性状的关联分析[J].农业生物技术学报,2019,27(6):1072-1080.

[24] 方林.草鱼滋味物质及品质变化的影响因素研究[D].上海:上海海洋大学,2018.

[25] 冯佳奇,陈季旺,莫加利,等.烧烤草鱼块干腌过程中的传质动力学分析[J].武汉轻工大学学报,2021,40(6):1-11.

[26] 冯雨.浓缩鱼头汤的工艺优化及品质分析[D].乌鲁木齐:新疆农业大学,2020.

[27] 傅建军,王荣泉,刘峰,等.长江草鱼×珠江草鱼杂交子一代及其亲本一龄阶段生长性能和体长分析[J].安徽农业科学,2009,37(23):11037-11039.

[28] 甘露.异亮氨酸对生长中期草鱼肉质和鳃屏障功能的影响[D].雅安:四川农业大学,2014.

[29] 高凯日.即食淡水鱼制品的加工技术研究[D].合肥:合肥工业大学,2020.

[30] 高凯日,林琳,陆剑锋,等.不同腌制处理对草鱼肉理化性质的影响[J].食品研究与开发,2020,41(18):21-28.

[31] 龚凯军.三倍体草鲂杂交鱼的生物学特性研究[D].长沙:湖南师范大学,2021.

[32] 龚婷.生鲜草鱼片冰温气调保鲜的研究[D].武汉:华中农业大学,2008.

[33] 勾维民.休闲渔业特征、发展动因、开发优势和产品设计[J].沈阳农业大学报:社会科学版.2006,8(2):196-198.

[34] 顾赛麒,周洪鑫,郑皓铭,等.干制方式对腌腊草鱼脂肪氧化和挥发性风味成分的影响简[J].食品科学,2018,39(21):10.

[35] 郭洪壮,胡月明,王辉,等."四大家鱼"鱼骨钙的组成分析[J].食品与发酵工业,2020,46:226-231.

[36] 国家大宗淡水鱼产业技术体系.草鱼产业发展报告[J].中国水产,2021,(2):12.

[37] 韩姣姣.泡菜中植物乳杆菌的分离及发酵特性的研究[D].宁波:宁波大学,2012.

[38] 洪杨.苏氨酸对生长后期草鱼消化吸收功能和抗氧化能力影响的研究[D].雅安:四川农业大学,2012.

[39] 胡丹,许艳顺,姜启兴,等.盐酒组合腌制对冷藏草鱼片质构和滋味品质的影响[J].食品与发酵工业,2020,46(19):154-160.

[40] 胡凯,苏玥宁,冯琳,等.80%赖氨酸硫酸盐与98%赖氨酸盐酸盐对生长中期草鱼生长性能、消化吸收能力和消化器官生长发育影响的比较研究[J].动物营养学报,2017,29(12):4372-4385.

[41] 胡晓霞.生长中期草鱼的苏氨酸需要量研究[D].雅安:四川农业大学,2012.

[42] 胡毅,陈云飞,张德洪,等.不同碳水化合物和蛋白质水平膨化饲料对大规格草鱼生长、肠道消化酶及血清指标的影响[J].水产学报,2018,42(5):777-786.

[43] 湖北省水生生物研究所第二室育种组家鱼研究小组.用理化方法诱导草鱼(♀)×团头鲂(♂)杂种和草鱼的三倍体、四倍体[J].水生生物学集刊,1976(1):111-114.

[44] 湖北省水生生物研究所第三室.草鱼白头白嘴病的研究[J].水生生物学集刊,1976,6(1):53-62.

[45] 黄爱霞，孙丽慧，陈建明，等. 饲料亮氨酸水平对幼草鱼生长、饲料利用及体成分的影响[J]. 饲料工业，2018，39(2)：26－32.

[46] 黄春红，曾伯平，董建波. 青鱼、草鱼、鲢鱼和鳙鱼鱼头营养成分比较[J]. 湖南文理学院学报(自然科学版)，2008：46－48+57.

[47] 姜宁，张爱忠，宋增廷，等. 谷胱甘肽对育肥羊生长性能及生长激素/胰岛素样生长因子-Ⅰ轴调控作用的研究[J]. 动物营养学报，2009，(3)：312－318.

[48] 姜鹏，韩林强，白俊杰，等. 草鱼生长性状的遗传参数和育种值估计[J]. 中国水产科学，2018，25(1)：18－25.

[49] 蒋明，文华，吴凡，等. 维生素A对草鱼幼鱼生长、体成分和转氨酶活性的影响[J]. 西北农林科技大学学报(自然科学版)，2012，40(9)：35－40.

[50] 蒋阳阳，何吉祥，李海洋，等. 不同饵料蛋糖比对草鱼幼鱼生长性能、体组成和消化酶活性的影响[J]. 南方农业学报，2016，47(5)：753－758.

[51] 黎卓键，刘丽. 广东省西江与东江草鱼群体的形态学比较[J]. 吉林农业：学术版，2011，5：306－308.

[52] 李偲，刘航，黄容，等. 草鱼Ⅰ型微卫星标记的发掘及其多态性检测[J]. 水生生物学报，2011，35(4)：681－687.

[53] 李传武，吴维新. 鲤和草鱼杂交中雄核发育子代的研究[J]. 水产学报，1990，14(2)：4.

[54] 李国彰. 姜黄素对草鱼生长和肠道物理屏障的影响及其机制研究[D]. 雅安：四川农业大学，2021.

[55] 李莉. 泛酸对生长中期草鱼肠道免疫和肌肉品质的调控作用及其机制[D]. 雅安：四川农业大学，2015.

[56] 李明春，魏东盛，邢来君. 关于卵菌纲分类地位演变的教学体会[J]. 菌物研究，2006，4(3)：70－74.

[57] 李秋玲，许泽琳，罗雨，等. 香辣公干鱼罐头的加工工艺研究[J]. 食品研究与开发，2020，41(21)：87－92.

[58] 李秋雨，刘红梅，李彦，等. 草鱼鱼鳞柠檬法脱灰工艺的优化[J]. 农产品加工，2020，(19)：47－50.

[59] 李绍戊，王荻，连浩淼，等. 大西洋鲑杀鲑气单胞菌无色亚种的分离鉴定和致病性研究[J]. 水生生物学报，2015，39(1)：234－240.

[60] 李双安. 肌醇对草鱼生产性能、肠道健康、机体健康、鳃健康以及肉质的作用及其作用机制[D]. 雅安：四川农业大学，2017.

[61] 李思发，王强，陈永乐. 长江、珠江、黑龙江三水系的鲢、鳙、草鱼原种种群的生化遗传结构与变异[J]. 水产学报，1986，10(4)：351－372.

[62] 李思发，吴力钊，王强. 鲢、鳙、青、草鱼种质资源研究[M]. 上海：上海科学技术出版社，1990.

[63] 李思发，周碧云，倪重匡，等. 长江、珠江、黑龙江鲢、鳙和草鱼原种种群形态差异[J]. 动物学报，1989，35(4)：390－398.

[64] 李思忠，方芳. 鲢、鳙、青、草地理分布的研究[J]. 动物学，1990，36(3)：244－250.

[65] 李文. 苯丙氨酸对生长中期草鱼生长性能、肌肉品质和肠道黏膜免疫功能的影响研究[D]. 雅安：四川农业大学，2014.

[66] 李玺洋，白俊杰，樊佳佳，等. 二龄草鱼形态性状对体质量影响效果的分析[J]. 上海海洋大学学报，2012，21(4)：535－541.

[67] 李玺洋，白俊杰，于凌云，等. 草鱼醛缩酶A3′-UTR突变与生长性状相关研究[J]. 淡水渔业，2012，42(5)：13－16.

[68] 李阳，武红伟. 淀粉种类对草鱼鱼糜凝胶特性的影响[J]. 渔业研究，2021，43(5)：487－493.

[69] 李猷，杜锐，王华国，等. 膜技术在鱼多肽生产中的应用[J]. 食品科技，2007，2007(12)：130－132.

[70] 李忠莹，丁红秀，张露，等. 不同生境来源的草鱼肌肉营养品质比较[J]. 食品与发酵工业，2021，47(17)：133－139.

[71] 梁燕，周爱梅，郭宝颜，等. 超高压对草鱼鱼糜凝胶特性的影响及其机理初探[J]. 食品工业科技，2015，36(1)：86－90+96.

［72］廖小林,俞小牧,谭德清,等.长江水系草鱼遗传多样性的微卫星 DNA 分析[J].水生生物学报,2005,29(2)：113－119.

［73］林昊.草鱼鱼肉蛋白酶解物及糖基化物的制备以及提高冻藏鱼糜稳定性的研究[D].雅安：四川农业大学,2020.

［74］林莉莉,姚春霞.黄豆油浸金枪鱼罐头生产技术[J].现代食品,2018,(20)：151－153.

［75］刘成汉.四川鱼类区系的研究[J].四川大学学报：自然科学版,1964,2：95－138.

［76］刘福平,白俊杰.单核苷酸多态性及其在水产动物遗传育种中的应用[J].中国水产科学,2008(4)：704－712.

［77］刘冠华.酵母培养物替代鱼粉对生长中期草鱼生产性能和肠道免疫的调控作用[D].雅安：四川农业大学,2020.

［78］刘海梅,严菁,熊善柏,等.淡水鱼肉蛋白质组成及其在鱼糜制品加工中的变化[J].食品科学,2007,(2)：40－44.

［79］刘华西.α－硫辛酸对生长中期草鱼生产性能、功能器官健康以及肌肉品质的作用及其机制[D].雅安：四川农业大学,2018.

［80］刘慧.微酸性电解水对草鱼冷藏期间保鲜效果影响的研究[D].哈尔滨：东北农业大学,2021.

［81］刘敬,王占瑞,曹建猛.全自动鱼鳞内脏清理一体机的设计[J].滨州学院学报,2018,34(6)：80－83.

［82］刘伟成,李明云.人工诱导鱼类雌核发育研究进展[J].水利渔业,2005,25(6)：3.

［83］刘小献,白俊杰,徐磊,等.草鱼 GSTR 基因外显子1,外显子2 的 SNPs 筛选及其与生长性状的关联分析[J].华中农业大学学报,2011,30(6)：753－758.

［84］刘小献,白俊杰,于凌云,等.草鱼载脂蛋白 A－I－1 基因3′非编码区 SNPs 筛选及其与生长性状的关联分析[J].大连海洋大学学报,2012,27(1)：12－17.

［85］刘晓丽,魏长庆,詹晓北,等.超声辅助制备草鱼鱼油微胶囊及其贮藏稳定性和降血脂作用研究[J].食品与机械,2019,35(9)：163－168.

［86］刘英杰,刘永新,方辉,等.我国水产种质资源的研究现状与展望[J].水产学杂志,2015,28(5)：48－55,60.

［87］楼允东.鱼类育种学[M].北京：中国农业出版社,2001.

［88］吕顺,钟桥福,陆剑锋,等.微波干燥法加工草鱼松的工艺条件研究[J].食品工业,2017,(7)：4.

［89］罗灿.草鱼鱼鳞胶原蛋白与角蛋白的分离纯化及鉴定[D].长沙：湖南农业大学,2015.

［90］罗建波.缬氨酸对生长中期草鱼生长、肉质、肠道黏膜免疫和鳃屏障功能及其相关基因表达的影响[D].雅安：四川农业大学,2014.

［91］马国文,温海深,刘振歧,等.鲤鱼竖鳞病病原和病理的研究[J].水利渔业,1999,19(3)：37－40.

［92］马海建,施文正,宋洁,等.超高压处理对草鱼鱼肉品质的影响[J].现代食品科技,2015,31：283－290.

［93］马敏杰,巴吐尔·阿不力克木.不同风干温度对风干草鱼品质特性的影响[J].肉类研究,2019,33(12)：12－17.

［94］麦康森.水产动物营养与饲料学[M].第二版.北京：中国农业出版社,2011.

［95］毛庄文.改良雌核发育草鱼群体的建立及其遗传特性研究[D].长沙：湖南师范大学,2020.

［96］孟庆闻,缪学祖,俞泰济.鱼类学：形态·分类[M].上海：上海科学技术出版社,1989.

［97］孟庆闻,苏锦祥,李婉端.鱼类比较解剖[M].北京：科学出版社,1987.

［98］明庭红,裘迪红,周君,等.基于植物乳杆菌发酵草鱼脱腥增香的研究[J].中国食品学报,2017,17：202－210.

［99］缪一恒.草鱼三水系间双列杂交 F₁ 生长及遗传差异分析[D].上海：上海海洋大学,2019.

［100］穆迎春,徐锦华,任源远,等.重点养殖水产品质量安全风险分析总论[J].中国渔业质量与标准,2021,11(6)：52－60.

［101］尼科里斯基,1960 黑龙江流域鱼类［M］.高岫,译.北京：科学出版社,1965.

［102］倪培珺.脂肪对生长中期草鱼生长性能、肠道、机体和鳃健康以及肌肉质量的影响及作用机制［D］.雅安：四川农业大学,2016.

［103］农业部渔业渔政管理局,全国水产技术推广总站,中国水产学会.中国渔业统计年鉴［M］.北京：中国农业出版社,2021.

［104］农业农村部渔业渔政管理局,全国水产技术推广总站,中国水产学会.2023 中国渔业年鉴［M］.北京：中国农业出版社,2023.

［105］农业农村部渔业渔政管理局.2021 中国渔业年鉴［M］.北京：中国农业出版社,2021.

［106］潘飞雨.蛋氨酸羟基类似物对生长中期草鱼生长、肠道、机体和鳃健康以及肌肉品质的影响及其作用机制［D］.雅安：四川农业大学,2016.

［107］潘洪民,员艳苓,曹丙蕾,等.草鱼冷冻鱼糜抗冻剂的复配研究［J］.中国食品添加剂,2021,(12)：82－88.

［108］潘加红.维生素 E 对生长中期草鱼生长、肠道、机体和鳃健康以及肌肉品质的影响及作用机制［D］.雅安：四川农业大学,2016.

［109］潘金培,杨潼,徐恭爱.鲢、鳙锚头蚤的生物学及其防治的研究［J］.水生生物学集刊,1979,6(4)：377－191.

［110］齐力娜,彭荣艳,程裕东,等.草鱼鱼片的微波干燥特性［J］.食品与发酵工业,2016,42(1)：5.

［111］裘迪红,欧昌荣,苏秀榕,等.植物乳杆菌发酵草鱼肉挥发性成分的变化规律［J］.食品科学,2015,36(20)：174－180.

［112］瞿彪.组氨酸对生长中期草鱼肉质的影响和肠道、鳃损伤的保护作用研究［D］.雅安：四川农业大学,2014.

［113］全迎春,韩林强,白俊杰,等.雌核发育草鱼的遗传结构分析和微卫星鉴别方法的建立［J］.水产学报,2014,38(11)：1801－1807.

［114］阙凤,高天麒,汪超,等.不同糖类对草鱼鱼糜凝胶的影响［J］.食品工业科技,2022,43(5)：48－55.

［115］任华,兰泽桥,答和庆,等.鲟鱼罐头食品的五种生产工艺［J］.江西水产科技,2015：45－48.

［116］任昆,白俊杰,樊佳佳,等.草鱼的微卫星亲权鉴定［J］.南方农业学报,2013,44(8)：1367－1371.

［117］任涛,何秋生,黎鸣放,等.草鱼内源酶提取纯化研究［J］.农产品加工(学刊),2014,(7)：19－21.

［118］尚晓迪,罗莉,文华,等.草鱼幼鱼对异亮氨酸的需要量［J］.水产学报,2009(5)：813－822.

［119］沈玉帮,张俊彬,李家乐.草鱼种质资源研究进展［J］.中国农学通报,2011,27(7)：369－373.

［120］斯兴开,杨惠琳,韦翔,等.低温等离子体对草鱼鱼肉品质的影响［J］.食品科技,2018,43(10)：180－185.

［121］宋鹏,曹申平,唐建洲,等.饲料中发酵芝麻粕替代菜粕对草鱼生长性能、肠道形态和微生物及小肽转运相关基因表达的影响［J］.水生生物学报,2019,43(06)：1147－1154.

［122］苏玥宁.蛋氨酸二肽对幼草鱼生产性能、肠道、鳃和机体健康的作用及其机制［D］.雅安：四川农业大学,2017.

［123］苏赵,胡强,李树红,等.海藻糖对草鱼鱼糜冻藏品质的影响［J］.食品与机械,2017,33(7)：139－144.

［124］孙丽慧,陈建明,潘茜,等.草鱼鱼种对饲料中苯丙氨酸需求量的研究［J］.上海海洋大学学报,2016,25(3)：388－395.

［125］孙效文.鱼类分子育种学［M］.北京：海洋出版社,2010.

［126］孙雪.草鱼生长相关 SNPs 标记的筛选及优势基因型的聚合效果分析［D］.上海：上海海洋大学,2020.

［127］孙雪,李胜杰,杜金星,等.草鱼 GHRH 基因 SNPs 的筛选及其与生长性状的关联分析［J］.农业生物技术学报,2021a,29(5)：963－972.

［128］孙雪,李胜杰,姜鹏,等.利用 RNA－Seq 技术分析草鱼生长性状相关基因和 SNP 标记［J］.水产学报,2021b,45(3)：333－344.

［129］谭崇桂,戴朝洲,许小霞,等.草鱼对饲料碳水化合物利用的研究进展［J］.广东饲料,2016,25(11)：40－41.

[130] 唐炳荣.蛋氨酸对生长中期草鱼消化吸收能力和抗氧化能力影响的研究[D].雅安：四川农业大学,2012.

[131] 唐炳荣,冯琳,刘扬,等.生长中期草鱼蛋氨酸需要量的研究[J].动物营养学报,2012,11：2263－2271.

[132] 唐海兵,杨春香,任柏成,等.β－环糊精-精油微囊活性保鲜垫对草鱼的保鲜效果[J].2021,30(4)：770－776.

[133] 唐玲.生长后期草鱼赖氨酸的需要量研究[D].雅安：四川农业大学,2012.

[134] 唐娜娜.饲粮不同碳水化合物/蛋白质比例对生长后期草鱼生产性能、肌肉品质的作用及其机制[D].成都：四川农业大学,2021.

[135] 唐青青.铜对生长中期草鱼消化吸收、抗氧化、免疫和肉质的影响[D].雅安：四川农业大学,2013.

[136] 唐小红.草鱼3种丙酮酸激酶和α－淀粉酶基因的结构、表达分析和生长相关标记筛选[D].上海：上海海洋大学,2015.

[137] 唐小红,樊佳佳,白俊杰.草鱼α－淀粉酶基因组织表达特征和早期发育的表达谱[J].海洋渔业,2015,37(1)：31－37.

[138] 田莉.丁酸钠对草鱼肠道、鳃和机体健康及肌肉品质的作用及其机制[D].雅安：四川农业大学,2017.

[139] 田丽,罗永康.草鱼各部位营养成分组成与评价[J].科学养鱼,2020：74－75.

[140] 田丽霞,刘永坚,刘栋辉,等.草鱼对葡萄糖和淀粉作为能源的利用研究[J].中山大学学报(自然科学版),2001(2)：104－106.

[141] 铁槐茂.核苷酸对生长中期草鱼生产性能、功能器官健康及肌肉品质的作用及机制[D].雅安：四川农业大学,2018.

[142] 汪英,张锦胜,成昕,等.核磁共振技术研究不同漂洗工艺对草鱼鱼糜的影响[J].食品工业科技,2013,34(11)：255－258.

[143] 王爱霞.非油炸即食酸甜武昌鱼软罐头加工技术的研究[D].武汉：华中农业大学,2014.

[144] 王琛,包特力根白乙.我国休闲渔业发展研究综述[J].黑龙江水产,2009,1：35－40.

[145] 王德铭.几种主要传染性鱼病防治的研究[J].微生物学报,1963,9(2)：150－156.

[146] 王解香,白俊杰,于凌云.草鱼EST－SSRs标记的筛选及其与生长性状相关分析[J].淡水渔业,2012,42(1)：3－8.

[147] 王解香.草鱼不同地域群体的遗传结构分析及生长性状相关的微卫星标记筛选[D].上海：上海海洋大学,2011.

[148] 王金龙,草鱼抗出血病群体的建立与应用.湖南省,湖南省水产科学研究所,科技成果,2020.

[149] 王立新,白俊杰,叶星,等.草鱼My5oD cDNA的克隆和序列分析[J].中国农业科学,2005,10：2134－2138.

[150] 王立新,白俊杰,叶星,等.草鱼MyoD基因原核表达研究[J].西北农林科技大学学报：自然科学版,2006,34(10)：6－10.

[151] 王利琴,汪之和,龚蓉珠.漂洗水温对淡水鱼鱼糜蛋白质热变性的影响[J].上海水产大学学报,2002,(2)：134－137.

[152] 王清印,等.水产生物育种理论与实践[M].北京：科学出版社,2013.

[153] 王淑好.不同风味草鱼肉脯工艺研究及工厂设计[D].南昌：南昌大学,2018.

[154] 王腾,宁正祥,张业辉,等.超声波辅助盐渍对鲩鱼干品质和微观结构的影响[J].现代食品科技,2017,33(11)：8.

[155] 王文倩.三种淡水鱼虾来源磷脂的制备及功能特性比较[D].武汉：武汉轻工大学,2018.

[156] 王小中.胆固醇对生长中期草鱼生产性能、功能器官健康以及肌肉品质的作用及其机制[D].雅安：四川农业大学,2018.

[157] 魏洪城,郁欢欢,陈晓明,等.乙醇梭菌蛋白替代豆粕对草鱼生长性能、血浆生化指标及肝胰脏和肠道组织病理的影响[J].动物营养学报,2018,30(10)：4190－4201.

[158] 魏硕鹏.镁对生长中期草鱼生产性能和功能器官健康、肌肉品质的作用及其机制[D].雅安:四川农业大学,2018.

[159] 温静.磷对中期草鱼生长性能、肌肉品质、抗氧化能力和免疫功能的影响[D].雅安:四川农业大学,2013.

[160] 文华,高文,罗莉,等.草鱼幼鱼的饲料苏氨酸需要量[J].中国水产科学,2009,16:238-247.

[161] 文玲梅.硫胺素对生长中期草鱼肠道免疫功能和肌肉品质的影响及其作用机制[D].雅安:四川农业大学,2015.

[162] 吴凡,蒋明,赵智勇,等.草鱼幼鱼对烟酸的需要量[J].水产学报,2008(1):65-70.

[163] 吴涛,茅林春.天然复合脱腥保鲜液对草鱼的脱腥保鲜效果[J].湖北农业科学,2009,(10):2543-2547.

[164] 吴维新,李传武,刘国安,等.鲤和草鱼杂交四倍体及其回交三倍体草鱼杂种的研究[J].水生生物学报,1988,12(4):9.

[165] 吴晓琛.酸辅助腌制草鱼即食产品的研制[D].无锡:江南大学,2008.

[166] 吴晓丽,朱玉安,刘友明,等.升温速率对草鱼和鲢鱼糜胶凝特性的影响[J].华中农业大学学报,2015,34(4):114-119.

[167] 伍云萍.锌对生长中期草鱼肉质、抗氧化能力和免疫功能的影响[D].雅安:四川农业大学,2013.

[168] 夏文水.大宗淡水鱼贮运保鲜与加工技术[M].北京:中国农业出版社,2014.

[169] 夏雨婷,吴玮伦,章蔚,等.真空辅助加压腌制对草鱼块品质的影响[J].食品科学,2023,44(1):70-77.

[170] 肖波,刘军,吴耀森,等.低盐淡水鱼整鱼及非腌制肉类的低温热泵干燥试验[J].现代农业装备,2020,41(5):67-72.

[171] 谢诚,刘忠义,周宇峰,等.混合菌种发酵对草鱼肉微生物和生物胺变化的影响[J].西北农林科技大学学报:自然科学版,2010,(3):167-172.

[172] 熊光权,程薇,叶丽秀,等.淡水鱼微冻保鲜技术研究[J].湖北农业科学,2007,46(6):992-995.

[173] 徐慧君.维生素C对生长中期草鱼生产性能、肠道、机体和鳃健康以及肉质的作用及其作用机制[D].雅安:四川农业大学,2016.

[174] 徐静.蛋白对生长中期草鱼生长性能、肠道、机体和鳃健康及肌肉品质的影响及其作用机制[D].雅安:四川农业大学,2016.

[175] 徐田振.基于形态学的珠江流域鱼类空间适应性研究[D].上海:上海海洋大学,2018.

[176] 徐湛宁.草鱼在低氧胁迫下鳃的差异蛋白质组学及热休克诱导草鱼四倍体育种研究[D].上海:上海海洋大学,2018.

[177] 许惠雅,张强,王逸鑫,等.不同乳酸菌对发酵草鱼品质的影响[J].水产学报,2022,46(2):289-297.

[178] 薛国雄,刘棘,刘洁.三江水系草鱼种群RAPD分析[J].中国水产科学,1998,5(1):1-5.

[179] 薛永霞.上海熏鱼风味特征及调控研究[D].上海:上海海洋大学,2019.

[180] 闫春子,夏文水,许艳顺.超高压对草鱼肌原纤维蛋白结构的影响[J].食品与生物技术学报,2018,37(4):424-428.

[181] 晏良超.牛磺酸对草鱼生产性能、肠道、鳃和机体健康及肉质的作用及其机制[D].雅安:四川农业大学,2017.

[182] 杨兵,李婷婷,崔方超,等.响应面法优化草鱼脱腥工艺[J].食品科技,2015,40(2):174-180.

[183] 杨波.大豆异黄酮对生长中期草鱼生产性能、肠道、机体和鳃健康以及肌肉品质的作用及机制[D].雅安:四川农业大学,2018.

[184] 叶星,白俊杰,劳海华.草鱼胰岛素样生长因子-Ⅰ的融合表达、纯化和抗血清制备[J].水产学报,2002,26(2):122-126.

[185] 尹敬.氨基酸食盐替代物对风干草鱼脂质氧化和风味物质的影响[D].南京:南京农业大学,2019.

[186] 尹敬,任晓镁,钱烨,等.含KCl、氨基酸的低钠盐替代食盐对风干草鱼加工过程中理化特性的影响[J].食品工

业科技,2019,(3):12-19.

[187] 于巍.草鱼盐溶蛋白的提取及凝胶保水性和流变性质的研究[D].武汉:武汉工业学院,2008.

[188] 余璐涵,陈旭,吴金鸿,等.不同低温冻融循环对鱼糜品质与加工特性的影响[J].食品工业科技,2022,43(7):9.

[189] 袁丹宁,文华,蒋明,等.草鱼幼鱼对饲料中钴的需要量[J].西北农林科技大学学报(自然科学版),2009,37(5):74-80.

[190] 袁乐洋.中国光唇鱼属鱼类的分类整理[D].南昌:南昌大学,2005.

[191] 袁美兰,赵利,邹胜员,等.水温差阶段漂洗对草鱼鱼糜凝胶品质的影响[J].食品科技,2011,36(9):152-156.

[192] 袁美兰,赵利,邹胜员,等.玉米淀粉和红薯淀粉对草鱼鱼糜凝胶性质的影响[J].食品科技,2011,36(10):120-123.

[193] 岳大鹏,王然然,王琦,等.草鱼头磷脂制备工艺优化及抗氧化性能分析[J].食品工业科技,2020,41(6):149-154.

[194] 翟虎渠,王建康.应用数量遗传[M].北京:中国农业科学技术出版社,2007.

[195] 张德春,余来宁,方耀林,等.草鱼自然群体和人工繁殖群体遗传多样性的研究[J].淡水渔业,2004,34(4):5-7.

[196] 张晋.草鱼低温保藏品质变化及绿色加工技术研究[D].上海:上海海洋大学,2021.

[197] 张觉民,何志辉.内陆水域渔业自然资源手册[M].北京:农业出版社,1991:201-289.

[198] 张丽.铁对生长中期草鱼肉质、抗氧化能力和免疫功能的影响[D].雅安:四川农业大学,2013.

[199] 张丽.维生素A对生长中期草鱼生产性能、肠道、机体和鳃健康以及肌肉品质的作用及作用机制[D].雅安:四川农业大学,2016.

[200] 张利德,付璐璐,韩林强,等.草鱼F_2代选育家系的生长性能分析[J].水产养殖,2020,41(1):46-47+51.

[201] 张楠,万金庆,厉建国.3种不同腌干工艺对草鱼品质的影响[J].安徽农业大学学报,2018,45(2):219-224.

[202] 张勤.动物遗传育种中的计算方法[M].北京:科学出版社,2007.

[203] 张琼,章梁,黄泽元.草鱼鱼片热风干燥特性的研究[J].武汉轻工大学学报,2008,(4):13-18.

[204] 张四明,汪登强,邓怀,等.长江中游水系鲢和草鱼群体mtDNA遗传变异的研究[J].水生生物学报,2002,26(2):132-147.

[205] 张雅星,王滨,柳学周,等.生长轴对半滑舌鳎早期生长发育的调控作用[J].中国水产科学,2019,26(2):287-295.

[206] 赵品.酒糟鱼半干制品加工工艺及品质研究[D].上海:上海海洋大学,2016.

[207] 郑德崇,黄琪琰,蔡完其,等.草鱼中华鱼蚤病的组织病理研究[J].水产学报,1984,8(2):107-113.

[208] 郑欣.吡哆醇对生长中期草鱼生产性能、肠道、机体和鳃健康以及肌肉品质的作用及其机制[D].雅安:四川农业大学,2017.

[209] 周彬,唐洪玉,朱成科,等.循环流水槽养殖草鱼与池塘精养草鱼营养品质比较[J].动物营养学报,2020,32:948-958.

[210] 周德庆,李娜,王珊珊,等.水产加工副产物源抗氧化肽的研究现状与展望[J].水产学报,2019,43(1):188-196.

[211] 周明言.蛋白质氧化对草鱼肌原纤维蛋白凝胶性质的影响[D].锦州:渤海大学,2017.

[212] 朱冰,樊佳佳,白俊杰,等.金草鱼肌肉品质和营养成分分析及评价[J].海洋渔业,2017b,5(39):539-547.

[213] 朱冰,樊佳佳,白俊杰,等.金草鱼与中国4个草鱼群体的微卫星多态性比较分析[J].南方水产科学,2017a,2(13):51-58.

[214] 朱文广,曹川,郭云霞,等. 草鱼微冻保鲜和冷却保鲜的比较研究[J]. 江苏农业科学,2012,40(11)：267-269.

[215] 邹刚刚,陈永久,吴常文. SNP 及其在鱼类养殖中的应用[J]. 浙江海洋学院学报(自然科学版),2012,31(5)：447-453.

[216] 祖国掌,余为一,李槿年. 草鱼细菌性败血症的诊断及流行病学调查[J]. 淡水渔业,2000,30(5)：35-37.

[217] Abouel Azm F R, Kong F, Tan Q, et al. Effects of replacement of dietary rapeseed meal by distiller's dried grains with solubles (DDGS) on growth performance, muscle texture, health and expression of muscle-related genes in grass carp (*Ctenopharyngodon idellus*)[J]. Aquaculture, 2021, 533: 736169.

[218] Alino M, Grau R, Toldrá F, et al. Physicochemical properties and microbiology of dry-cured loins obtained by partial sodium replacement with potassium, calcium and magnesium [J]. Meat science, 2010, 85(3): 580-588.

[219] Baviera A M, Zanon N M, Navegantes L C C, et al. Involvement of cAMP/Epac/PI3K-dependent pathway in the antiproteolytic effect of epinephrine on rat skeletal muscle. Molecular and Cellular Endocrinology, 2010, 315(12): 104-112.

[220] Baziwane D. 淡水鱼皮和骨中明胶的提取[D]. 无锡：江南大学,2004.

[221] Benjamin R. LaFrentz, Stanislava Králová, Claire R. Burbick, et al. The fish pathogen *Flavobacterium columnare* represents four distinct species: *Flavobacterium columnare*, *Flavobacterium covae* sp. nov., *Flavobacterium davisii* sp. nov. and *Flavobacterium oreochromis* sp. nov., and emended description of *Flavobacterium columnare*[J]. Systematic and Applied Microbiology, 2022, 45: 126293.

[222] Butler A A, Le Roith D. Control of growth by the somatropic axis: growth hormone and the insulin-like growth factors have related and independent roles[J]. Annual Review of Physiology, 2001, 63(1): 141.

[223] Cai X, Luo L, Xue M, et al. Growth performance, body composition and phosphorus availability of juvenile grass carp (*Ctenopharyngodon idellus*) as affected by diet processing and replacement of fishmeal by detoxified castor bean meal[J]. Aquaculture nutrition, 2005, 11(4): 293-299.

[224] Cassani JR, Maloneg DR, Allaire HP,等. 四倍体草鱼的诱导和存活[J]. 水产科技情报,1992(4)：120-123.

[225] Chen C, Zhu W, Wu F, et al. Quantifying the dietary potassium requirement of subadult grass carp (*Ctenopharyngodon idellus*)[J]. Aquaculture Nutrition, 2016, 22(3): 541-549.

[226] Cheng F F, Yuan M L, Zhao L, et al. The effect of different washing treatments on grass carp surimi; proceedings of the Advanced Materials Research, F, 2013 [C]. Trans Tech Publ.

[227] Chen K, Jiang W D, Wu P, et al. Effect of dietary phosphorus deficiency on the growth, immune function and structural integrity of head kidney, spleen and skin in young grass carp (*Ctenopharyngodon idella*)[J]. Fish & Shellfish Immunology, 2017, 63: 103-126.

[228] Chen K, Zhou X Q, Jiang W D, et al. Dietary phosphorus deficiency caused alteration of gill immune and physical barrier function in the grass carp (*Ctenopharyngodon idella*) after infection with *Flavobacterium columnare*[J]. Aquaculture, 2019, 506: 1-13.

[229] Chen K, Zhou X Q, Jiang W D, et al. Impaired intestinal immune barrier and physical barrier function by phosphorus deficiency: Regulation of TOR, NF-κB, MLCK, JNK and Nrf2 signalling in grass carp (*Ctenopharyngodon idella*) after infection with *Aeromonas hydrophila*[J]. Fish & Shellfish Immunology, 2018, 74: 175-189.

[230] Chen L, Feng L, Jiang W, et al. Dietary riboflavin deficiency decreases immunity and antioxidant capacity, and changes tight junction proteins and related signaling molecules mRNA expression in the gills of young grass carp (*Ctenopharyngodon idella*)[J]. Fish & Shellfish Immunology, 2015a, 45(2): 307-320.

[231] Chen L, Kaneko G, Li Y, et al. Reactive oxygen species (ROS)-mediated regulation of muscle texture in grass carp fed with dietary oxidants [J]. Aquaculture, 2021, 544: 737150.

[232] Chen L, Zhang Y. The growth performance and nonspecific immunity of juvenile grass carp (*Ctenopharyngodon idella*) affected by dietary *Porphyra yezoensis* polysaccharide supplementation[J]. Fish & Shellfish Immunology,

2019, 87: 615 − 619.

[233] Chen Y P, Jiang W D, Liu Y, et al. Exogenous phospholipids supplementation improves growth and modulates immune response and physical barrier referring to NF-κB, TOR, MLCK and Nrf2 signaling factors in the intestine of juvenile grass carp (*Ctenopharyngodon idella*)[J]. Fish & Shellfish Immunology, 2015b, 47(1): 46 − 62.

[234] Chéret R, Delbarre-Ladrat C, de Lamballerie-Anton M, et al. Calpain and cathepsin activities in post mortem fish and meat muscles[J]. Food Chemistry, 2007, 101(4): 1474 − 1479.

[235] Dabrows K. Protein requirements of grass carp fry. (*Ctenopharyngodon idella*)[J]. Aquaculture, 1979, 12: 63 − 73.

[236] Deng Y P, Jiang W D, Liu Y, et al. Dietary leucine improves flesh quality and alters mRNA expressions of Nrf2-mediated antioxidant enzymes in the muscle of grass carp (*Ctenopharyngodon idella*)[J]. Aquaculture, 2016, 452: 380 − 387.

[237] Deng Y P, Jiang W D, Liu Y, et al. Differential growth performance, intestinal antioxidant status and relative expression of Nrf2 and its target genes in young grass carp (*Ctenopharyngodon idella*) fed with graded levels of leucine[J]. Aquaculture, 2014, 434: 66 − 73.

[238] Dong Y W, Feng L, Jiang W D, et al. Dietary threonine deficiency depressed the disease resistance, immune and physical barriers in the gills of juvenile grass carp (*Ctenopharyngodon idella*) under infection of *Flavobacterium columnare*[J]. Fish & Shellfish Immunology, 2018, 72: 161 − 173.

[239] Dong Y W, Jiang W D, Liu Y, et al. Threonine deficiency decreased intestinal immunity and aggravated inflammation associated with NF-κB and target of rapamycin signalling pathways in juvenile grass carp (*Ctenopharyngodon idella*) after infection with *Aeromonas hydrophila*[J]. British Journal of Nutrition, 2017 (118): 92 − 108.

[240] Duan X D, Feng L, Jiang W D, et al. Dietary soybean β-conglycinin suppresses growth performance and inconsistently triggers apoptosis in the intestine of juvenile grass carp (*Ctenopharyngodon idella*) in association with ROS-mediated MAPK signalling[J]. Aquaculture nutrition, 2019, 25(4): 770 − 782.

[241] Du Z, Liu Y, Tian L, et al. The influence of feeding rate on growth, feed efficiency and body composition of juvenile grass carp (*Ctenopharyngodon idella*)[J]. Aquaculture international, 2006, 14(3): 247 − 257.

[242] Du Z Y, Clouet P, Huang L M, et al. Utilization of different dietary lipid sources at high level in herbivorous grass carp (*Ctenopharyngodon idella*): mechanism related to hepatic fatty acid oxidation[J]. Aquaculture Nutrition, 2008, 14: 77 − 92.

[243] El-Magd M A, Abo-Al-Ela H G, El-Nahas A, et al. Effects of a novel snp of igf2r gene on growth traits and expression rate of igf2r and igf2 genes in gluteus medius muscle of egyptian buffalo. Gene, 2014, 540(2): 133 − 139.

[244] Esua O J, Cheng J-H, Sun D-W. Novel technique for treating grass carp (Ctenopharyngodon idella) by combining plasma functionalized liquids and Ultrasound: Effects on bacterial inactivation and quality attributes [J]. Ultrasonics Sonochemistry, 2021, 76: 105660.

[245] Fang C, Feng L, Jiang W, et al. Effects of dietary methionine on growth performance, muscle nutritive deposition, muscle fibre growth and type I collagen synthesis of on-growing grass carp (*Ctenopharyngodon idella*)[J]. British Journal of Nutrition, 2021, 126(3): 321 − 336.

[246] FAO. Fish and Aquaculture Statistics[M]. Rome, 2018.

[247] Feng L, Li W, Liu Y, et al. Dietary phenylalanine-improved intestinal barrier health in young grass carp (*Ctenopharyngodon idella*) is associated with increased immune status and regulated gene expression of cytokines, tight junction proteins, antioxidant enzymes and related signalling molecules[J]. Fish & Shellfish Immunology, 2015, 45(2): 495 − 509.

[248] Feng L, Luo J B, Jiang W D, et al. Changes in barrier health status of the gill for grass carp (*Ctenopharyngodon idella*) during valine deficiency: Regulation of tight junction protein transcript, antioxidant status and apoptosis-

related gene expression[J]. Fish & Shellfish Immunology, 2015, 45(2): 239 - 249.

[249] Feng L, Ni P J, Jiang W D, et al. Decreased enteritis resistance ability by dietary low or excess levels of lipids through impairing the intestinal physical and immune barriers function of young grass carp (*Ctenopharyngodon idella*)[J]. Fish & Shellfish Immunology, 2017, 67: 493 - 512.

[250] Fu J, Shen Y, Xu X, et al. Genetic parameter estimates and genotype by environment interaction analyses for early growth traits in grass carp (*Ctenopharyngodon idella*)[J]. Aquacult Int, 2015, 23(6): 1427 - 1441.

[251] Fu J, Shen Y, Xu X, et al. Genetic parameter estimates for growth of grass carp, *Ctenopharyngodon idella*, at 10 and 18 months of age[J]. Aquaculture, 2016, 450: 342 - 348.

[252] Gan L, Jiang W D, Wu P, et al. Flesh quality loss in response to dietary isoleucine deficiency and excess in fish: a link to impaired Nrf2-dependent antioxidant defense in muscle[J]. PLoS ONE, 2014, 9(12): e115129.

[253] Gan L, Li X X, Pan Q, et al. Effects of replacing soybean meal with faba bean meal on growth, feed utilization and antioxidant status of juvenile grass carp, *Ctenopharyngodon idella*[J]. Aquaculture nutrition, 2017, 23(1): 192 - 200.

[254] Gan L, Wu P, Feng L, et al. Erucic acid inhibits growth performance and disrupts intestinal structural integrity of on-growing grass carp (*Ctenopharyngodon idella*)[J]. Aquaculture, 2019, 513: 734437.

[255] Gao Y J, Liu Y J, Chen X Q, et al. Total aromatic amino acid requirement of juvenile grass carp (*Ctenopharyngodon idella*)[J]. Aquaculture Nutrition, 2016a, 22(4): 865 - 872.

[256] Gao Y J, Yang H J, Guo D Q, et al. Dietary arginine requirement of juvenile grass carp *Ctenopharyngodon idella* (Valenciennes in Cuvier & Valenciennes, 1844)[J]. Aquaculture research, 2015, 46(12): 3070 - 3078.

[257] Gao Y, Liu Y, Chen X, et al. Effects of graded levels of histidine on growth performance, digested enzymes activities, erythrocyte osmotic fragility and hypoxia-tolerance of juvenile grass carp *Ctenopharyngodon idella*[J]. Aquaculture, 2016b, 452: 388 - 394.

[258] Gao Y, Yang H, Liu Y, et al. Effects of graded levels of threonine on growth performance, biochemical parameters and intestine morphology of juvenile grass carp *Ctenopharyngodon idella*[J]. Aquaculture, 2014, 424 - 425: 113 - 119.

[259] Ghazala R, Tabinda A B, Yasar A. Growth response of juvenile grass carp (*Ctenopharyngodon idella*) fed isocaloric diets with variable protein levels[J]. Journal of Animal and Plant Sciences, 2011, 21(4): 850 - 856.

[260] Gill C, Tan K. Effect of carbon dioxide on growth of meat spoilage bacteria [J]. Applied and Environmental Microbiology, 1980, 39(2): 317 - 319.

[261] Gong Y, Chen W, Han D, et al. Effects of food restriction on growth, body composition and gene expression related in regulation of lipid metabolism and food intake in grass carp[J]. Aquaculture, 2017, 469: 28 - 35.

[262] Guo Y L, Feng L, Jiang W D, et al. Dietary iron deficiency impaired intestinal immune function of on-growing grass carp under the infection of *Aeromonas hydrophila*: Regulation of NF-κB and TOR signaling [J]. Fish & Shellfish Immunology, 2019, 93: 669 - 682.

[263] Guo Y L, Jiang W D, Wu P, et al. The decreased growth performance and impaired immune function and structural integrity by dietary iron deficiency or excess are associated with TOR, NF-κB, p38MAPK, Nrf2 and MLCK signaling in head kidney, spleen and skin of grass carp (*Ctenopharyngodon idella*) [J]. Fish & Shellfish Immunology, 2017, 65: 145 - 168.

[264] Guo Y L, Wu P, Jiang W D, et al. The impaired immune function and structural integrity by dietary iron deficiency or excess in gill of fish after infection with *Flavobacterium columnare*: Regulation of NF-κB, TOR, JNK, p38MAPK, Nrf2 and MLCK signalling[J]. Fish & Shellfish Immunology, 2018, 74: 593 - 608.

[265] Han Q, Fan H, Peng J, et al. Ascorbic acid enhanced the growth performance, oxidative status, and resistance to Aeromonas hydrophila challenge of juvenile grass carp (*Ctenopharyngodon idella*)[J]. Aquaculture international, 2019, 28(1): 15 - 30.

［266］ He P, Jiang W, Liu X, et al. Dietary biotin deficiency decreased growth performance and impaired the immune function of the head kidney, spleen and skin in on-growing grass carp (*Ctenopharyngodon idella*)［J］. Fish & Shellfish Immunology, 2020, 97: 216 – 234.

［267］ Hong Y, Jiang W D, Kuang S Y, et al. Growth, digestive and absorptive capacity and antioxidant status in intestine and hepatopancreas of sub-adult grass carp *Ctenopharyngodon idella* fed graded levels of dietary threonine［J］. Journal of Animal Science and Biotechnology, 2015, 6(1): 34.

［268］ Huang C, Wu P, Jiang W, et al. Deoxynivalenol decreased the growth performance and impaired intestinal physical barrier in juvenile grass carp (*Ctenopharyngodon idella*)［J］. Fish & Shellfish Immunology, 2018, 80: 376 – 391.

［269］ Huang D, Liang H, Ren M, et al. Effects of dietary lysine levels on growth performance, whole body composition and gene expression related to glycometabolism and lipid metabolism in grass carp, *Ctenopharyngodon idellus* fry ［J］. Aquaculture, 2021, 530: 735806.

［270］ Huang J J, Bakry A M, Zeng S W, et al. Effect of phosphates on gelling characteristics and water mobility of myofibrillar protein from grass carp (Ctenopharyngodon idellus) ［J］. Food Chemistry, 2019, 272: 84 – 92.

［271］ HuavT, Kim M K, Vo V, et al. Inhibition of oncogenic Src induces FABP4-mediated lipolysis via PPARγ activation exerting cancer growth suppression［J］. EBioMedicine, 2019, 41: 134 – 145.

［272］ Hu Q, Wu P, Feng L, et al. Antimicrobial peptide Isalo scorpion cytotoxic peptide (IsCT) enhanced growth performance and improved intestinal immune function associated with janus kinases (JAKs)/signal transducers and activators of transcription (STATs) signalling pathways in on-growing grass carp (*Ctenopharyngodon idella*)［J］. Aquaculture, 2021, 539: 736585.

［273］ Hu Y, Chen Y, Zhang D, et al. Effects of different dietary carbohydrate and protein levels on growth, intestinal digestive enzymes and serum indexes in large-size grass carp (*Ctenopharyngodon idella*)［J］. Journal of Fisheries of China, 2018, 42(5): 777 – 786.

［274］ Hu Y, Feng L, Jiang W, et al. Lysine deficiency impaired growth performance and immune response and aggravated inflammatory response of the skin, spleen and head kidney in grown-up grass carp (*Ctenopharyngodon idella*)［J］. Animal Nutrition, 2021, 7(2): 556 – 568.

［275］ Hu Z, Sha X, Zhang L, et al. Effect of grass carp scale collagen peptide FTGML on cAMP-PI3K/Akt and MAPK signaling pathways in B16F10 melanoma cells and correlation between anti-melanin and antioxidant properties ［J］. Foods, 2022, 11(3): 391.

［276］ Jiang M, Huang F, Zhao Z, et al. Dietary Thiamin Requirement of Juvenile Grass Carp, *Ctenopharyngodon idella* ［J］. Journal of the World Aquaculture Society, 2014, 45(4): 461 – 468.

［277］ Jiang P, Li S, Fan J, et al. A novel morphological index applied to genetic improvement of body shape in grass carp Ctenopharyngodon idella［J］. Aquaculture, 2022, 548: 737687.

［278］ Jiang W, Chen L, Liu Y, et al. Impact and consequences of dietary riboflavin deficiency treatment on flesh quality loss in on-growing grass carp (*Ctenopharyngodon idella*)［J］. Food & Function, 2019, 10(6): 3396 – 3409.

［279］ Jiang W D, Deng Y P, Liu Y, et al. Dietary leucine regulates the intestinal immune status, immune-related signalling molecules and tight junction transcript abundance in grass carp (*Ctenopharyngodon idella*) ［J］. Aquaculture, 2015a, 444: 134 – 142.

［280］ Jiang W D, Qu B, Feng L, et al. Histidine prevents Cu-induced oxidative stress and the associated decreases in mRNA from encoding tight junction proteins in the intestine of grass carp (*Ctenopharyngodon idella*)［J］. PLOS ONE, 2016b, 11(6): e157001.

［281］ Jiang W D, Tang R J, Liu Y, et al. Impairment of gill structural integrity by manganese deficiency or excess related to induction of oxidative damage, apoptosis and dysfunction of the physical barrier as regulated by NF-κB, caspase and Nrf2 signaling in fish［J］. Fish & Shellfish Immunology, 2017, 70: 280 – 292.

［282］ Jiang W D, Tang R J, Liu Y, et al. Manganese deficiency or excess caused the depression of intestinal immunity, induction of inflammation and dysfunction of the intestinal physical barrier, as regulated by NF-κB, TOR and Nrf2 signalling, in grass carp (*Ctenopharyngodon idella*)[J]. Fish & Shellfish Immunology, 2015b, 46(2): 406–416.

[283] Jiang W D, Wen H L, Liu Y, et al. Enhanced muscle nutrient content and flesh quality, resulting from tryptophan, is associated with anti-oxidative damage referred to the Nrf2 and TOR signalling factors in young grass carp (*Ctenopharyngodon idella*): Avoid tryptophan deficiency or excess[J]. Food Chemistry, 2016a, 199: 210–219.

[284] Jiang W D, Wen H L, Liu Y, et al. The tight junction protein transcript abundance changes and oxidative damage by tryptophan deficiency or excess are related to the modulation of the signalling molecules, NF-κB p65, TOR, caspase-(3, 8, 9) and Nrf2 mRNA levels, in the gill of young grass carp (*Ctenopharyngodon idellus*)[J]. Fish & Shellfish Immunology, 2015c, 46(2): 168–180.

[285] Jiang W D, Wu P, Tang R J, et al. Nutritive values, flavor amino acids, healthcare fatty acids and flesh quality improved by manganese referring to up-regulating the antioxidant capacity and signaling molecules TOR and Nrf2 in the muscle of fish[J]. Food Research International, 2016c, 89: 670–678.

[286] Jiang W D, Xu J, Zhou X Q, et al. Dietary protein levels regulated antibacterial activity, inflammatory response and structural integrity in the head kidney, spleen and skin of grass carp (*Ctenopharyngodon idella*) after challenged with *Aeromonas hydrophila*[J]. Fish & Shellfish Immunology, 2017, 68: 154–172.

[287] Jiang W D, Zhang L, Feng L, et al. New Insight on the Immune Modulation and Physical Barrier Protection Caused by Vitamin A in Fish Gills Infected With *Flavobacterium columnare*[J]. Frontiers in Immunology, 2022, 13: 833455.

[288] Jiang W, Li S, Mi H, et al. Myo-inositol prevents the gill rot in fish caused by *Flavobacterium columnare* infection [J]. Aquaculture, 2022, 546: 737393.

[289] Ji K, Liang H, Ge X, et al. Optimal methionine supplementation improved the growth, hepatic protein synthesis and lipolysis of grass carp fry (*Ctenopharyngodon idella*)[J]. Aquaculture, 2022, 554: 738125.

[290] Jin Y L, Zhou X Q, Jiang W D, et al. Xylanase supplementation in plant protein-enriched diets improves growth performance by optimizing the intestinal microflora and enhancing the intestinal immune function in grass carp grow-out (*Ctenopharyngodon idella*)[J]. Aquaculture Nutrition, 2020, 26(3): 781–800.

[291] Jin Y, Tian L, Xie S, et al. Interactions between dietary protein levels, growth performance, feed utilization, gene expression and metabolic products in juvenile grass carp (*Ctenopharyngodon idella*)[J]. Aquaculture, 2015, 437: 75–83.

[292] Jin Y, Tian L, Zeng S, et al. Dietary lipid requirement on non-specific immune responses in juvenile grass carp (*Ctenopharyngodon idella*)[J]. Fish & shellfish immunology, 2013, 34(5): 1202–1208.

[293] Kong F, Abouel Azm F R, Wang X, et al. Effects of replacement of dietary cottonseed meal by distiller's dried grains with solubles on growth performance, muscle texture, health and expression of muscle-related genes in grass carp (*Ctenopharyngodon idellus*)[J]. Aquaculture nutrition, 2021, 27(4): 1255–1266.

[294] Kubica N, Bolster D R, Farrell P A, et al. Resistance exercise increases muscle protein synthesis and translation of eukaryotic initiation factor 2b mRNA in a mammalian target of rapamycin-dependent manner[J]. Journal of Biological Chemistry, 2005, 280(9): 7570–7580.

[295] Kunttu H, Jokinen E I, Valtonen E T, Sundberg L R. Virulent and nonvirulent *flavobacterium columnare* colony morphologies: characterization of chondroitin AC lyase activity and adhesion to polystyrene[J]. *Journal of Applied Microbiology*. 2011, 111(6): 1319–1326.

[296] Lei C X, Xie Y J, Li S J, et al. Fabp4 contributes toward regulating inflammatory gene expression and oxidative stress in *Ctenopharyngodon idella*[J]. Comparative Biochemistry and Physiology B, 2022, 259: 110715.

[297] Liang J J, Liu Y J, Tian L X, et al. Dietary available phosphorus requirement of juvenile grass carp (*Ctenopharyngodon idella*)[J]. Aquaculture Nutrition, 2012a, 18(2): 181–188.

[298] Liang J J, Liu Y J, Yang Z N, et al. Dietary calcium requirement and effects on growth and tissue calcium content of juvenile grass carp (*Ctenopharyngodon idella*)[J]. Aquaculture Nutrition, 2012b, 18(5): 544–550.

［299］ Liang J J, Tian L X, Liu Y J, et al. Dietary magnesium requirement and effects on growth and tissue magnesium content of juvenile grass carp (*Ctenopharyngodon idella*)［J］. Aquaculture Nutrition, 2012, 18(1)：56－64.

［300］ Liang J J, Wang S, Han B, et al. Dietary manganese requirement of juvenile grass carp (*Ctenopharyngodon idella* V al.) based on growth and tissue manganese concentration［J］. Aquaculture Research, 2015, 46 (12)：2991－2998.

［301］ Liang J J, Yang H J, Liu Y J, et al. Dietary potassium requirement of juvenile grass carp (*Ctenopharyngodon idella* Val.) based on growth and tissue potassium content［J］. Aquaculture Research, 2014, 45(4)：701－708.

［302］ Liang J J, Yang H J, Liu Y J, et al. Dietary zinc requirement of juvenile grass carp (*Ctenopharyngodon idella*) based on growth and mineralization［J］. Aquaculture Nutrition, 2012d, 18(4)：380－387.

［303］ Liang X, Yu X, Han J, et al. Effects of dietary protein sources on growth performance and feed intake regulation of grass carp (*Ctenopharyngodon idellus*)［J］. Aquaculture, 2019, 510：216－224.

［304］ Li G, Zhou X, Jiang W, et al. Dietary curcumin supplementation enhanced growth performance, intestinal digestion, and absorption and amino acid transportation abilities in on-growing grass carp (*Ctenopharyngodon idella*)［J］. Aquaculture Research, 2020, 51(12)：4863－4873.

［305］ Li J, Liang X, Tan Q, et al. Effects of vitamin E on growth performance and antioxidant status in juvenile grass carp *Ctenopharyngodon idellus*［J］. Aquaculture, 2014, 430：21－27.

［306］ Li J L, Tu Z C, Sha X M, et al. Effect of frying on fatty acid profile, free amino acids and volatile compounds of grass carp (*Ctenopharyngodon idellus*) fillets ［J］. Journal of Food Processing and Preservation, 2017, 41 (4)：e13088.

［307］ Li L, Feng L, Jiang W, et al. Dietary pantothenic acid deficiency and excess depress the growth, intestinal mucosal immune and physical functions by regulating NF-κB, TOR, Nrf2 and MLCK signaling pathways in grass carp (*Ctenopharyngodon idella*)［J］. Fish & Shellfish Immunology, 2015, 45(2)：399－413.

［308］ Li L, Zhou J S, He Y L, et al. Comparative study of muscle physicochemical characteristics in common *Cyprinus carpio*, *Silurus asotus* and *Ctenopharyngodon idellus*［J］. Journal of Hydroecology, 2013, 34(1)：82－85.

［309］ Li M, Feng L, Jiang W, et al. Condensed tannins decreased the growth performance and impaired intestinal immune function in on-growing grass carp (*Ctenopharyngodon idella*)［J］. British Journal of Nutrition, 2020, 123(7)：737－755.

［310］ Lin W L, Yang X Q, Li L H, et al. Effect of ultrastructure on changes of textural characteristics between crisp grass carp (*Ctenopharyngodon idellus* C. Et V) and grass carp (*Ctenopharyngodon idellus*) inducing heating treatment ［J］. Journal of food science, 2016, 81(2)：E404－E411.

［311］ Li S, Jiang W, Feng L, et al. Dietary myo-inositol deficiency decreased the growth performances and impaired intestinal physical barrier function partly relating to Nrf2, JNK, E2F4 and MLCK signaling in young grass carp (*Ctenopharyngodon idella*)［J］. Fish & Shellfish Immunology, 2017, 67：475－492.

［312］ Li S Q, Feng L, Jiang W D, et al. Deficiency of dietary niacin decreases digestion and absorption capacities via declining the digestive and brush border enzyme activities and downregulating those enzyme gene transcription related to TOR pathway of the hepatopancreas and intestine in young grass carp (*Ctenopharyngodon idella*) ［J］. Aquaculture Nutrition, 2016, 26(6)：1267－1282.

［313］ Liu C K, Li W X, Lin B Y, et al. Comprehensive analysis of ozone water rinsing on the water-holding capacity of grass carp surimi gel ［J］. Lwt-Food Science And Technology, 2021, 150(1119)：9.

［314］ Liu C, Li W, Lin B, et al. Effects of ozone water rinsing on protein oxidation, color, and aroma characteristics of grass carp (*Ctenopharyngodon idellus*) surimi ［J］. Journal of Food Processing and Preservation, 2021, 45 (10)：e15811.

［315］ Liu H, Yan Q, Han D, et al. Effect of dietary cottonseed meal on growth performance, physiological response, and gossypol accumulation in pre-adult grass carp, *Ctenopharyngodon idellus*［J］. Chinese Journal of Oceanology and Limnology, 2016, 34：992－1003.

[316] Liu H, Yan Q, Han D, et al. Effect of dietary inclusion of cottonseed meal on growth performance and physiological and immune responses in juvenile grass carp, *Ctenopharyngodon idellus* [J]. Aquaculture nutrition, 2019, 25(2): 414 – 426.

[317] Liu L, Liang X, Li J, et al. Feed intake, feed utilization and feeding-related gene expression response to dietary phytic acid for juvenile grass carp (*Ctenopharyngodon idellus*) [J]. Aquaculture, 2014, 424 – 425: 201 – 206.

[318] Liu L W, Liang X F, Li J, et al. Effects of dietary selenium on growth performance and oxidative stress in juvenile grass carp *Ctenopharyngodon idellus* [J]. Aquaculture Nutrition, 2018, 24(4): 1296 – 1303.

[319] Liu M, Guo W, Wu F, et al. Dietary supplementation of sodium butyrate may benefit growth performance and intestinal function in juvenile grass carp (*Ctenopharyngodon idellus*) [J]. Aquaculture research, 2017, 48(8): 4102 – 4111.

[320] Liu S, Feng L, Jiang W, et al. Impact of exogenous lipase supplementation on growth, intestinal function, mucosal immune and physical barrier, and related signaling molecules mRNA expression of young grass carp (*Ctenopharyngodon idella*) [J]. Fish & Shellfish Immunology, 2016, 55: 88 – 105.

[321] Liu T, Wen H, Jiang M, et al. Effect of dietary chromium picolinate on growth performance and blood parameters in grass carp fingerling, *Ctenopharyngodon idellus* [J]. Fish physiology and biochemistry, 2010, 36(3): 565 – 572.

[322] Liu X, Feng L, Jiang W, et al. (2-Carboxyethyl) dimethylsulfonium Bromide (Br-DMPT) improves muscle flesh quality and antioxidant status of on-growing grass carp (*Ctenopharyngodon idella*) fed non-fish meal diets [J]. Aquaculture, 2020b, 521: 735065.

[323] Liu X, Feng L, Jiang W, et al. Dimethyl-β-propiothetine (DMPT) supplementation under the all-plant protein diet enhances growth performance, digestive capacity and intestinal structural integrity for on-growing grass carp (*Ctenopharyngodon idella*) [J]. Aquaculture, 2019, 513: 734421.

[324] Liu X, Wu P, Jiang W, et al. Effects of Dietary Ochratoxin A on Growth Performance and Intestinal Apical Junctional Complex of Juvenile Grass Carp (*Ctenopharyngodon idella*) [J]. Toxins, 2021, 13(1): 11.

[325] Liu X, Zhang J, Feng L, et al. Protective effects and potential mechanisms of (2-Carboxyethyl) dimethylsulfonium Bromide (Br-DMPT) on gill health status of on-growing grass carp (*Ctenopharyngodon idella*) after infection with *Flavobacterium columnare* [J]. Fish & Shellfish Immunology, 2020a, 106: 228 – 240.

[326] Liu Y, Yan Y, Han Z, et al. Comparative effects of dietary soybean oil and fish oil on the growth performance, fatty acid composition and lipid metabolic signaling of grass carp, *Ctenopharyngodon idella* [J]. Aquaculture Reports, 2022, 22: 101002.

[327] Liu Z J. Aquaculture Genome Technologies. Oxford, UK: Blackwell Publishing, Ames, IA, 2007.

[328] Liu Z, Xiong Y L, Chen J. Protein oxidation enhances hydration but suppresses water-holding capacity in porcine longissimus muscle [J]. Journal of agricultural and food chemistry, 2010, 58(19): 10697 – 10704.

[329] Li W, Feng L, Liu Y, et al. Effects of dietary phenylalanine on growth, digestive and brush border enzyme activities and antioxidant capacity in the hepatopancreas and intestine of young grass carp (*Ctenopharyngodon idella*) [J]. Aquaculture Nutrition, 2015, 21(6): 913 – 925.

[330] Li X, Fan M, Huang Q, et al. Effect of micro-and nano-starch on the gel properties, microstructure and water mobility of myofibrillar protein from grass carp [J]. Food Chemistry, 2022, 366: 130579.

[331] Li X Y, Liu Y, Jiang W D, et al. Co- and post-treatment with lysine protects primary fish enterocytes against Cu-induced oxidative damage [J]. PLOS ONE, 2016, 11(1): e147408.

[332] Li X Y, Tang L, Hu K, et al. Effect of dietary lysine on growth, intestinal enzymes activities and antioxidant status of sub-adult grass carp (*Ctenopharyngodon idella*) [J]. Fish Physiology and Biochemistry, 2014, 40(3): 659 – 671.

[333] Losada V, Rodriguez A, Ortiz J, et al. Quality enhancement of canned sardine (Sardina pilchardus) by a

preliminary slurry ice chilling treatment[J]. European Journal of Lipid Science and Technology, 2006, 108(7): 598 – 605.

[334] Luo H, Xia W, Xu Y, et al. Diffusive model with variable effective diffusivity considering shrinkage for hot-air drying of lightly salted grass carp fillets [J]. Drying Technology, 2013, 31(7): 752 – 758.

[335] Luo J B, Feng L, Jiang W D, et al. The impaired intestinal mucosal immune system by valine deficiency for young grass carp (*Ctenopharyngodon idella*) is associated with decreasing immune status and regulating tight junction proteins transcript abundance in the intestine[J]. Fish & Shellfish Immunology, 2014, 40(1): 197 – 207.

[336] Luo J, Sobkiw C L, Hirshman M F, et al. Loss of class ia pi3k signaling in muscle leads to impaired muscle growth, insulin response, and hyperlipidemia[J]. Cell Metabolism, 2006, 3(5): 355 – 366.

[337] Luo L, Wang Y, Li Q, et al. Research on dietary valine requirement of juvenile grass carp (*Ctenopharyngodon idella*)[J]. Chinese Journal of Animal Nutrition, 2010, 22(3): 616 – 624.

[338] Lu Z, Feng L, Jiang W, et al. Mannan Oligosaccharides Application: Multipath Restriction From *Aeromonas hydrophila* Infection in the Skin Barrier of Grass Carp (*Ctenopharyngodon idella*)[J]. Frontiers in Immunology, 2021, 12: 742107.

[339] Lu Z, Feng L, Jiang W, et al. Mannan oligosaccharides improved growth performance and antioxidant capacity in the intestine of on-growing grass carp (*Ctenopharyngodon idella*)[J]. Aquaculture Reports, 2020a, 17: 100313.

[340] Lu Z, Jiang W, Wu P, et al. Mannan oligosaccharides supplementation enhanced head-kidney and spleen immune function in on-growing grass carp (*Ctenopharyngodon idella*)[J]. Fish & Shellfish Immunology, 2020b, 106: 596 – 608.

[341] Lv S, Xie S, Liang Y, et al. Comprehensive lipidomic analysis of the lipids extracted from freshwater fish bones and crustacean shells [J]. Food Science & Nutrition, 2022, 10(3): 723 – 730.

[342] Martín-Belloso O, Llanos-Barriobero E. Proximate composition, minerals and vitamins in selected canned vegetables [J]. European Food Research and Technology, 2001, 212(2): 182 – 187.

[343] Martínez-Alvarez O, Borderías A J, Gómez-Guillén M. Sodium replacement in the cod (Gadus morhua) muscle salting process [J]. Food Chemistry, 2005, 93(1): 125 – 133.

[344] Matsakas A, Patel K. Skeletal muscle fibre plasticity in response to selected environmental and physiological stimuli [J]. Histology and Histopathology, 2009, 24(5): 611 – 629.

[345] Ma X, Feng L, Wu P, et al. Enhancement of flavor and healthcare substances, mouthfeel parameters and collagen synthesis in the muscle of on-growing grass carp (*Ctenopharyngodon idella*) fed with graded levels of glutamine [J]. Aquaculture, 2020, 528: 735486.

[346] Ma Y, Jiang W, Wu P, et al. Tea polyphenol alleviate *Aeromonas hydrophila* – induced intestinal physical barrier damage in grass carp (*Ctenopharyngodon idella*)[J]. Aquaculture, 2021a, 544: 737067.

[347] Ma Y, Zhang J, Zhou X, et al. Effect of tea polyphenols on flavour, healthcare components, physicochemical properties, and mechanisms of collagen synthesis in growing grass carp (*Ctenopharyngodon idella*) muscle[J]. Aquaculture, 2021b, 534: 736237.

[348] Ming J, Ye J, Zhang Y, et al. Optimal dietary curcumin improved growth performance, and modulated innate immunity, antioxidant capacity and related genes expression of NF-κB and Nrf2 signaling pathways in grass carp (*Ctenopharyngodon idella*) after infection with *Aeromonas hydrophila*[J]. Fish & shellfish immunology, 2020, 97: 540 – 553.

[349] Mo W Y, Cheng Z, Choi W M, et al. Use of food waste as fish feeds: effects of prebiotic fibers (inulin and mannanoligosaccharide) on growth and non-specific immunity of grass carp (*Ctenopharyngodon idella*) [J]. Environmental science and pollution research international, 2015, 22(22): 17663 – 17671.

[350] Mrode R A. Linear models for the prediction of animal breeding values[M]. Cabi, 2014.

[351] Ni P J, Feng L, Jiang W D, et al. Impairing of gill health through decreasing immune function and structural

integrity of grass carp (*Ctenopharyngodon idella*) fed graded levels dietary lipids after challenged with *Flavobacterium columnare*[J]. Fish & Shellfish Immunology, 2019, 86: 922 - 933.

[352] Ni P J, Jiang W D, Wu P, et al. Dietary low or excess levels of lipids reduced growth performance, and impaired immune function and structure of head kidney, spleen and skin in young grass carp (*Ctenopharyngodon idella*) under the infection of *Aeromonas hydrophila*[J]. Fish & Shellfish Immunology, 2016, 55: 28 - 47.

[353] Ohanna M, Sobering A K, Lapointe T, et al. Atrophy of S6K1 skeletal muscle cells reveals distinct mtor effectors for cell cycle and size control[J]. Nature Cell Biology, 2005, 7(3): 286 - 294.

[354] Okanović Đ G, Tasić T, Kormanjoš Š, et al. Investigation of grass carp by-products from a fish farm in Vojvodina [J]. IOP Conference Series: Earth and Environmental Science, 2017, 85: 012044.

[355] Pan F, Feng L, Jiang W, et al. Methionine hydroxy analogue enhanced fish immunity via modulation of NF-κB, TOR, MLCK, MAPKs and Nrf2 signaling in young grass carp (*Ctenopharyngodon idella*)[J]. Fish & Shellfish Immunology, 2016, 56: 208 - 228.

[356] Pan J, Feng L, Jiang W, et al. Vitamin E deficiency depressed fish growth, disease resistance, and the immunity and structural integrity of immune organs in grass carp (*Ctenopharyngodon idella*): Referring to NF-κB, TOR and Nrf2 signaling[J]. Fish & Shellfish Immunology, 2017, 60: 219 - 236.

[357] Peng X, Feng L, Jiang W, et al. Supplementation exogenous bile acid improved growth and intestinal immune function associated with NF-κB and TOR signalling pathways in on-growing grass carp (*Ctenopharyngodon idella*): Enhancement the effect of protein-sparing by dietary lipid[J]. Fish & Shellfish Immunology, 2019, 92: 552 - 569.

[358] Pi R B, Li G J, Zhuang S, et al. Effect of the Partial Substitution of Sodium Chloride on the Gel Properties and Flavor Quality of Unwashed Fish Mince Gels from Grass Carp [J]. Foods, 2022, 11(4): 576.

[359] Ponzoni R W, Hamzah A, Tan S, et al. Genetic parameters and response to selection for live weight in the GIFT strain of Nile tilapia (*Oreochromis niloticus*)[J]. Aquaculture, 2005, 247(1): 203 - 210.

[360] Qin J, Wang Z, Wang X, et al. Effects of microwave time on quality of grass carp fillets processed through microwave combined with hot-air drying [J]. Food Science & Nutrition, 2020, 8(8): 4159 - 4171.

[361] Ruiz-Capillas C, Moral A. Changes in free amino acids during chilled storage of hake (*Merluccius merluccius L.*) in controlled atmospheres and their use as a quality control index [J]. European Food Research and Technology, 2001, 212(3): 302 - 307.

[362] Sante-Lhoutellier V, Aubry L, Gatellier P. Effect of oxidation on in vitro digestibility of skeletal muscle myofibrillar proteins [J]. Journal of Agricultural and Food Chemistry, 2007, 55(13): 5343 - 5348.

[363] Sargent J R, Tocher D R, Bell J G. The lipids[J]. Fish nutrition, 2002, 3: 181 - 257.

[364] Schneeberger M, Barwick S A, Crow G H, et al. Economic indices using breeding values predicted by BLUP[J]. J Anim Breed Genet, 1992, 109(1 - 6): 180 - 187.

[365] Shi L, Feng L, Jiang W, et al. Folic acid deficiency impairs the gill health status associated with the NF-κB, MLCK and Nrf2 signaling pathways in the gills of young grass carp (*Ctenopharyngodon idella*) [J]. Fish & Shellfish Immunology, 2015, 47(1): 289 - 301.

[366] Shi L, Zhou X Q, Jiang W D, et al. The effect of dietary folic acid on flesh quality and muscle antioxidant status referring to Nrf2 signalling pathway in young grass carp (*Ctenopharyngodon idella*)[J]. Aquaculture Nutrition, 2020, 26(3): 631 - 645.

[367] Shi Z, Zhong S, Yan W, et al. The effects of ultrasonic treatment on the freezing rate, physicochemical quality, and microstructure of the back muscle of grass carp (*Ctenopharyngodon idella*) [J]. LWT, 2019, 111: 301 - 308.

[368] Smathers R L, Petersen D R. The human fatty acid-binding protein family: Evolutionary divergences and functions [J]. Hum. Genomics. 2011, 5: 170 - 191.

[369] Song Y, Yan L, Jiang W, et al. Enzyme-treated soy protein supplementation in low protein diet improved flesh tenderness, juiciness, flavor, healthiness, and antioxidant capacity in on-growing grass carp (*Ctenopharyngodon*

idella)［J］. Fish Physiology and Biochemistry, 2020a, 46(1)：213 – 230.

［370］Song Y, Yan L, Xiao W, et al. Enzyme-treated soy protein supplementation in low protein diet enhanced immune function of immune organs in on-growing grass carp［J］. Fish & Shellfish Immunology, 2020b, 106：318 – 331.

［371］Song Z X, Jiang W D, Liu Y, et al. Dietary zinc deficiency reduced growth performance, intestinal immune and physical barrier functions related to NF-κB, TOR, Nrf2, JNK and MLCK signaling pathway of young grass carp (*Ctenopharyngodon idella*)［J］. Fish & Shellfish Immunology, 2017, 66：497 – 523.

［372］Sun C, Liu Y, Feng L, et al. Xylooligosaccharide supplementation improved growth performance and prevented intestinal apoptosis in grass carp［J］. Aquaculture, 2021, 535：736360.

［373］Sun H, Jiang W, Wu P, et al. Betaine supplementations enhance the intestinal immunity of on-growing grass carp (*Ctenopharyngodon idella*)：Partly related to TOR and NF-κB signaling pathways［J］. Aquaculture, 2020, 518：734846.

［374］Sun L, Sun J, Thavaraj P, et al. Effects of thinned young apple polyphenols on the quality of grass carp (*Ctenopharyngodon idellus*) surimi during cold storage［J］. Food Chemistry, 2017, 224：372 – 381.

［375］Su Y, Wu P, Feng L, et al. The improved growth performance and enhanced immune function by DL methionyl-DL-methionine are associated with NF-κB and TOR signalling in intestine of juvenile grass carp (*Ctenopharyngodon idella*)［J］. Fish & Shellfish Immunology, 2018, 74：101 – 118.

［376］Suzer C, Çoban D, Kamaci H O, et al. Lactobacillus spp. bacteria as probiotics in gilthead sea bream (*Sparus aurata*, L.) larvae：effects on growth performance and digestive enzyme activities［J］. Aquaculture, 2008, 280 (1)：140 – 145.

［377］Takeuchi T, Watanabe K, Satoh S, et al. Requirement of Grass Carp Fingerlings for α-Tocopherol［J］. Nippon Suisan Gakkaishi, 1992, 58(9)：1743 – 1749.

［378］Tang Q Q, Feng L, Jiang W D, et al. Effects of dietary copper on growth, digestive, and brush border enzyme activities and antioxidant defense of hepatopancreas and intestine for young grass carp (*Ctenopharyngodon idella*)［J］. Biological Trace Element Research, 2013, 155(3)：370 – 380.

［379］Tang R J, Feng L, Jiang W D, et al. Growth, digestive and absorptive abilities and antioxidative capacity in the hepatopancreas and intestine of young grass carp (*Ctenopharyngodon idellus* Val.) fed graded levels of dietary manganese［J］. Aquaculture Research, 2016, 47(6)：1917 – 1931.

［380］Tang Z, Shen Q, Xie H, et al. Elevated expression of FABP3 and FABP4 cooperatively correlates with poor prognosis in non-small cell lung cancer (NSCLC)［J］. Oncotarget, 2016, 7：46253 – 46262.

［381］Tan Q, Liu Q, Chen X, et al. Growth performance, biochemical indices and hepatopancreatic function of grass carp, *Ctenopharyngodon idellus*, would be impaired by dietary rapeseed meal［J］. Aquaculture, 2013, 414 – 415：119 – 126.

［382］Tian L X, Liu Y J, Hung S, et al. Effect of feeding strategy and carbohydrate source on carbohydrate utilization by grass carp (*Ctenopharyngodon idella*)［J］. American Journal of Agricultural and Biological Sciences, 2010, 5(2)：135 – 142.

［383］Tian L X, Liu Y J, Yang H J, et al. Effects of different dietary wheat starch levels on growth, feed efficiency and digestibility in grass carp (*Ctenopharyngodon idella*)［J］. Aquaculture international, 2011, 20(2)：283 – 293.

［384］Tian L, Zhou X, Jiang W, et al. Sodium butyrate improved intestinal immune function associated with NF-κB and p38MAPK signalling pathways in young grass carp (*Ctenopharyngodon idella*)［J］. Fish & Shellfish Immunology, 2017, 66：548 – 563.

［385］Tie H, Jiang W, Feng L, et al. Dietary nucleotides in the diets of on-growing grass carp (*Ctenopharyngodon idella*) suppress *Aeromonas hydrophila* induced intestinal inflammation and enhance intestinal disease-resistance via NF-κB and TOR signaling［J］. Aquaculture, 2021, 533：736075.

［386］Tie H, Wu P, Jiang W, et al. Dietary nucleotides supplementation affect the physicochemical properties, amino acid and fatty acid constituents, apoptosis and antioxidant mechanisms in grass carp (*Ctenopharyngodon idellus*) muscle[J]. Aquaculture, 2019, 502: 312 - 325.

[387] Vyas D R, Spangenburg E E, Abraha T W, et al. GSK-3β negatively regulates skeletal myotube hypertrophy[J]. American Journal of Physiology-Cell Physiology, 2002, 283(2): 545 - 551.

[388] Wang B, Feng L, Jiang W D, et al. Copper-induced tight junction mRNA expression changes, apoptosis and antioxidant responses via NF-κB, TOR and Nrf2 signaling molecules in the gills of fish: Preventive role of arginine [J]. Aquatic Toxicology, 2015, 158: 125 - 137.

[389] Wang B, Liu Y, Feng L, et al. Effects of dietary arginine supplementation on growth performance, flesh quality, muscle antioxidant capacity and antioxidant-related signalling molecule expression in young grass carp (*Ctenopharyngodon idella*)[J]. Food Chemistry, 2015, 167: 91 - 99.

[390] Wang F B, Luo L, Lin S M, et al. Dietary magnesium requirements of juvenile grass carp, *Ctenopharyngodon idella*[J]. Aquaculture Nutrition, 2011, 17(3): e691 - e700.

[391] Wang K, Jiang W, Wu P, et al. Gossypol reduced the intestinal amino acid absorption capacity of young grass carp (*Ctenopharyngodon idella*)[J]. Aquaculture, 2018, 492: 46 - 58.

[392] Wang S, Liu Y, Tian L, et al. Quantitative dietary lysine requirement of juvenile grass carp *Ctenopharyngodon idella*[J]. Aquaculture, 2005, 249(1 - 4): 419 - 429.

[393] Wang T, Ning Z, Wang X, et al. Effects of ultrasound on the physicochemical properties and microstructure of salted-dried grass carp (*Ctenopharyngodon idella*) [J]. Journal of Food Process Engineering, 2018, 41 (1): e12643.

[394] Wang X, Muhoza B, Wang X, et al. Comparison between microwave and traditional water bath cooking on saltiness perception, water distribution and microstructure of grass crap meat [J]. Food Research International, 2019, 125: 108521.

[395] Wang X Z, Jiang W D, Feng L, et al. Low or excess levels of dietary cholesterol impaired immunity and aggravated inflammation response in young grass carp (*Ctenopharyngodon idella*) [J]. Fish & Shellfish Immunology, 2018, 78: 202 - 221.

[396] Wang Y, Zhou X, Jiang W, et al. Effects of Dietary Zearalenone on Oxidative Stress, Cell Apoptosis, and Tight Junction in the Intestine of Juvenile Grass Carp (*Ctenopharyngodon idella*)[J]. Toxins, 2019, 11(6): 333.

[397] Wan J, Zhang M, Wang Y, et al. Drying kinetics and quality characteristics of slightly salted grass carp fillets by hot air drying and vacuum microwave drying [J]. Journal of Aquatic Food Product Technology, 2013, 22(6): 595 - 604.

[398] Wei L, Wu P, Zhou X, et al. Dietary silymarin supplementation enhanced growth performance and improved intestinal apical junctional complex on juvenile grass carp (*Ctenopharyngodon idella*) [J]. Aquaculture, 2020, 525: 735311.

[399] Wei S P, Jiang W D, Wu P, et al. Dietary magnesium deficiency impaired intestinal structural integrity in grass carp (*Ctenopharyngodon idella*)[J]. Scientific Reports, 2018, 8(1): 12705.

[400] Wen H L, Feng L, Jiang W D, et al. Dietary tryptophan modulates intestinal immune response, barrier function, antioxidant status and gene expression of TOR and Nrf2 in young grass carp (*Ctenopharyngodon idella*)[J]. Fish & Shellfish Immunology, 2014, 40(1): 275 - 287.

[401] Wen J, Jiang W, Feng L, et al. The influence of graded levels of available phosphorus on growth performance, muscle antioxidant and flesh quality of young grass carp (*Ctenopharyngodon idella*)[J]. Animal Nutrition, 2015, 1 (2): 77 - 84.

[402] Wen L, Jiang W, Liu Y, et al. Evaluation the effect of thiamin deficiency on intestinal immunity of young grass carp (*Ctenopharyngodon idella*)[J]. Fish & Shellfish Immunology, 2015, 46(2): 501 - 515.

[403] Wu B, Huang L, Chen J, et al. Effects of feeding frequency on growth performance, feed intake, metabolism and

expression of fgf21 in grass carp (*Ctenopharyngodon idellus*)[J]. Aquaculture, 2021, 545: 737196.

[404] Wu J, Feng L, Wu P, et al. Modification of beneficial fatty acid composition and physicochemical qualities in the muscle of sub-adult grass carp (*Ctenopharyngodon idella*): The role of lipids [J]. Aquaculture, 2022a, 561: 738656.

[405] Wu J H, Wang S Y, Wu Y, et al. Cryoprotective effect of sericin enzymatic peptides on the freeze-induced denaturation of grass carp surimi; proceedings of the Applied Mechanics and Materials, F, 2012 [C]. Trans Tech Publ.

[406] Wu P, Qu B, Feng L, et al. Dietary histidine deficiency induced flesh quality loss associated with changes in muscle nutritive composition, antioxidant capacity, Nrf2 and TOR signaling molecules in on-growing grass carp (*Ctenopharyngodon idella*)[J]. Aquaculture, 2020, 526: 735399.

[407] Wu P, Tang L, Jiang W D, et al. The relationship between dietary methionine and growth, digestion, absorption, and antioxidant status in intestinal and hepatopancreatic tissues of sub-adult grass carp (*Ctenopharyngodon idella*)[J]. Journal of Animal Science and Biotechnology, 2017, 8(1): 63.

[408] Wu P, Zhang L, Jiang W, et al. Dietary Vitamin A Improved the Flesh Quality of Grass Carp (*Ctenopharyngodon idella*) in Relation to the Enhanced Antioxidant Capacity through Nrf2/Keap 1a Signaling Pathway [J]. Antioxidants, 2022, 11: 148.

[409] Wu R, Jiang Y, Qin R, et al. Study of the formation of food hazard factors in fried fish nuggets [J]. Food Chemistry, 2022, 373: 131562.

[410] Wu Y, Feng L, Jiang W, et al. Influence of dietary zinc on muscle composition, flesh quality and muscle antioxidant status of young grass carp (*Ctenopharyngodon idella* Val.)[J]. Aquaculture Research, 2015, 46(10): 2360 – 2373.

[411] Xu H, Jiang W, Feng L, et al. Dietary vitamin C deficiency depresses the growth, head kidney and spleen immunity and structural integrity by regulating NF-κB, TOR, Nrf2, apoptosis and MLCK signaling in young grass carp (*Ctenopharyngodon idella*)[J]. Fish & Shellfish Immunology, 2016a, 52: 111 – 138.

[412] Xu H, Jiang W, Feng L, et al. Dietary vitamin C deficiency depressed the gill physical barriers and immune barriers referring to Nrf2, apoptosis, MLCK, NF-κB and TOR signaling in grass carp (*Ctenopharyngodon idella*) under infection of *Flavobacterium columnare*[J]. Fish & Shellfish Immunology, 2016b, 58: 177 – 192.

[413] Xu J, Feng L, Jiang W D, et al. Different dietary protein levels affect flesh quality, fatty acids and alter gene expression of Nrf2-mediated antioxidant enzymes in the muscle of grass carp (*Ctenopharyngodon idella*)[J]. Aquaculture, 2018, 493: 272 – 282.

[414] Xu J, Feng L, Jiang W D, et al. Effects of dietary protein levels on the disease resistance, immune function and physical barrier function in the gill of grass carp (*Ctenopharyngodon idella*) after challenged with *Flavobacterium columnare*[J]. Fish & Shellfish Immunology, 2016c, 57: 1 – 16.

[415] Xu J, Wu P, Jiang W D, et al. Optimal dietary protein level improved growth, disease resistance, intestinal immune and physical barrier function of young grass carp (*Ctenopharyngodon idella*)[J]. Fish & Shellfish Immunology, 2016d, 55: 64 – 87.

[416] Xu Z, Li X, Yang H, et al. Dietary quercetin improved the growth, antioxidation, and flesh quality of grass carp (*Ctenopharyngodon idella*)[J]. Journal of the World Aquaculture Society, 2019, 50(6): 1182 – 1195.

[417] Yang B, Jiang W, Wu P, et al. Soybean isoflavones improve the health benefits, flavour quality indicators and physical properties of grass carp (*Ctenopharygodon idella*)[J]. PLOS ONE, 2019, 14(1): e209570.

[418] Yang L, Wu P, Feng L, et al. Guanidinoacetic acid supplementation totally based on vegetable meal diet improved the growth performance, muscle flavor components and sensory characteristics of on-growing grass carp (*Ctenopharygodon idella*)[J]. Aquaculture, 2021, 531: 735841.

[419] Yang W, Shi W, Qu Y, et al. Research on the quality changes of grass carp during brine salting [J]. Food Science & Nutrition, 2020, 8(6): 2968 – 2983.

［420］ Yang W, Shi W, Zhou S, et al. Research on the changes of water-soluble flavor substances in grass carp during steaming [J]. Journal of Food Biochemistry, 2019, 43(11): e12993.

［421］ Yan L C, Feng L, Jiang W D, et al. Dietary taurine supplementation to a plant protein source-based diet improved the growth and intestinal immune function of young grass carp (*Ctenopharyngodon idella*) [J]. Aquaculture Nutrition, 2019, 25(4): 873 – 896.

［422］ Yao F, Li Z, Ehara T, et al. Fatty acid-binding protein 4 mediates apoptosis via endoplasmic reticulum stress in mesangial cells of diabetic nephropathy[J]. Mol. Cell. Endocrinol, 2015, 411: 232 – 242.

［423］ Ye P, Ge P, Ma W, et al. Principle and method of measuring the tensile strength of grass carp skin; proceedings of the 2018 11th International Conference on Intelligent Computation Technology and Automation (ICICTA), F 22 – 23 Sept. 2018, 2018 [C].

［424］ Yuan Z, Feng L, Jiang W, et al. Choline deficiency decreased the growth performances and damaged the amino acid absorption capacity in juvenile grass carp (*Ctenopharyngodon idella*)[J]. Aquaculture, 2020a, 518: 734829.

［425］ Yuan Z, Wu P, Feng L, et al. Dietary choline inhibited the gill apoptosis in association with the p38MAPK and JAK/STAT3 signalling pathways of juvenile grass carp (*Ctenopharyngodon idella*)[J]. Aquaculture, 2020b, 529: 735699.

［426］ Yu D, Li P, Xu Y, et al. Physicochemical, microbiological, and sensory attributes of chitosan-coated grass carp (*Ctenopharyngodon idellus*) fillets stored at 4℃ [J]. International Journal of Food Properties, 2017, 20(2): 390 – 401.

［427］ Zeng Y Y, Feng L, Jiang W D, et al. Dietary alpha-linolenic acid/linoleic acid ratios modulate immune response, physical barrier and related signaling molecules mRNA expression in the gills of juvenile grass carp (*Ctenopharyngodon idella*)[J]. Fish & Shellfish Immunology, 2017, 62: 1 – 12.

［428］ Zeng Y Y, Jiang W D, Liu Y, et al. Dietary alpha-linolenic acid/linoleic acid ratios modulate intestinal immunity, tight junctions, anti-oxidant status and mRNA levels of NF-κB p65, MLCK and Nrf2 in juvenile grass carp (*Ctenopharyngodon idella*)[J]. Fish & Shellfish Immunology, 2016b, 51: 351 – 364.

［429］ Zeng Y Y, Jiang W D, Liu Y, et al. Optimal dietary alpha-linolenic acid/linoleic acid ratio improved digestive and absorptive capacities and target of rapamycin gene expression of juvenile grass carp (*Ctenopharyngodon idellus*) [J]. Aquaculture Nutrition, 2016a, 22(6): 1251 – 1266.

［430］ Zeng Z, Jiang W, Wu P, et al. Dietary aflatoxin B1 decreases growth performance and damages the structural integrity of immune organs in juvenile grass carp (*Ctenopharyngodon idella*)[J]. Aquaculture, 2019, 500: 1 – 17.

［431］ Zhang H, Stallock J P, Ng J C, et al. Regulation of cellular growth by the drosophila target of rapamycin dTOR [J]. Genes & Development, 2000, 14(21): 2712 – 2724.

［432］ Zhang H, Wang Y, Zhou X, et al. Zearalenone induces immuno-compromised status via TOR/NF-κB pathway and aggravates the spread of *Aeromonas hydrophila* to grass carp gut (*Ctenopharyngodon idella*)[J]. Ecotoxicology and Environmental Safety, 2021, 225: 112786.

［433］ Zhang L, Feng L, Jiang W D, et al. The impaired flesh quality by iron deficiency and excess is associated with increasing oxidative damage and decreasing antioxidant capacity in the muscle of young grass carp (*Ctenopharyngodon idellus*)[J]. Aquaculture Nutrition, 2016, 22(1): 191 – 201.

［434］ Zhang L, Feng L, Jiang W, et al. Vitamin A deficiency suppresses fish immune function with differences in different intestinal segments: the role of transcriptional factor NF-κB and p38 mitogen-activated protein kinase signalling pathways[J]. British Journal of Nutrition, 2017, 117: 67 – 82.

［435］ Zhang M, Wang X, Liu Y, et al. Isolation and identification of flavour peptides from Puffer fish (*Takifugu obscurus*) muscle using an electronic tongue and MALDI-TOF/TOF MS/MS[J]. Food chemistry, 2012, 135(3): 1463 – 1470.

［436］ Zhang X, Zhu Y, Cai L, et al. Effects of fasting on the meat quality and antioxidant defenses of market-size farmed large yellow croaker (*Pseudosciaena crocea*)[J]. Aquaculture, 2008, 280: 136 – 139.

［437］ Zhang Y, Duan X, Jiang W, et al. Soybean glycinin decreased growth performance, impaired intestinal health, and amino acid absorption capacity of juvenile grass carp (*Ctenopharyngodon idella*) ［J］. Fish Physiology and Biochemistry, 2019, 45(5): 1589 – 1602.

［438］ Zhang Y, Jiang W, Duan X, et al. Soybean glycinin caused NADPH-oxidase-regulated ROS overproduction and decreased ROS elimination capacity in the mid and distal intestine of juvenile grass carp (*Ctenopharyngodon idella*) ［J］. Aquaculture, 2020, 516: 734651.

［439］ Zhang Y, Li C, Jiang W, et al. An emerging role of vitamin D3 in amino acid absorption in different intestinal segments of on-growing grass carp (*Ctenopharyngodon idella*)［J］. Animal Nutrition, 2022, 10: 305 – 318.

［440］ Zhang Z W, Cao Z M, Yang H, et al. Microsatellites analysis on genetic variation between wild and cultured populations of *Ctenopharyngodon idella*［J］. Zoological Research, 2004, 27: 189 – 196.

［441］ Zhao H, Feng L, Jiang W, et al. Flesh shear force, cooking loss, muscle antioxidant status and relative expression of signaling molecules (Nrf2, Keap1, TOR, and CK2) and their target genes in young grass carp (*Ctenopharyngodon idella*) muscle fed with graded levels of choline［J］. PLOS ONE, 2015, 10(11): e142915.

［442］ Zhao H, Xia J, Zhang X, et al. Diet Affects Muscle Quality and Growth Traits of Grass Carp (*Ctenopharyngodon idellus*): A Comparison Between Grass and Artificial Feed［J］. Frontiers in physiology, 2018, 9: 283.

［443］ Zhao J, Cao Y, Li J, et al. Population genetic structure and evolutionary history of grass carp *Ctenopharyngodon idella* in the Yangtze River, China. Environmental Biology of Fishes, 2011, 90: 85 – 93.

［444］ Zheng L, Feng L, Jiang W, et al. Selenium deficiency impaired immune function of the immune organs in young grass carp (*Ctenopharyngodon idella*)［J］. Fish & Shellfish Immunology, 2018, 77: 53 – 70.

［445］ Zheng L, Jiang W D, Feng L, et al. Selenium deficiency impaired structural integrity of the head kidney, spleen and skin in young grass carp (*Ctenopharyngodon idella*) ［J］. Fish and Shellfish Immunology, 2018, 82: 408 – 420.

［446］ Zheng Q, Wen X, Han C, et al. Effect of replacing soybean meal with cottonseed meal on growth, hematology, antioxidant enzymes activity and expression for juvenile grass carp, *Ctenopharyngodon idellus*［J］. Fish physiology and biochemistry, 2012, 38(4): 1059 – 1069.

［447］ Zheng X, Feng L, Jiang W, et al. Dietary pyridoxine deficiency reduced growth performance and impaired intestinal immune function associated with TOR and NF-κB signalling of young grass carp (*Ctenopharyngodon idella*)［J］. Fish & Shellfish Immunology, 2017, 70: 682 – 700.

［448］ Zheng X, Feng L, Jiang W, et al. The regulatory effects of pyridoxine deficiency on the grass carp (*Ctenopharyngodon idella*) gill barriers immunity, apoptosis, antioxidant, and tight junction challenged with *Flavobacterium columnar*［J］. Fish & Shellfish Immunology, 2020, 105: 209 – 223.

［449］ Zhong J, Feng L, Jiang W, et al. Phytic acid disrupted intestinal immune status and suppressed growth performance in on-growing grass carp (*Ctenopharyngodon idella*)［J］. Fish & Shellfish Immunology, 2019, 92: 536 – 551.

［450］ Zhou Y, Feng L, Jiang W, et al. Cinnamaldehyde improved intestine immune function and alleviated inflammation associated with NF-κB pathways in grass carp (*Ctenopharyngodon idell*a) after infection with *Aeromonas hydrophila*［J］. Aquaculture reports, 2021, 21: 100837.

［451］ Zhou Y, Jiang W, Zhang J, et al. Cinnamaldehyde improves the growth performance and digestion and absorption capacity in grass carp (*Ctenopharyngodon idella*) ［J］. Fish Physiology and Biochemistry, 2020, 46 (4): 1589 – 1601.

［452］ Zhu W, Liu M, Chen C, et al. Quantifying the dietary potassium requirement of juvenile grass carp (*Ctenopharyngodon idellus*)［J］. Aquaculture, 2014, 430: 218 – 223.

［453］ Zhu Y, Hu P, Yao J, et al. Optimal dietary alcoholic extract of lotus leaf improved growth performance and health status of grass carp (*Ctenopharyngodon idellus*)［J］. Fish & Shellfish Immunology, 2019, 93: 1 – 7.